21世纪高等学校计算机类课程创新规划教材 · 微课版

实用计算机网络技术

——基础、组网和维护实验指导

第二版

◎ 钱燕 田光兆 冯学斌 孙玉文 编著

清华大学出版社
北京

内容简介

本书是与国家精品在线开放课程“计算机网络”配套的实验教材。

本书讲解由浅入深，循序渐进，内容分为四部分：初级篇也是基础篇，包括基本网络命令的使用、网线制作和网络共享等基础知识；中级篇提供许多实用的计算机网络技术，包括代理服务器、跨局域网的文件传输和打印机共享、有线和无线路由器的基本配置、子网划分、远程控制以及无线局域网等相关知识；高级篇是对初级篇和中级篇内容的拓展和延伸，大体涵盖宽带路由器的端口映射、Web 服务器、DNS 服务器和邮件服务器的配置、虚拟机以及 MATLAB 网络编程等知识；专业篇旨在进一步提升学有余力的同学的能力，涉及专业的二/三层交换机的配置、Boson NetSim 路由器仿真和 Cisco Packet Tracer 平台网络搭建等知识。

本书可作为高等院校“计算机网络”课程的教材，也可作为从事计算机网络技术开发和应用的各类工程技术人员的参考书。

图书在版编目(CIP)数据

实用计算机网络技术：基础、组网和维护实验指导/钱燕等编著.—2 版.—北京：清华大学出版社，2020.8(2022.7重印)
21 世纪高等学校计算机类课程创新规划教材·微课版
ISBN 978-7-302-55613-8

Ⅰ.①实… Ⅱ.①钱… Ⅲ.①计算机网络－高等学校－教材 Ⅳ.①TP393

中国版本图书馆 CIP 数据核字(2020)第 089339 号

责任编辑：闫红梅
封面设计：刘　键
责任校对：李建庄
责任印制：曹婉颖

出版发行：清华大学出版社
网　　址：http://www.tup.com.cn，http://www.wqbook.com
地　　址：北京清华大学学研大厦 A 座　　**邮　　编**：100084
社 总 机：010-83470000　　**邮　　购**：010-62786544
投稿与读者服务：010-62776969，c-service@tup.tsinghua.edu.cn
质量反馈：010-62772015，zhiliang@tup.tsinghua.edu.cn
课件下载：http://www.tup.com.cn，010-83470236
印 装 者：北京鑫海金澳胶印有限公司
经　　销：全国新华书店
开　　本：185mm×260mm　　**印　　张**：13.5　　**字　　数**：327 千字
版　　次：2011 年 7 月第 1 版　2020 年 8 月第 2 版　　**印　　次**：2022 年 7 月第 3 次印刷
印　　数：3001～3800
定　　价：39.00 元

产品编号：084487-01

第二版前言

近十年来，计算机网络技术爆炸式快速发展，其成果正逐步向人们生活的各个领域快速渗透。人工智能、大数据、物联网、移动支付和增强现实等一大批以计算机网络为基础的新技术如雨后春笋般悄然出现在人们生产生活的各个方面，并不断给人们带来惊喜与便利。受此影响，高等院校理工类专业学生学习计算机网络课程的热情十分高涨。

但是，作为理工类非计算机专业的计算机网络课程专职教师，笔者在教学过程中却面临着严峻的挑战和压力。一方面，计算机网络课程中涉及的枯燥的基础知识让学生的学习热情大打折扣；另一方面，学生想通过这门课的学习来获取一些实用的计算机网络知识的愿望得不到满足。针对此问题，本教学团队大胆改革，不断创新，将教学过程中闪光、有推广意义的做法汇集成册供教学使用。从良好的教学效果可以看出，本书的实用性已经远远超过了当初预期。

本书是对第一版的补充和修订。本书在构思与成书过程中紧紧抓住广大非计算机专业学生的学习特点和心理特点，将复杂高深的理论用通俗易懂、言简意赅的语言来表达，刻意地弱化理论，强调动手操作，并将操作后的结果与理论对比分析，进而加深学生对计算机网络知识的理解与掌握。部分实验的结尾还特意安排了若干思考题，以便进行启发式学习与研究。

本书讲解由浅入深，循序渐进。其内容分为四个部分：初级篇也是基础篇，包括基本网络命令的使用、网线制作和网络共享等基础知识；中级篇提供许多实用的计算机网络技术，包括代理服务器、跨局域网的文件传输和打印机共享、有线和无线路由器的基本配置、子网划分、远程控制以及无线局域网等相关知识；高级篇是对初级篇和中级篇内容的拓展和延伸，大体涵盖了宽带路由器的端口映射、Web 服务器、DNS 服务器和邮件服务器的配置、虚拟机以及 MATLAB 网络编程等知识；专业篇旨在进一步提升学有余力的同学的能力，涉及专业的二/三层交换机的配置、Boson NetSim 路由器仿真和 Cisco Packet Tracer 平台网络搭建等知识。

本书不仅仅是一本计算机网络方面的实验教程，更是一本值得珍藏的技术手册。略显遗憾的是，由于篇幅有限，本书在介绍某一相关知识时，只能做到点到为止，希望感兴趣的读者能够进一步发掘。

由于编写时间仓促以及作者水平有限，书中难免有不妥之处，恳请广大读者在使用本书的过程中及时提出宝贵意见与建议，以使我们不断改进与完善本书。

编　者

2020 年 4 月

第一版前言

随着计算机技术日新月异的发展，高等院校理工类非计算机专业的计算机网络课程的教学工作面临着严峻挑战。一方面，计算机网络课程中涉及的枯燥的基础知识让学生的学习热情大打折扣；另一方面，学生想通过这门课的学习来获取一些实用的计算机网络知识的愿望得不到满足。

学习的目的是“致用”，而不是考试。本书是《实用计算机网络技术——基础、组网和维护》配套的实验教材，来源于作者从教以来数十次的教学实践经验，是作者多年来在大学讲坛上辛勤耕耘的智慧的结晶。其讲义和电子版在使用中不断更新和完善。从学生对教学效果的良好反应可以看出，本书的实用性已经远远超过了当初预期。

本书在构思与成文过程中紧紧抓住广大非计算机专业学生的学习特点和心理特点，将复杂高深的理论用通俗易懂、言简意赅的语言来表达，刻意地弱化理论，强调动手操作，并将操作后的结果与理论对比分析，进而加深对计算机网络知识的理解与学习。部分实验的结尾还特意安排了若干思考题，以便进行启发式学习与研究。

本书体系上由浅入深，循序渐进，层次分明。其内容分为四个部分：初级篇也是基础篇，包括基本网络命令的使用、网线制作和网络共享等基础知识；中级篇提供许多实用的计算机网络技术，囊括局域网内多机共享访问 Internet、跨局域网的文件传输和打印机共享、有线和无线路由器的基本配置、子网划分、远程控制、无线局域网以及 GPRS 拨号访问 Internet 等相关知识；高级篇是初级篇和中级篇在内容上的拓展和延伸，大体涵盖宽带路由器的端口映射、Web 服务器、DNS 服务器和邮件服务器的配置以及虚拟机等知识；专业篇是对学有余力的同学能力的再一次提升，涉及了专业的二层/三层交换机的配置和一个路由器的仿真平台。

本书所涉及的知识重在解决日常办公学习环境中的计算机网络问题，重在突出“实用”。本书不仅仅是一本计算机网络方面的实验教程，更是一本值得珍藏的技术手册！然而，略显遗憾的是，由于篇幅有限，本书在介绍某一相关知识的同时，只能做到点到为止，望感兴趣的读者能够进一步发掘！

由于编写时间仓促以及作者水平有限，书中难免有错误和不妥之处，恳请广大读者在使用本书的过程中及时提出宝贵意见与建议，以使我们不断改进与完善。

编　者

2010 年 9 月

目 录

初 级 篇

中 级 篇

专 业 篇

初 级 篇

初级篇涉及计算机网络技术中最基本的知识：标准网线的制作、网络命令的使用及局域网文件和打印机共享。这些内容尽管非常简单，但是却非常实用。在日常办公和学习中，网线损坏、网络不通、局域网无法共享文件及打印机故障等颇为常见。基本上每个人都会遇到上述问题中的一种或几种。

本篇的三个实验以解决实际问题为出发点，将复杂的理论知识转化为一条条具体的操作步骤。实验操作简单，目的明确，有很强的实际意义，尤其适合对计算机网络知识涉足不深的同学练习使用。

通过本篇三个实验的练习，相信一定会有所收获！

实验 1 标准网线的制作

当网线频繁地从计算机网卡接口或其他 RJ-45 插槽内插拔时，很有可能导致网线的水晶头损坏。这时，你是否有能力给这根网线换个水晶头？水晶头内的布线顺序依据什么标准？如何判断一根网线能否正常使用？

路由器、交换机和网卡三种类型的设备互连或自连时，应该采用什么标准的网线？

以上都是计算机网络初学者最常见的疑惑。在本实验中，这些问题都将被一一作答。

1.1 实验目的及要求

掌握利用非屏蔽双绞线制作连接相同设备和连接不同设备的网络连线的方法。

1.2 实验计划学时

本实验 2 学时完成。

1.3 实验器材

非屏蔽双绞线 1 根、RJ-45 水晶头两个、夹线钳 1 把和网线测试仪 1 个。

1.4 实验内容

1.4.1 了解双绞线布线标准

双绞线的色标和排列方法是由统一的国际标准严格规定的，现在常用的是 TIA/EIA 568A 和 TIA/EIA 568B，分别简称 568A 和 568B(或 T568A 和 T568B)。将水晶头竖直摆放，开口向下，有金手指的一侧面向自己，有塑料弹片的一侧远离自己，线槽中的导线颜色从左到右，依次分布如下：

568A 标准：绿白-1，绿-2，橙白-3，蓝-4，蓝白-5，橙-6，棕白-7，棕-8；

568B 标准：橙白-1，橙-2，绿白-3，蓝-4，蓝白-5，绿-6，棕白-7，棕-8。

颜色后面的数字表示该颜色的线所在的位置，如图 1-1 所示。

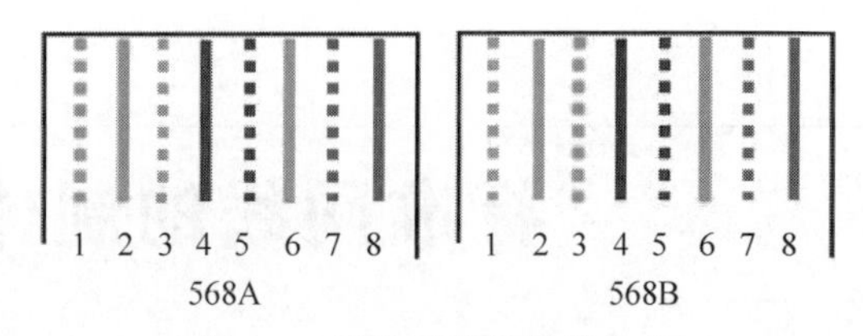

图 1-1　两种标准的排线方式

1.4.2　认识直通线和交叉线

两端按照同一标准布线的网线叫作直通线。通常情况下,标准直通线的两端都是按照568B的标准来布线的。

两端分别按照不同标准布线的网线叫作交叉线。通常情况下,标准交叉线是一端按照568A的标准,另一端按照568B的标准来布线的。

一般来说,同种设备相连,采用交叉线;不同种设备相连,采用直通线。例如,网卡和网卡相连,应该采用交叉线。若此时采用直通线,则两个网卡之间无法通信。而网卡和交换机相连以及交换机和路由器相连,均应该采用直通线。

而比较特殊的是,交换机之间的级联情况比较复杂。交换机的Uplink口和普通口是不同种设备。因此级联时,若交换机A为交换机B的上层交换机,那么理论上,若B的Uplink口连接到A的普通口,应该采用直通线;若B的普通口连接到A的普通口,应该采用交叉线。但是,目前的绝大多数交换机的普通口都支持自动翻转功能。也就是说,无论下层交换机的哪个普通口与上层交换机发生级联,该口都自动由程序调整为Uplink口。于是,交换机之间的连接通常可以统一地采用直通线。

1.4.3　制作网线的步骤

1. 剥线

用夹线钳剪线刀口将线头剪齐,再将双绞线端头伸入剥线刀口,然后适度握紧夹线钳,同时慢慢旋转双绞线,让刀口划开双绞线的保护胶皮,取出端头从而剥下保护胶皮,露出里面的4对导线,如图1-2所示。

图 1-2　剥线示意图

提示:*在剥线时要注意掌握好力度,不要使刀口划破里面的导线绝缘层。*

2. 理线

双绞线由8根有色导线两两绞合而成,若制作直通线,则将其整理成按568B标准进行平行排列,整理完毕,用剪线刀口将前端修齐,保留1.5～2cm即可。如果要制作交叉线,另一端则需要按照568A标准整理。

3. 插线

左手捏住水晶头,将水晶头有弹片一侧向下,有金手指一侧向上,水晶头开口向右。右手捏平双绞线,稍稍用力将排好的线平行插入水晶头内的线槽中,8根导线顶端应插入线槽顶端,如图1-3所示。

4. 压线

确认所有导线都到位后，将水晶头放入夹线钳夹槽中，用力捏几下夹线钳，压紧线头即可。

5. 测试

制作完成后，需要使用测试仪测试一下，看看连接是否正确。

如果测试的是直通线，则测试仪两侧的绿灯会依次闪亮；如果测试的是交叉线，则两侧的绿灯会1对3、2对6交叉闪亮。如果指示灯闪亮顺序不对，表示布线顺序有误；如果有某个指示灯从未闪亮，则表示该线路接触不好，没有形成电流通路。

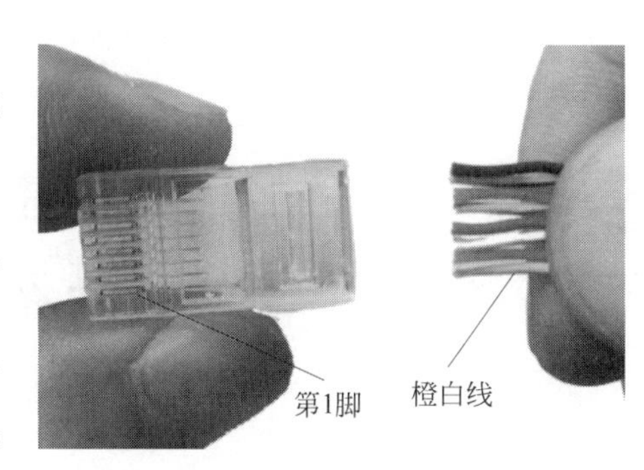

图 1-3　插线示意图

提示：虽然有8种颜色的线，但是计算机通信实际上只用到了其中的4根，分别是第1、2、3、6根。水晶头有金手指的一面朝向自己，有弹片的一面背向自己，如图1-4所示，从左到右依次数起即可。

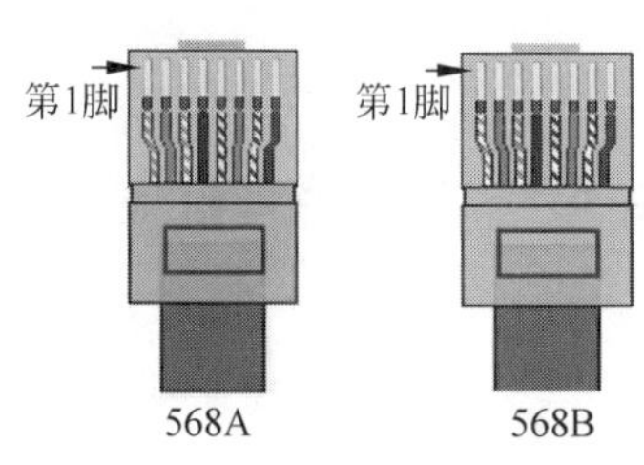

图 1-4　水晶头摆放示意图

事实上，只要两端线序一样，无论怎样排列，这根网线都可以作为一根直通线正常使用。以其中一端为参考，另一端将第1和第3位置对调，第2和第6位置对调，那么做出来的网线就可以作为一根交叉线来使用。其余4根是空闲的，为了节约成本，其中两根线可以用来传输1路电话信号，另外两根线作为备用。这种做法在实际的工程应用中最为常见。

但是，科学证明，568B的标准对电磁干扰的屏蔽性能最好。若是制作直通线，最好两端都按568B的标准去制作；若是制作交叉线，最好一端按568B、另一端按568A的标准去制作。

思考题：

(1) 为什么有些网卡或交换机的RJ-45插槽内，只有4根金属线与水晶头相接触？

(2) 路由器之间互连，应该采用直通线还是交叉线？为什么？

1.5　知识点归纳

(1) 什么是交叉线？什么是直通线？

(2) 什么情况下使用交叉线？什么情况下使用直通线？

(3) 568B和568A的布线顺序分别是怎样的？

(4) 制作网线的基本步骤是什么？

实验 2 TCP/IP 配置及基本网络命令的使用

正确地进行 TCP/IP 配置,是享受网上冲浪的前提。但是究竟如何查看和配置本机 IP？如果网络出了故障,那么要如何查找故障？如何排除故障？

如果是高手,此问题自然不在话下。如果是初学者,可能还需要花费一番工夫。本实验结合一些常用的网络命令,将循序渐进地引导你找出问题的答案。

2.1 实验目的及要求

能够查看和正确配置本机 IP 地址；能够熟练使用 ping、ipconfig、tracert 命令,了解 netstat、arp 等常用命令。

2.2 实验计划学时

本实验 2 学时完成。

2.3 实验器材

可以连接到 Internet 的计算机 1 台,Windows 10 系统。

2.4 实验内容

2.4.1 如何查看本机的 IP 地址

方法 1：按 Windows＋R 组合键(即按住 Windows 徽标键后再按 R 键),打开“运行”对话框,输入命令 cmd,单击“确定”按钮,如图 2-1 所示。

然后弹出“命令提示符”窗口,在该窗口中输入命令 ipconfig -all,然后按回车键。窗口将显示本地连接的详细配置信息,如图 2-2 所示。若不加参数-all,直接输入 ipconfig,则只能显示该网络连接的基本信息,无法显示详细信息。

提示：输入的命令中,连字符“-”前有 1 个空格,否则该命令无法执行。由于打开方式不同,“命令提示符”窗口的标题栏显示的内容也可能不同。本书统称通过 cmd 命令打开的窗口为“命令提示符”窗口。

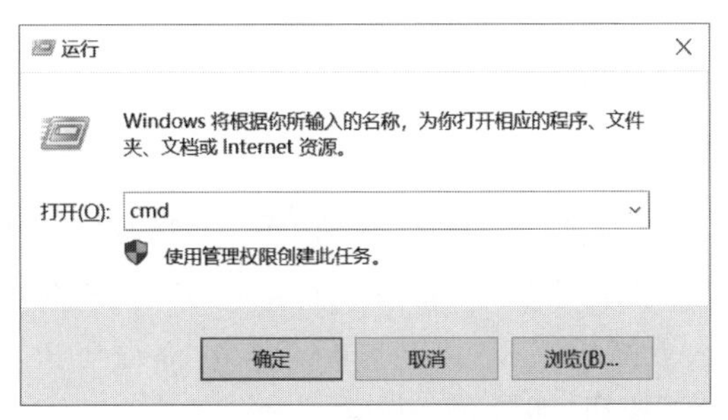

图 2-1 “运行”对话框

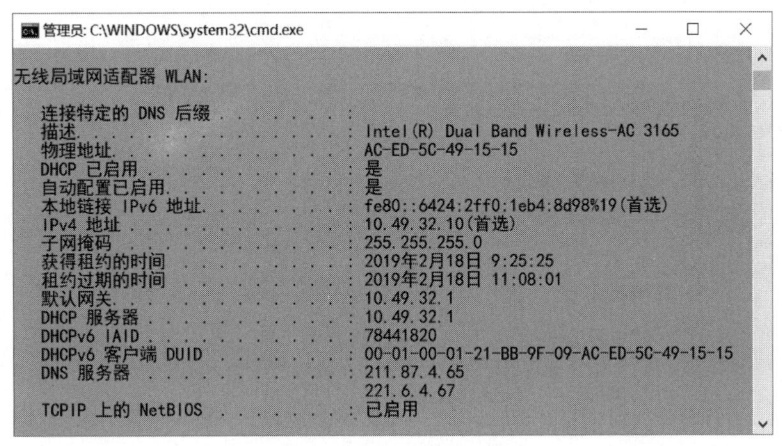

图 2-2 “命令提示符”窗口

方法 2：选择“控制面板”|“网络和共享中心”|“更改适配器配置”选项，双击需要查看的网络连接，单击“详细信息”按钮，就可以打开“网络连接详细信息”对话框，如图 2-3 所示，即可显示网络连接详细信息。

网络连接详细信息

网络连接详细信息(D):

属性	值
连接特定的 DNS 后缀	
描述	Intel(R) Dual Band Wireless-AC 3165
物理地址	AC-ED-5C-49-15-15
已启用 DHCP	是
IPv4 地址	10.49.32.10
IPv4 子网掩码	255.255.255.0
获得租约的时间	2019年2月18日 9:25:25
租约过期的时间	2019年2月18日 11:08:01
IPv4 默认网关	10.49.32.1
IPv4 DHCP 服务器	10.49.32.1
IPv4 DNS 服务器	211.87.4.65
	221.6.4.67
IPv4 WINS 服务器	
已启用 NetBIOS over Tcpip	是
连接-本地 IPv6 地址	fe80::6424:2ff0:1eb4:8d98%19
IPv6 默认网关	
IPv6 DNS 服务器	

关闭(C)

图 2-3 “网络连接详细信息”对话框

2.4.2 如何配置本机 IP 地址

选择“控制面板”|“网络和共享中心”|“更改适配器配置”选项,双击需要配置的网络连接,在弹出的对话框中单击“属性”按钮,打开“属性”对话框。在“网络”选项卡中,双击“Internet 协议版本 4(TCP/IPv4)”项目,如图 2-4 所示。在文本框中可以输入网络管理部门分配给本机的 IP 地址、子网掩码、默认网关和 DNS。然后单击“确定”按钮,返回到“属性”对话框,再次单击“确定”按钮,即可完成设置。

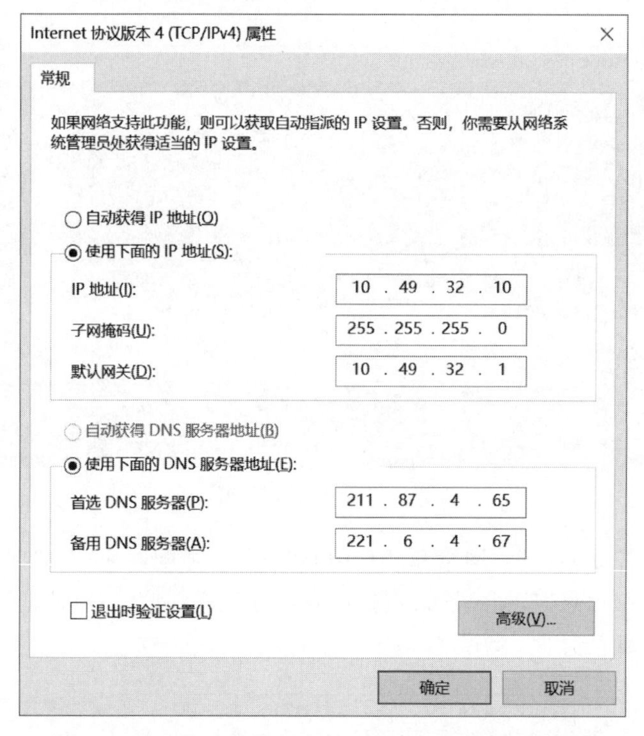

图 2-4 “Internet 协议版本 4(TCP/IPv4)属性”对话框

2.4.3 使用 ping 命令检测网络的连通性

ping 命令是网络中使用最频繁的小工具,主要用于测试网络的连通性。ping 程序使用 ICMP 简单地发送一个网络包并请求应答,收到请求的目的主机使用 ICMP 发回同其接收的数据一样的数据,于是 ping 便可对每一个包的发送和接收报告往返时间,并报告无响应包的百分比,这在确定网络是否正确连接,以及网络连接的状况(包丢失率)时十分有用。这里只介绍最简单的用法。

ping 命令的主要参数如下:

-t:一直 ping 指定的计算机,直到按 Ctrl+C 组合键中断。

-a:将地址解析为计算机 NetBIOS 名。

-n:发送 count 指定的 ECHO 数据包数,通过这个命令可以自己定义发送的个数,对衡量网络速度很有帮助,能够测试发送数据包的返回平均时间及时间的快慢程度,默认值为 4。

-l:发送指定数据量的 ECHO 数据包,默认为 32 字节,最大值是 65 500 字节。

打开“命令提示符”窗口，输入命令 ping x. x. x. x(x. x. x. x 为本机 IP 地址)，然后按回车键，得到结果如图 2-5 所示。它表示本地计算机的网卡工作正常。其含义为：向 IP 地址为 x. x. x. x 的主机(即自己的网卡)发送 4 个 32 字节的包，然后收到 4 个 32 字节的响应包，丢包率为 0。

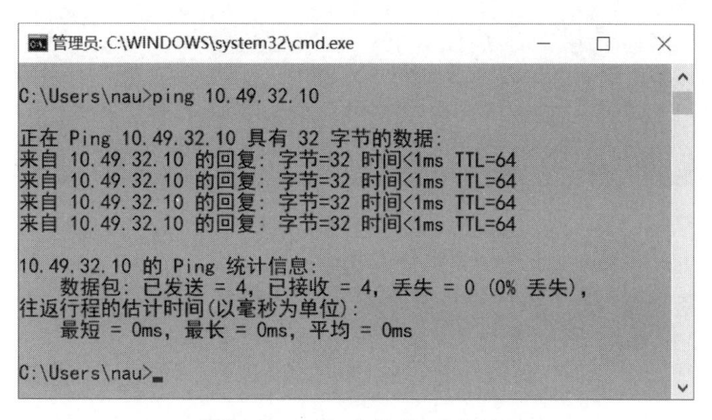

图 2-5　ping 本机的 IP 地址

提示： 做实验时，根据实际情况输入当前计算机的 IP 地址。查看本机 IP 地址的方法前文已经介绍，此处不再赘述。

下面故意破坏网卡的正常工作，看看其效果又如何。

右击“此电脑”图标，选择“属性”|“设备管理器”选项，在打开的“设备管理器”对话框中，找到实际使用的网卡选项，右击该选项，选择“禁用设备”命令，如图 2-6 所示。然后在“命令提示符”窗口中，再次输入命令 ping x. x. x. x(x. x. x. x 为本机 IP 地址)，然后按回车键，会得到图 2-7 所示的结果。

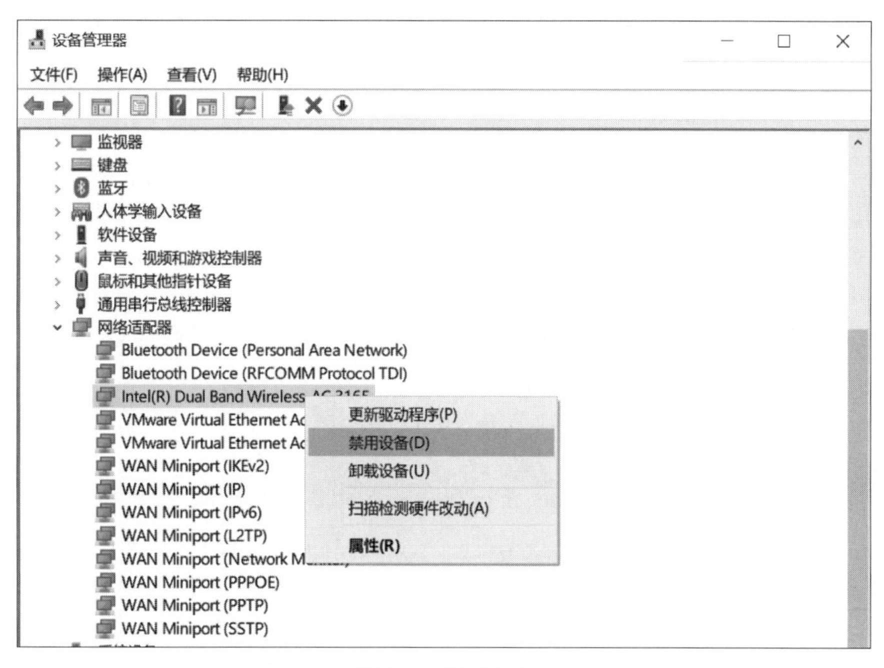

图 2-6　停用网卡

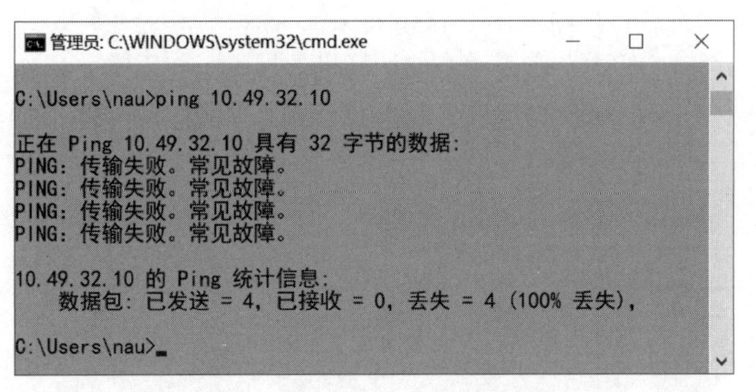

图 2-7 再次 ping 本机 IP 地址

提示：做实验时，根据实际情况输入当前计算机的 IP 地址。

可以得出结论：通过 ping 本机 IP 地址的方式可以检测网卡是否工作正常。如果工作正常，则显示应答结果；反之，则提示传输失败。

最后打开图 2-6 界面，右击网卡，在弹出的快捷菜单中选择“启用设备”命令，以便实验继续进行。

在“命令提示符”窗口中，输入命令 ping x. x. x. x(x. x. x. x 为默认网关)，然后按回车键。如果网络物理连接正常且 IP 地址配置正确，就会返回丢包率为 0 的信息，与图 2-5 类似，否则就得到物理线路故障或者 IP 配置不正确的结论。

提示：此命令中的 IP 地址为本机的默认网关，做实验时应根据实际情况将其更改为自己的默认网关。查看本机默认网关的方法与查看本机 IP 地址的方法相同。

2.4.4 tracert 命令的使用

tracert 命令可以判断数据包到达目的主机所经过的路径，显示数据包经过的中继节点清单和到达时间。

(1) tracert 命令的格式如下：

```
tracert [ - d ][ - h maximum_hops][ - j host - list][ - w timeout] target_name
```

(2) 主要参数说明如下：

-d：不解析主机名。

-h maximum_hops：指定搜索到目的地址的最大跳数。

- j host-list：沿着主机列表释放源路由。

-w timeout：指定超时时间间隔(单位为毫秒)。

target_name：目标主机。

方括号里面的参数不是必需参数，可以连同方括号一起省略。

打开“命令提示符”窗口，输入命令 tracert www. njau. edu. cn，然后按回车键，得到结果如图 2-8 所示。

图 2-8 表明，从目前的计算机到 www. njau. edu. cn 服务器，共有 7 个中继节点，并显示具体节点 IP 地址。如果最后一个节点返回超时，则可以判断出该节点可能出现故障。如果

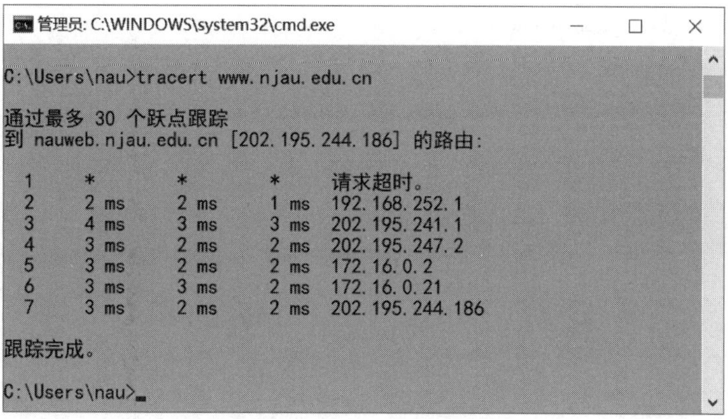

```
管理员: C:\WINDOWS\system32\cmd.exe

C:\Users\nau>tracert www.njau.edu.cn

通过最多 30 个跃点跟踪
到 nauweb.njau.edu.cn [202.195.244.186] 的路由:

  1     *        *        *     请求超时。
  2     2 ms     2 ms     1 ms  192.168.252.1
  3     4 ms     3 ms     3 ms  202.195.241.1
  4     3 ms     2 ms     2 ms  202.195.247.2
  5     3 ms     2 ms     2 ms  172.16.0.2
  6     3 ms     3 ms     2 ms  172.16.0.21
  7     3 ms     2 ms     2 ms  202.195.244.186

跟踪完成。

C:\Users\nau>
```

图 2-8　tracert 命令返回的结果

中间某节点超时，则有可能该节点禁用 ICMP，对请求指令不做响应。但是它仍然会将数据包向下一个节点转发。

2.4.5　netstat 命令的使用

netstat 命令用于了解网络的整体使用情况，它可以显示当前计算机中正在活动的网络连接的详细信息。

(1) netstat 的命令格式如下：

```
netstat [ -a][ -e][ -n] [ -s][ -p proto][ -r][interval]
```

(2) 主要参数说明如下：

-a：显示所有主机连接和监听的端口号。

-e：显示以太网统计信息。

-n：以数字表格形式显示地址和端口。

-p proto：显示特定协议的具体使用信息。

-r：显示路由信息。

-s：显示每个协议的使用状态，这些协议主要有 TCP、UDP、ICMP 和 IP。

打开“命令提示符”窗口，输入命令 netstat -a -n，然后按回车键，结果如图 2-9 所示。本条命令显示出本机的所有端口的使用情况。如果出现了不明连接，应检查该连接是否是木马或病毒所致。

提示：参数之间用空格分开。

2.4.6　arp 命令的使用

ARP 即地址解析协议，它是 TCP/IP 中一个重要的协议，用于确定对应 IP 地址的物理地址(即网卡地址)。其实，ARP 高速缓存中的内容就是 IP 地址与物理地址的对应关系。

按照默认设置，ARP 高速缓存中的项目是动态的，每当发送一个指定地点的数据包且高速缓存中不存在当前项目时，ARP 便会自动添加该项目。一旦高速缓存的项目被输入，

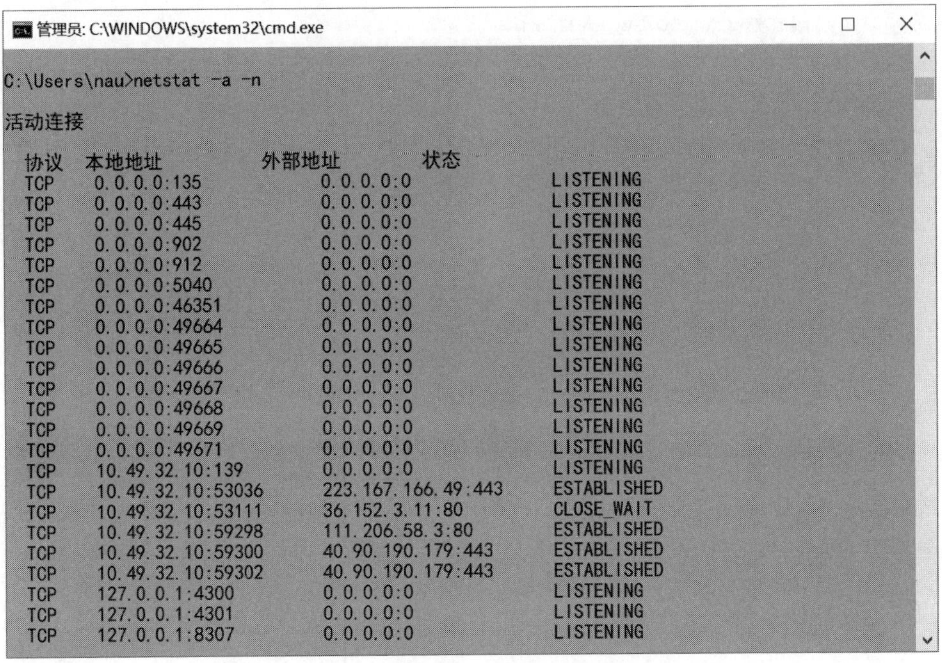

```
管理员: C:\WINDOWS\system32\cmd.exe

C:\Users\nau>netstat -a -n

活动连接

  协议  本地地址              外部地址              状态
  TCP    0.0.0.0:135            0.0.0.0:0              LISTENING
  TCP    0.0.0.0:443            0.0.0.0:0              LISTENING
  TCP    0.0.0.0:445            0.0.0.0:0              LISTENING
  TCP    0.0.0.0:902            0.0.0.0:0              LISTENING
  TCP    0.0.0.0:912            0.0.0.0:0              LISTENING
  TCP    0.0.0.0:5040           0.0.0.0:0              LISTENING
  TCP    0.0.0.0:46351          0.0.0.0:0              LISTENING
  TCP    0.0.0.0:49664          0.0.0.0:0              LISTENING
  TCP    0.0.0.0:49665          0.0.0.0:0              LISTENING
  TCP    0.0.0.0:49666          0.0.0.0:0              LISTENING
  TCP    0.0.0.0:49667          0.0.0.0:0              LISTENING
  TCP    0.0.0.0:49668          0.0.0.0:0              LISTENING
  TCP    0.0.0.0:49669          0.0.0.0:0              LISTENING
  TCP    0.0.0.0:49671          0.0.0.0:0              LISTENING
  TCP    10.49.32.10:139        0.0.0.0:0              LISTENING
  TCP    10.49.32.10:53036      223.167.166.49:443     ESTABLISHED
  TCP    10.49.32.10:53111      36.152.3.11:80         CLOSE_WAIT
  TCP    10.49.32.10:59298      111.206.58.3:80        ESTABLISHED
  TCP    10.49.32.10:59300      40.90.190.179:443      ESTABLISHED
  TCP    10.49.32.10:59302      40.90.190.179:443      ESTABLISHED
  TCP    127.0.0.1:4300         0.0.0.0:0              LISTENING
  TCP    127.0.0.1:4301         0.0.0.0:0              LISTENING
  TCP    127.0.0.1:8307         0.0.0.0:0              LISTENING
```

图 2-9　命令 netstat -a -n 返回结果

它们就已经开始走向失效状态。所以,需要通过 arp 命令查看本地计算机 ARP 高速缓存中的内容时,最好先使用 ping 命令。

打开“命令提示符”窗口,输入命令 ping x. x. x. x(x. x. x. x 为局域网内另外一台计算机的 IP 地址),然后按回车键。执行完毕后,在该窗口快速输入命令 arp -a,然后按回车键,就会显示本机的 ARP 缓存信息,如图 2-10 所示。通过此信息,可以查询另外一台计算机对应的物理地址以及网关的物理地址。

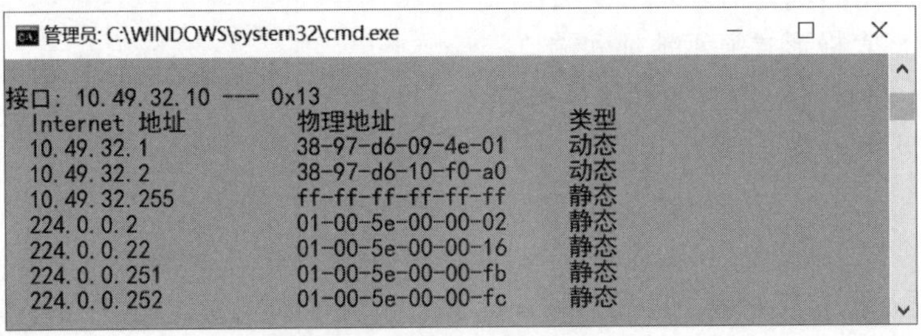

```
管理员: C:\WINDOWS\system32\cmd.exe

接口: 10.49.32.10 --- 0x13
  Internet 地址         物理地址              类型
  10.49.32.1            38-97-d6-09-4e-01     动态
  10.49.32.2            38-97-d6-10-f0-a0     动态
  10.49.32.255          ff-ff-ff-ff-ff-ff     静态
  224.0.0.2             01-00-5e-00-00-02     静态
  224.0.0.22            01-00-5e-00-00-16     静态
  224.0.0.251           01-00-5e-00-00-fb     静态
  224.0.0.252           01-00-5e-00-00-fc     静态
```

图 2-10　查看本机 ARP 缓存

例如,执行 ping 10.49.32.2 后,立即输入命令 arp -a,可查询局域网内 10.49.32.2 这台主机的物理地址。图 2-10 显示了当前 ARP 缓存的信息。如果 ARP 缓存中不包含网关(此处为 10.49.32.1)的物理地址或地址错误,那么当前的计算机无法连接网络。

提示: 此处 IP 地址为本局域网内另外一台计算机的 IP 地址,做实验时根据实际情况填写。有一种可以进行 ARP 攻击的木马,其原理就是更改本机 ARP 缓存中的默认网关与其物理地址的对应关系,进而导致用户的网络访问失败。

思考题：

（1）采用 ping 命令来 ping 对方的 IP 地址，如果提示对方主机不可到达或超时，是不是意味着网络连接存在物理故障？为什么？

（2）如何有效地预防 ARP 攻击？

（3）当计算机无法连接到 Internet 时，应该从哪些方面逐项排查故障？

2.5 知识点归纳

（1）如何使用命令的方式来查看本地连接的详细信息？此详细信息一般包含哪些主要内容？

（2）如何修改本机的 IP 地址？

（3）ping 命令是基于哪项协议的？其主要作用是什么？如何使用？

（4）tracert 命令的主要作用是什么？如何使用？

（5）netstat 命令的主要作用是什么？

（6）arp 命令的主要作用是什么？

实验 3 局域网文件和打印机共享

局域网的一个明显的好处就是可以快速实现文件和打印机共享。

同一个局域网的计算机之间若要传递文件，只须将文件所在的文件夹共享即可，对方通过网络就能像在本地一样远程操作共享的文件。这样就避免了用移动硬盘来传递文件所带来的麻烦。

此外，若局域网内某台计算机上连接有打印机并设置了共享，那么其他计算机就可以很方便地进行文档的远程打印，而不必将打印机拆下，再直接连接到自己的计算机。

然而，文件和打印机共享的设置有时并非那么顺利，即便是一个很简单的操作有时也显得"机关重重"，折腾了许久依然无法实现计算机之间的互访。

本实验将系统地展示如何实现局域网内文件和打印机的共享。

3.1 实验目的及要求

掌握局域网内文件和打印机共享的相关设置。

3.2 实验计划学时

本实验 2 学时完成。

3.3 实验器材

计算机两台(均已安装 Windows 10 操作系统)，交换机或宽带路由器 1 台，打印机 1 台及驱动光盘、直通线若干。

3.4 实验内容

3.4.1 组建局域网

(1) 将 PC1 和 PC2 通过直通线连接到宽带路由器或交换机的普通口。

(2) 设置两台计算机的 IP 地址在同一个网段。此处设置 PC1 的 IP 地址为 192.168.0.11/24，PC2 的 IP 地址为 192.168.0.22/24。

提示：这样设置不能保证两台计算机可以连接到 Internet，但是可以保证它们在同一局域网。“/24”表示子网掩码是 255.255.255.0。默认网关可以保留空白。

(3) 使用 ping 命令来检测两台计算机是否能够通信。若不能，应检查物理设备是否连接正常、防火墙是否关闭等。

3.4.2 安装打印机

(1) 将打印机连接在 PC1 上，接通打印机电源。

(2) 安装打印机驱动程序。

(3) 选择“控制面板”|“打印机和传真”选项，找到刚才安装上的打印机，在打印机图标上右击，选择“将其设置为默认打印机”命令。

(4) 打印测试文档。

3.4.3 共享文件及打印机

在 Windows 操作系统中，单个的文件不能设置为共享，若要共享某个文件，必须将该文件所在的文件夹一并设置为共享。本次实验过程中，需要将 PC1 上的名字为“计算机网络”的文件夹和打印机通过局域网共享给 PC2。

(1) 在 PC1 上打开“控制面板”，查看方式改为“大图标”，选择“文件夹选项”对话框中的“查看”选项卡，选中“使用共享向导(推荐)”复选框，单击“确定”按钮，如图 3-1 所示。

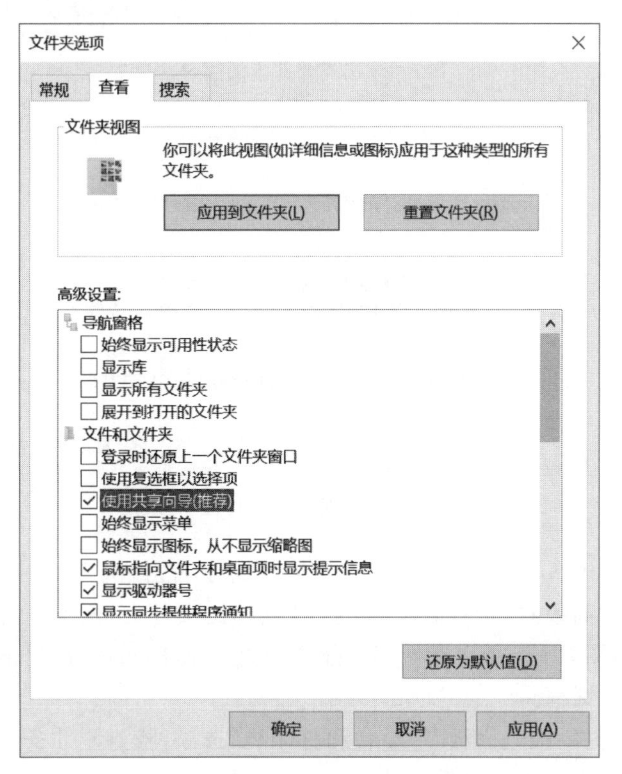

图 3-1 “文件夹选项”对话框

(2) 在PC1上,找到需要共享的文件夹“计算机网络”,右击图标,执行“属性”|“共享”命令,出现图3-2所示对话框。在图3-2中,选择用户为Everyone,并单击“添加”按钮。然后单击“共享”按钮,弹出“网络发现和文件共享”对话框,如图3-3所示。选择“是,启用所有公用网络的网络发现和文件共享”选项。

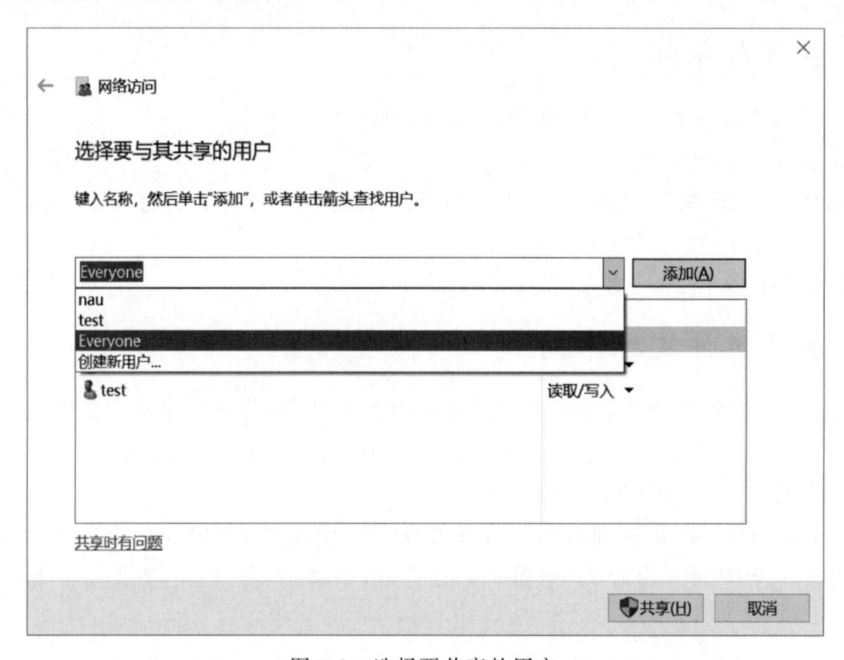

图3-2 选择要共享的用户

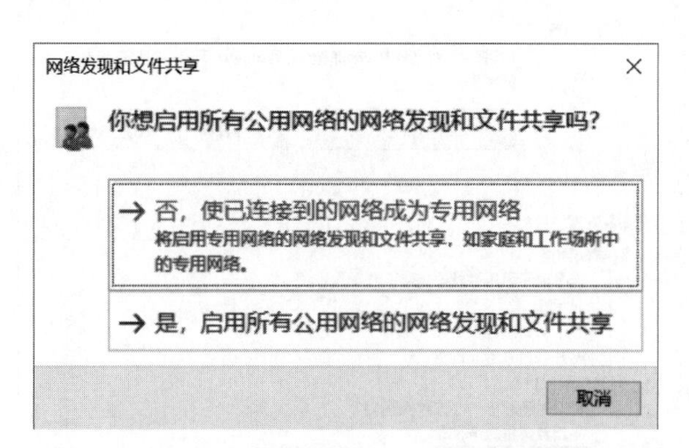

图3-3 “网络发现和文件共享”对话框

(3) 继续在需要共享的文件夹“计算机网络”图标上右击,执行“属性”|“共享”|“高级共享”命令。在打开的“高级共享”对话框中,选中“共享此文件夹”复选框,然后进行用户数量限制和权限限制,如图3-4所示。在共享权限列表里添加Everyone,单击“确定”按钮,最后关闭“文件夹选项”对话框。

(4) 在PC1上选择“控制面板”|“设备和打印机”选项,找到刚才安装的打印机,右击图标,选择“共享”命令,将打印机设置为共享状态,如图3-5所示。此时,PC1上的文件夹“计算机网络”和打印机已经被共享。重新启动计算机后,共享生效。

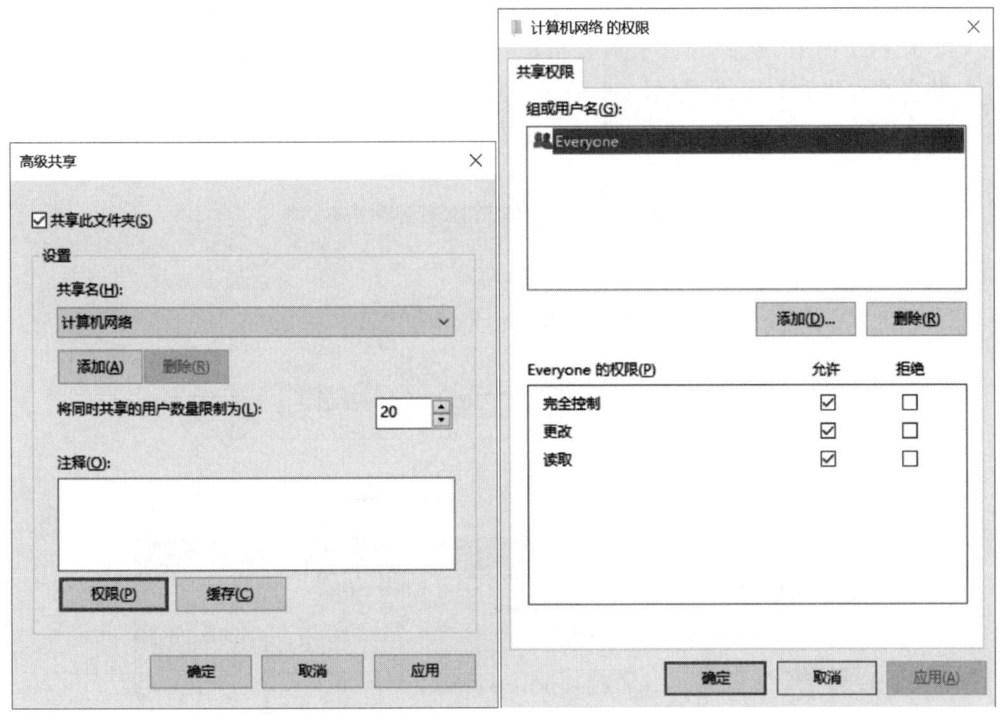

图 3-4 高级共享和权限设置

图 3-5 设置打印机共享

(5) 在 PC2 上按 Windows+R 组合键,打开“运行”对话框,输入\\x. x. x. x(此处 x. x. x. x 为 PC1 的 IP 地址,做实验时要根据实际情况更改)并确定,即可从 PC2 上访问到 PC1 的共享文件夹和打印机,如图 3-6 和图 3-7 所示。

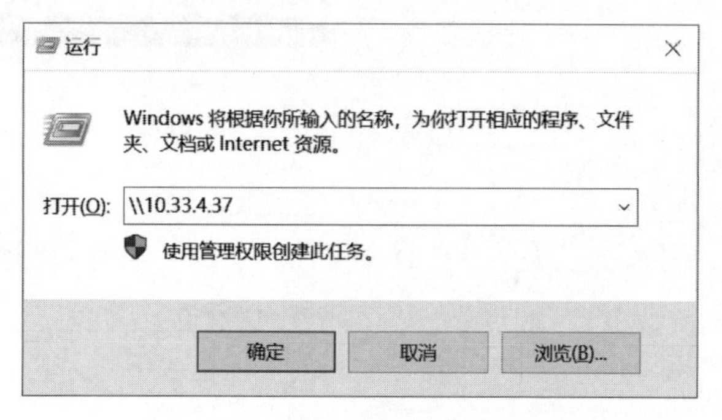

图 3-6 打开运行窗口

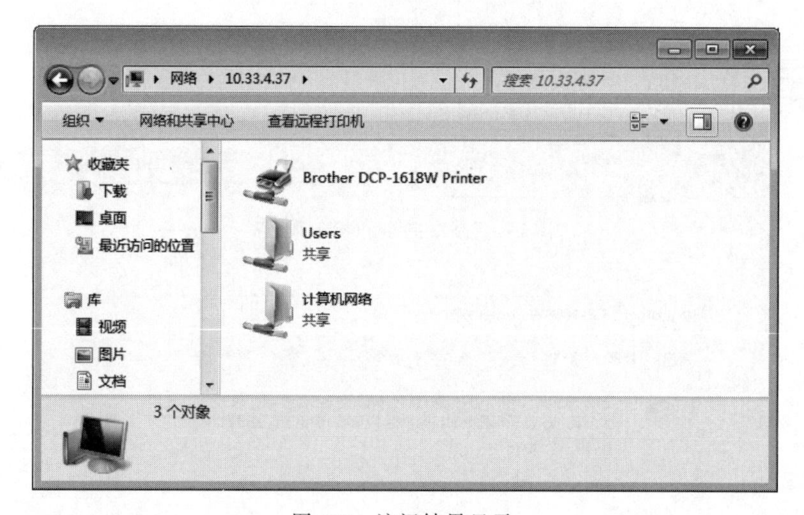

图 3-7 访问结果显示

提示:随着网络技术的发展,传统打印机必须连接宿主机的弊端逐渐显现。目前具有连网功能的网络打印机逐渐占领市场。网络打印机相当于一台独立的主机,有自己独立的 IP 地址。只要连上网络,那么其他计算机都可以直接访问、使用该打印机。

3.4.4 提高访问安全性

通过 3.4.3 节“共享文件及打印机”的一系列设置,从 PC2 能够直接访问 PC1 的共享资源。但是从安全性的角度考虑,需要设置密码进行身份验证比较合适。

以下操作步骤(1)~(4)均在 PC1 上进行。

(1) 右击“此电脑”,在弹出的快捷菜单中选择“管理”,打开“计算机管理”窗口。选择“系统工具”|“本地用户和组”|“用户”选项,右击,新建用户 test,并设置密码 123,如图 3-8 所示。

(2) 按照图 3-2 所示,添加 test 到共享用户列表,然后删除 Everyone。

(3) 按照图 3-4 所示,添加 test 用户权限,并删除 Everyone。

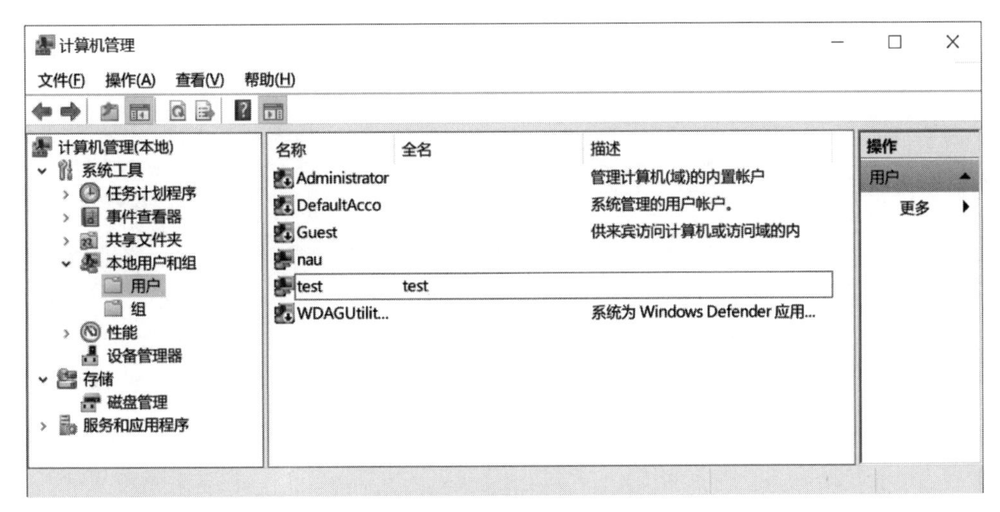

图 3-8 创建新用户 test

(4) 重新启动计算机,配置完成。

(5) 在 PC2 上按 Windows+R 组合键,打开"运行"对话框,输入\\x. x. x. x(此处 x. x. x. x 为 PC1 的 IP 地址)并确定,弹出身份验证对话框,如图 3-9 所示。输入用户名 test 和密码 123,即可访问到 PC1 的共享资源。

图 3-9 身份验证对话框

思考题:

(1) 通过本方法,能否将本机的资源共享给另外一个局域网的计算机呢?

(2) 若没有身份验证环节,会有什么后果?

(3) 若不把资源放在共享文件夹中,单独的文件能够共享吗?

(4) 若 PC1 没有开机,PC2 能够使用连接在 PC1 上的共享打印机吗?

3.5 知识点归纳

(1) 如何在局域网上共享自己的文件?

(2) 如何在局域网上使用共享打印机?

中 级 篇

中级篇是本实验教程的核心，它的内容极为丰富，涵盖以下几方面的内容：局域网内多机共享访问Internet、跨局域网的文件传输和打印机共享、有线和无线路由器的基本配置、子网划分、远程控制、无线局域网、网络编程以及网络抓包分析等相关知识。

通过中级篇的学习，可以发现，原来"计算机网络"这门课程不仅仅是用来赚取学分的，它还可以解决这么多办公、学习和家庭网络中的实际问题。几乎人们的所有计算机网络方面的需求，在这里通过某些方法或方法的组合，都能够轻易实现。

然而，略显遗憾的是，由于篇幅所限，有些内容只能点到为止，希望学有余力的同学能够进一步发掘。

实验 4 代理服务器配置及使用

局域网内某台计算机通过网络管理部门分配的计费账号可以正常浏览 Internet，局域网内其他没有获得计费账号的用户能否通过该计算机共享上网？

登录论坛、聊天室或浏览网页，自己的 IP 地址一般都会被网站所记录。有没有什么办法使自己的 IP 地址不被记录，进而最大限度地保护自己的隐私？

使用代理服务器，问题将迎刃而解！

4.1 实验目的及要求

了解代理服务器的基本工作原理及作用，掌握利用 CCProxy 软件建立代理服务器的方法以及如何在客户端使用代理服务器。

4.2 实验计划学时

本实验 2 学时完成。

4.3 实验器材

可以连接到 Internet 的计算机 2 台，CCProxy 软件 1 套。

4.4 实验内容

4.4.1 了解代理服务器的工作原理

代理服务器一般分为 NAT 类型和 Proxy 类型，本实验中特指工作在 OSI 第七层——应用层的 Proxy 代理。

当没有使用代理服务器时，客户机通过一系列的路由器和各种网络连接设备，最终可以和目标网站进行数据交换，如图 4-1 所示。客户机的 IP 地址会被目标网站所记录。

然而，若客户机使用了代理服务器，则客户机与目标网站的数据交换如图 4-2 所示。

对比可见，使用了代理服务器后，客户机访问某网站多了一个环节。具体过程是：客户机先向代理服务器发出访问某网站页面的请求，经身份验证后，代理服务器同意其请求，然

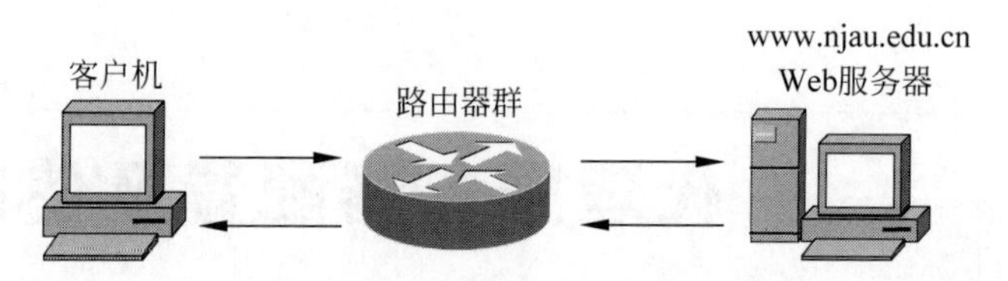

图 4-1　不使用代理服务器时客户机访问网站数据交换示意图

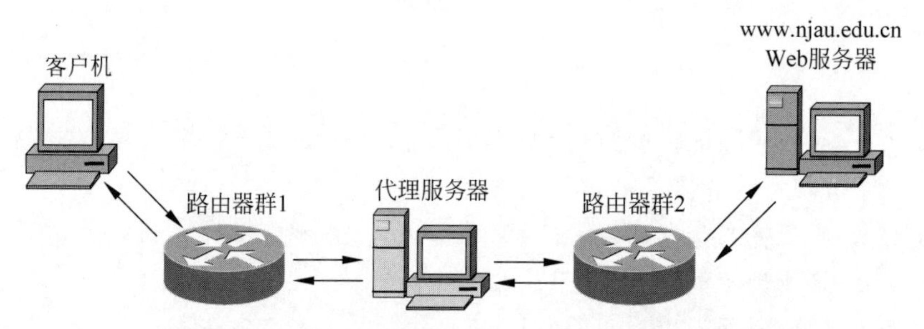

图 4-2　使用代理服务器后客户机访问网站数据交换示意图

后向 Web 服务器发出获取某页面的请求；Web 服务器响应代理服务器的请求,将该页面发送到代理服务器；代理服务器收到该页面后再将其发送到客户机。这样,客户机就通过代理服务器间接地访问了某网站。通过代理服务器进行数据交换,客户机的 IP 地址被保护起来,Web 服务器所能记录的 IP 地址仅仅为代理服务器的 IP 地址。这样可以有效地保护客户机的隐私。

如果客户机和代理服务器在同一个局域网,那么客户机可以不通过路由器直接访问到代理服务器。若代理服务器本身通过计费账号登录,可以访问 Internet,那么客户机即使没有计费账号,也能够通过代理服务器访问 Internet。

4.4.2　了解代理服务器的作用

(1) 提高访问速度。因为客户机要求的数据存储于代理服务器的硬盘中,因此下次这个客户机或其他客户机再要求相同目的站点的数据时,就会直接从代理服务器的硬盘中读取,代理服务器起到了缓存的作用,对热门站点有很多客户访问时,代理服务器的优势更为明显。

(2) 代理服务器可以起到防火墙的作用。因为所有使用代理服务器的用户都必须通过代理服务器访问远程站点,因此在代理服务器上就可以设置相应的限制,以过滤或屏蔽掉某些信息。这是局域网网管对局域网用户访问范围进行限制最常用的办法,也是局域网用户不能浏览某些网站的原因。拨号用户如果使用代理服务器,同样必须服从代理服务器的访问限制,除非不使用这个代理服务器。

(3) 通过代理服务器访问一些不能直接访问的网站。互联网上有许多开放的代理服务器,具有访问某些特定资源的权限。若某客户机不具备访问该资源的权限,则可以通过代理服务器来达到访问特定资源的目的。国内的高校多使用教育网,不能访问国外网站,但通过代理服务器,就能实现访问国外网站,这就是高校内代理服务器热的原因所在。

(4) 安全性得到提高。无论是上聊天室还是浏览网站,目的网站只能知道访问来自代理服务器，而无法测知真实 IP，这就使得使用者的安全性得以提高。

4.4.3 配置代理服务器

代理服务器本质上就是一台运行着代理服务器软件，且能够正常连接到 Internet 的普通计算机。本实验所用的代理服务器软件是 CCProxy（试用版）。部分杀毒软件会将其误报为病毒，需要将其添加到信任区。

声明：此软件仅供个人用于学习、研究，不得用于商业用途，如果喜欢此软件，请向软件作者购买正版。

1. 启动代理服务器软件

执行“实验 4”| CCProxy 6.42 | CCProxy.exe 程序，出现启动界面，如图 4-3 所示。

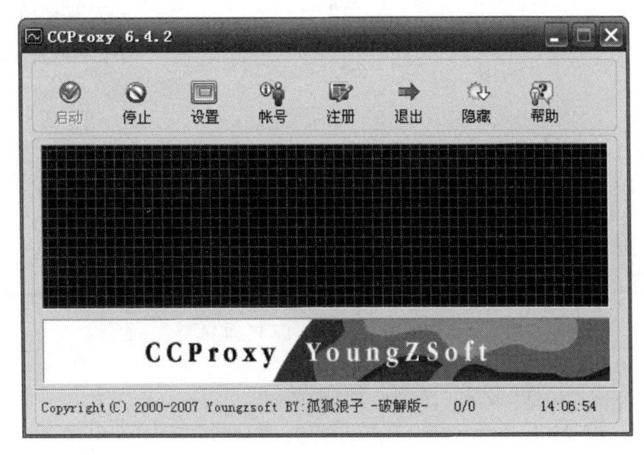

图 4-3 CCProxy 启动界面

由于本软件是绿色软件，所以不用安装就可以直接使用。可以单击导航栏的“启动”和“停止”按钮进行服务器的开启和停止操作。

2. 配置代理服务器的协议和端口

单击导航栏“设置”按钮，设置端口号，并选中相应的协议复选框，如图 4-4 所示。

图 4-4 代理服务器的协议和端口配置

选中前 5 项协议复选框,为其设置端口号。前 4 项协议的端口号必须保持一致,SOCKS/MMS 协议与其他的端口号不同。端口号可以任意设置,但不能和本计算机中其他软件的端口号发生冲突。端口号的范围为 1～65 535。本局域网 IP 地址设置为"自动检测"即可,然后单击"确定"按钮。

3. 设置访问权限

(1) 单击导航栏"账号"按钮,打开"账号管理"窗口,如图 4-5 所示。

图 4-5 "账号管理"窗口

(2) 在"允许范围"下拉列表中,选择"允许部分"选项。在"验证类型"下拉列表中,选择"用户/密码"的方式。此种方式下,客户机必须通过输入账号和密码来验证身份后才能访问代理服务器。

(3) 单击图 4-5 右侧的"新建"按钮,创建账号,如图 4-6 所示。这里创建一个新账号,用户名为 alibaba,密码为 123,然后单击"确定"按钮,关闭"账号管理"窗口。

图 4-6 账号创建

这时,代理服务器创建成功。

4.4.4 客户机的设置

通常来说,代理服务器和客户机应该分别是两台计算机。若同一台计算机既是代理服务器又是客户机,这样的设置本身没有实际意义。但是,客、服合一(客户机和服务器是同一台计算机)的做法在测试过程中却尤为重要。

本实验先采用客、服合一的做法,测试通过后,再进行客、服分离的测试。

(1) 在服务器上打开 Internet Explorer,执行"工具"|"Internet 选项"|"连接"|"局域网设置"菜单命令,在弹出的对话框中选中"为 LAN 使用代理服务器"复选框。

(2) 在地址栏填写代理服务器的 IP 地址,由于此处代理服务器就是本机,所以应该填上本机 IP 地址。端口号填写"2. 配置代理服务器的协议和端口"中设置的 HTTP 的端口号,如图 4-7 所示,然后单击"确定"按钮,客户机设置完毕。

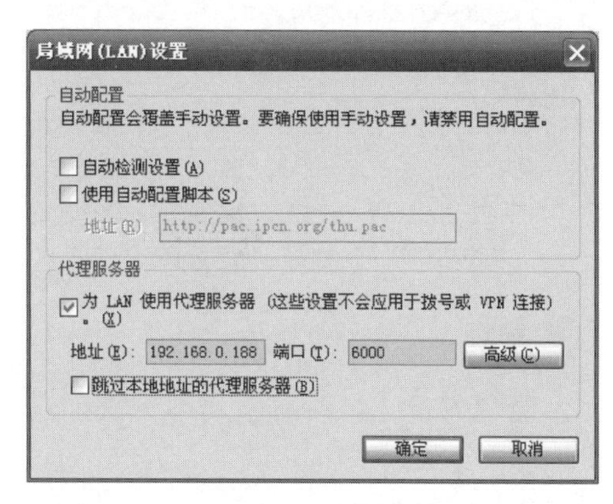

图 4-7 设置客户机

提示:做实验时,根据实际情况填写本机 IP 地址。

4.4.5 测试代理服务器

打开 Internet Explorer,输入某个网址,如 www.njau.edu.cn,会弹出图 4-8 所示的身份验证对话框。此时输入"3. 设置访问权限"中设置的用户名和密码,然后单击"确定"按钮,就可以正常访问网页。

代理服务器正常工作时,CCProxy 主界面会有数据流量产生,如图 4-9 所示。

图 4-8 身份验证对话框

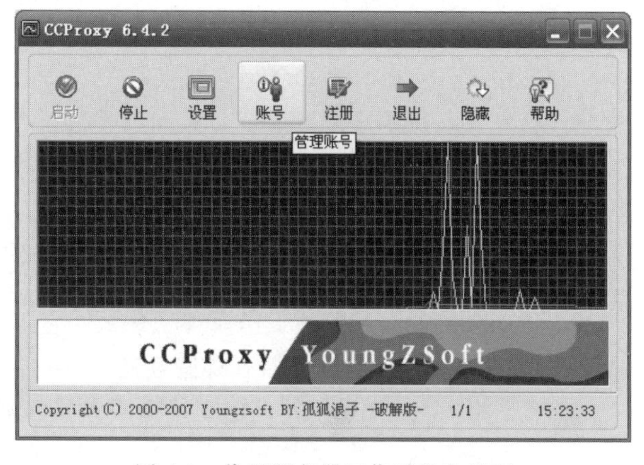

图 4-9 代理服务器工作时的主界面

在没有网络连接的情况下,可以使用 QQ 软件来测试代理服务器是否设置成功。

(1) 安装并运行 QQ 软件,在登录界面单击左下角的"设置"按钮,进入"设置"对话框的

“网络设置”选项卡,如图 4-10 所示。

(2) 在“类型”下拉列表中,选择“HTTP 代理”,“地址”和“端口”文本框中填写代理服务器 IP 地址以及 HTTP 端口号,最后填写 4.4.3 节设置的用户名和密码,“域”不要填写,单击“测试”按钮。当然,“类型”也可选择“SOCKS 代理”,并填写相应的端口号。如果代理服务器工作正常,会弹出“成功连接到代理服务器”的提示,如图 4-11 所示。

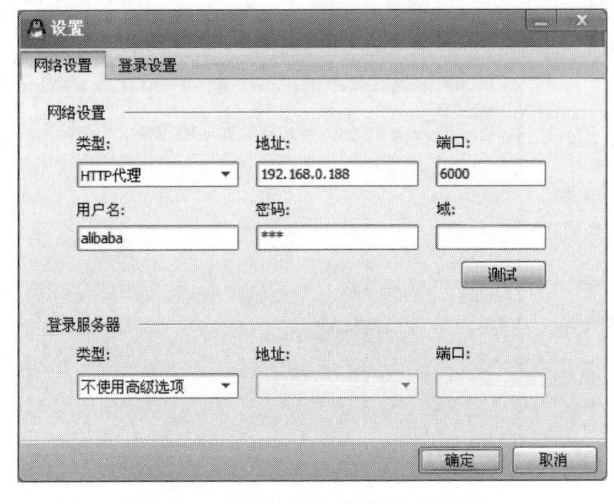

图 4-10　QQ 软件网络设置界面

图 4-11　成功连接到代理服务器

当在客、服合一模式下测试通过后,再进行客、服分离测试。

(1) 在作为服务器的计算机上关闭防火墙。

(2) 在局域网内任意找一台计算机作为客户机。在客户机上重复 4.4.4 节和 4.4.5 节操作,测试客、服分离情况下代理服务器的使用。

思考题:

(1) 客户机若要能够使用代理服务器正常访问 Internet,需要哪些必备的客观条件?

(2) PC1 使用 PC2 作为代理服务器上网,那么 PC2 是不是必须处于开机状态? PC2 能否关机?

(3) 有时会发现某些 QQ 好友明明在 A 城市,但是其状态却显示在 B 城市甚至在国外。这是什么原因导致的呢?

4.5　知识点归纳

(1) Proxy 代理服务器的工作原理是什么? 它工作在 OSI 的哪一层?

(2) 使用 Proxy 代理服务器有哪些好处?

(3) 简述使用 CCProxy 软件建立代理服务器的基本过程以及端口号的范围。

(4) 如何设置客户端,才能正常使用已经配置好的代理服务器上网?

实验5 FTP服务器的配置及使用

在同一个局域网内，两台计算机可以通过网上邻居下载对方的文件或上传自己的文件到对方的计算机。假如两台计算机不在同一个局域网，那么如何才能在它们之间传输文件呢？有人立刻会想到用腾讯QQ来传输文件，但是却不得不面对一个问题：通过QQ，只能将自己的文件传给对方，却不能主动下载对方的文件。再者，其速度也会受到中间服务器的影响，有时非常慢。

有没有一种有效的文件传输方法能克服QQ文件传输的弊端呢？尤其对于Intranet用户来说，其内网带宽通常可以达到100Mbps，QQ传输显然无法充分利用其资源优势。

本实验将重点介绍文件传输服务器(File Transfer Protocol Server，通常简称FTP服务器)的特性、安装及使用方法。无论对于Internet还是Intranet，利用FTP进行文件传输都是一个不错的选择。

5.1 实验目的及要求

掌握利用Serv-U软件建立FTP服务器的方法，并掌握通过多种途径访问该服务器的方法。

5.2 实验计划学时

本实验2学时完成。

5.3 实验器材

局域网内计算机两台，Serv-U和FlashFXP软件各1套。

5.4 实验内容

5.4.1 了解FTP服务器工作原理

FTP是File Transfer Protocol(文件传输协议)的缩写，是用来在两台计算机之间互相传输文件的协议。相比于HTTP，FTP要复杂得多。复杂的原因是FTP要用到两个TCP

连接,一个是命令链路,用来在FTP客户端与服务器之间传递命令;另一个是数据链路,用来上传或下载数据。

FTP有两种工作方式:PORT方式和PASV方式,即主动式和被动式。

PORT(主动)方式的连接过程是:客户端向服务器的FTP端口(默认是21)发送连接请求,服务器接受连接,建立一条命令链路。当需要传送数据时,客户端在命令链路上用PORT命令告诉服务器"我打开了XX端口,你过来连接我"。于是服务器从20端口向客户端的XX端口发送连接请求,建立一条数据链路来传送数据。

PASV(被动)方式的连接过程是:客户端向服务器的FTP端口(默认是21)发送连接请求,服务器接受连接,建立一条命令链路。当需要传送数据时,服务器在命令链路上用PASV命令告诉客户端:"我打开了XX端口,你过来连接我"。于是客户端向服务器的XX端口发送连接请求,建立一条数据链路来传送数据。

主动式对FTP服务器的管理有利,但对客户端的管理不利。因为FTP服务器企图与客户端的高位随机端口建立连接,而这个端口很有可能被客户端的防火墙阻塞掉。被动式对FTP客户端的管理有利,但对服务器端的管理不利。因为客户端要与服务器端建立两个连接,其中一个连到高位随机端口,而这个端口很有可能被服务器端的防火墙阻塞掉。

5.4.2 FTP服务器软件Serv-U的安装

一台具有网络连接的计算机外加一套FTP服务器软件就构成了一台FTP服务器。FTP服务器软件有多种,本实验中使用的软件是Serv-U。安装过程尤其要注意,应按照以下步骤进行。

声明:此软件仅供个人用于学习、研究,不得用于商业用途,如果喜欢,请向软件作者购买正版。

(1) 执行"实验5"| ServU63 | ServU6301.exe程序,进行软件安装。

(2) 在安装过程中,需对安装路径略作修改。修改的目的是便于接下来的汉化工作。在图5-1所示的安装路径中,将字符串"\RhinoSoft.com"手动删除,确保程序的最终安装路径为C:\Program Files\Serv-U,然后单击Next按钮。

图5-1 修改后的安装路径

(3) 其他对话框均按照其默认设置即可，无须更改。

(4) 安装至 Finish 界面时，取消选中 Start Serv-U Administrator program 复选框，如图 5-2 所示，然后单击 Finish 按钮。暂时不启动该软件的原因是汉化工作尚未完成。

(5) 此时在屏幕右下角的任务栏托盘区，出现了 Serv-U 的图标，如图 5-3 所示。右击该图标，在弹出的菜单中，如果 Stop Serv-U 命令可用，则应先执行此命令，将 Serv-U 的服务停止，然后再执行 Exit 命令，结束程序；若该命令为灰色，表示其不可用，则直接执行 Exit 命令即可，如图 5-4 所示。

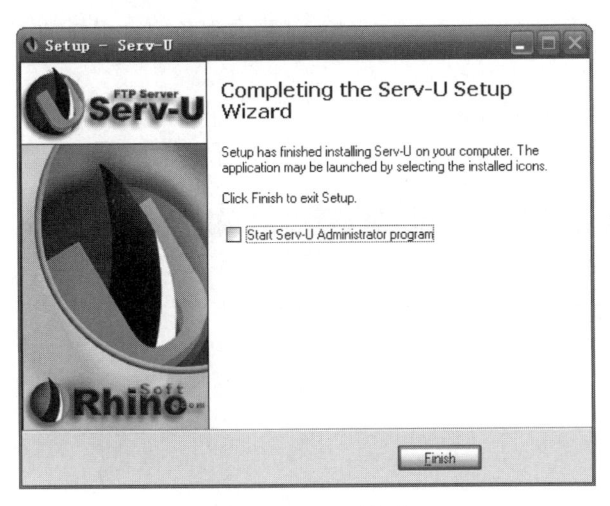

图 5-2　Finish 界面

图 5-3　Serv-U 图标

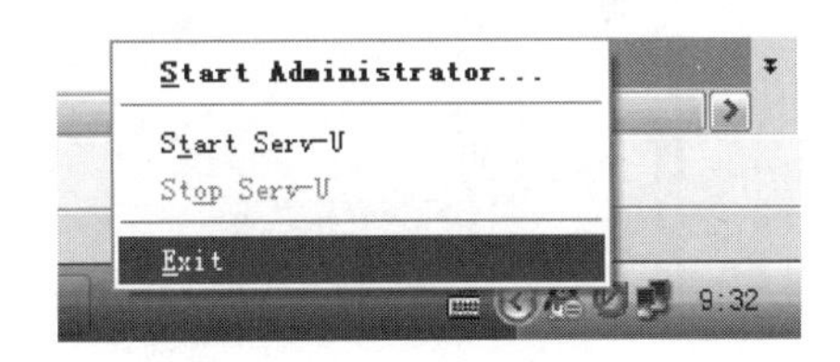

图 5-4　停止并退出 Serv-U

(6) 执行"实验 5"| ServU63 | Chinesization.exe 程序，对软件进行汉化处理。汉化程序按照默认的路径进行安装即可。安装过程中会出现如图 5-5 所示对话框，询问是否将文件安装到 C:\Program Files\Serv-U，单击"是"按钮即可。

(7) 安装至图 5-6 所示界面时，选中"安装破解"复选框，并取消选中"安装雅虎软件工具包"复选框。然后单击"下一步"按钮，直至安装完成。

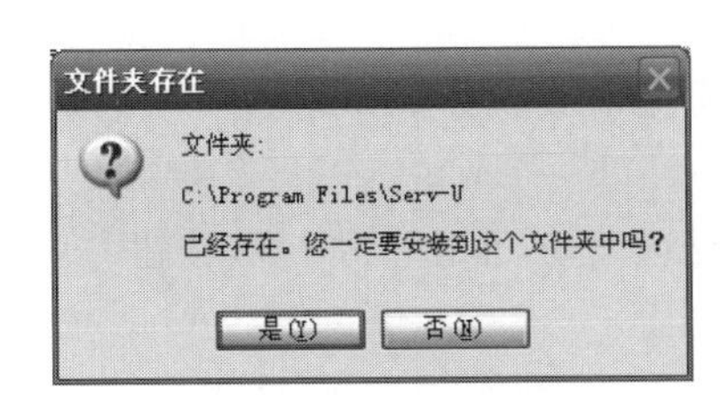

图 5-5　确认安装目录

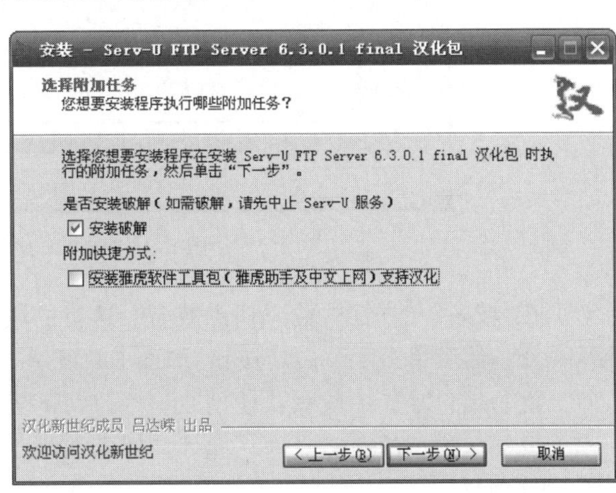

图 5-6　安装破解界面

(8) 在控制面板中关闭防火墙。

提示:如果汉化过程出现问题,提示无法进行下去,则按Ctrl+Alt+Del组合键,打开任务管理器,在"进程"选项卡中,将ServUDaemon.exe、ServUTray.exe和ServUAdmin.exe这三个程序终止后,重新尝试汉化。

5.4.3 Serv-U的配置

1. 域的配置

(1) 执行"开始"|"程序"|Serv-U|Tray Monitor.exe程序,屏幕右下角出现绿色的U型图标,表示服务器已启动。

(2) 双击该U型图标,弹出"Serv-U管理员"窗口。

(3) 右击"域",在弹出的快捷菜单中选择"新建域"命令,如图5-7所示。

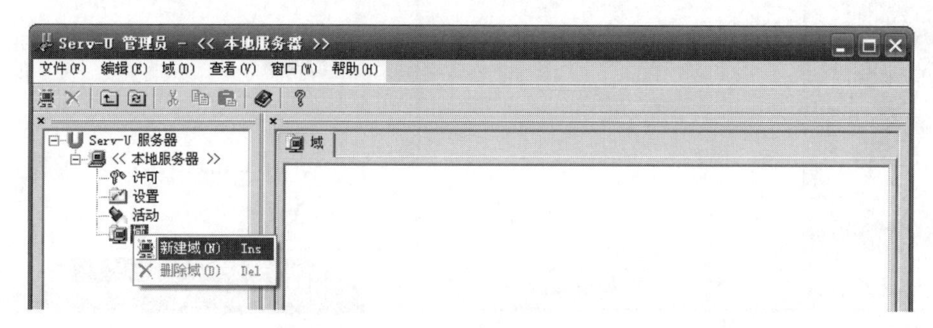

图5-7 "Serv-U管理员"窗口

(4) 从"域IP地址"下拉列表中选择本机的IP地址(不用自己输入),如图5-8所示。然后单击"下一步"按钮。

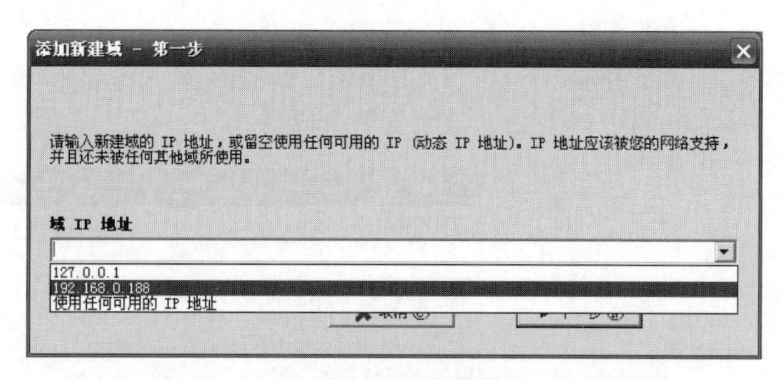

图5-8 选择IP地址

(5) 在"域名"文本框中输入任意域名。这里的域名只是对域起标识作用。本例中输入域名alibaba,然后单击"下一步"按钮,如图5-9所示。

(6) 设置端口号。一般默认使用21号端口,不要做任何改动,单击"下一步"按钮。

(7) 设置域类型的存储文件。此处按照默认设置即可。

2. 用户配置

接下来为刚才新建的名为alibaba的域配置用户和密码。该用户和密码将用于登录FTP服务器时的身份验证。

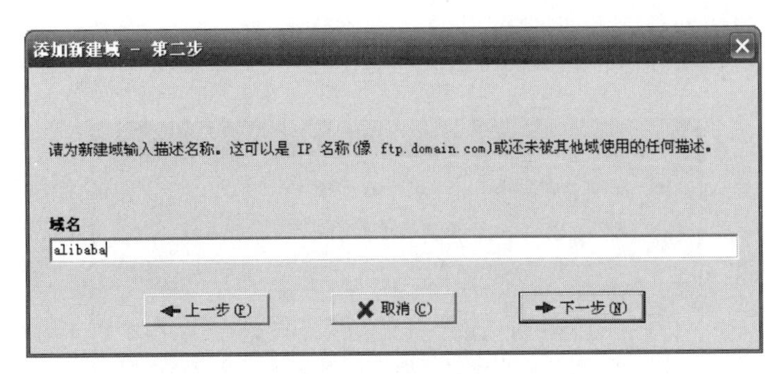

图 5-9 设置域名

(1) 右击 alibaba 域下面的“用户”图标，在弹出的快捷菜单中选择“新建用户”命令，如图 5-10 所示。

(2) 输入用户名，如 zhangsan，然后单击“下一步”按钮。

(3) 为 zhangsan 这个用户设置密码，如 123，然后单击“下一步”按钮。

(4) 配置主目录。主目录可以手动输入，如输入“C:\”，也可以单击文本框后面的“浏览”按钮选择目录。该目录是专门为用户 zhangsan 设置的。当用户 zhangsan 通过客户端登录到 FTP 服务器后，所看到的目录就是这里设置的主目录。

图 5-10 新建用户

(5) 选中“锁定用户于主目录”复选框，单击“完成”按钮。

这样，FTP 服务器就配置完毕。当右下角出现一个绿色的 U 型图标时，表明 FTP 服务器工作正常。

5.4.4 FTP 服务器的访问

FTP 服务器的访问有多种方式，可以通过 IE 来访问，也可以通过 Windows 资源管理器来访问，还可以通过各种专门的 FTP 客户端来访问，如 CuteFTP、LeapFTP、FlashFXP 等。

1. 通过 Windows 资源管理器访问 FTP 服务器

(1) 在局域网内另外指定一台计算机作为客户端。

(2) 在客户端打开“我的电脑”，在其地址栏输入 ftp://192.168.0.188:21。

提示： 此处的 IP 地址为“1. 域的配置”步骤(4)中配置的 FTP 服务器的 IP 地址，做实验时根据实际情况来填写。注意，必须是在英文状态下输入，最后 3 个字符“:21”表示端口号为 21，此时可以省略，即直接输入 ftp://192.168.0.188。

(3) 在弹出的登录身份验证的对话框中，输入用户名和密码，如图 5-11 所示。分别输入“2. 用户配置”中设定的值 zhangsan 和 123，单击“登录”按钮，即可访问到 FTP 服务器为该用户指定的访问目录。此时可以像操作本地目录一样来操作远程目录(如果权限允许)。

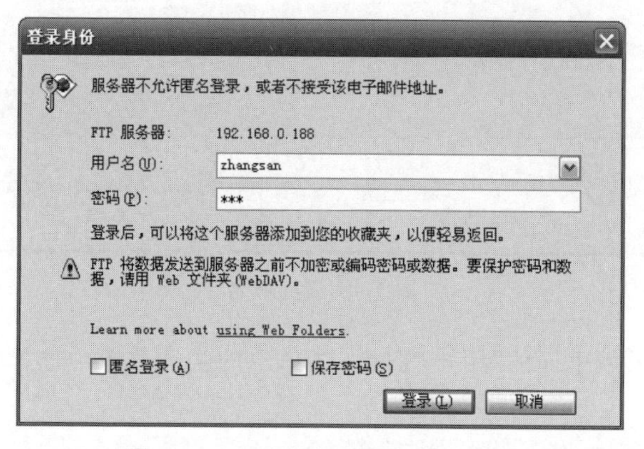

图 5-11　FTP 服务器要求身份验证

提示：由于 FTP 默认端口为 21，而前面在配置 FTP 服务器时，刚好就是按照其默认端口号来配置的，所以在地址栏输入 ftp://192.168.0.188 后，可以将后面的冒号连同端口号一同省略。如果配置 FTP 服务器时修改了默认端口 21，如将其修改为 31，此时则不能省略。

(4) 直接在"我的电脑"窗口的地址栏输入 ftp://zhangsan:123@192.168.0.188:21，也一样能进行访问，与前者相比，效果是一样的，只是跳过了图 5-11 所示的身份验证对话框。同样，最后 3 个字符":21"表示端口号为 21，此时可以省略。如果默认端口不是 21，如是 31，此时则不能省略，需要输入 ftp://zhangsan:123@192.168.0.188:31。

2. 通过 FlashFXP 访问 FTP 服务器

FlashFXP 为专用的 FTP 客户端软件，使用起来轻巧、方便、界面友好、容易操作。

(1) 执行"实验 5"| flashfxp_cn.exe 程序，进入软件的安装。

(2) 安装完毕后，启动 FlashFXP。

(3) 按 F8 键，打开"快速连接"对话框，如图 5-12 所示。在此输入 FTP 服务器的地址、用户名、密码和端口号，然后单击"连接"按钮。

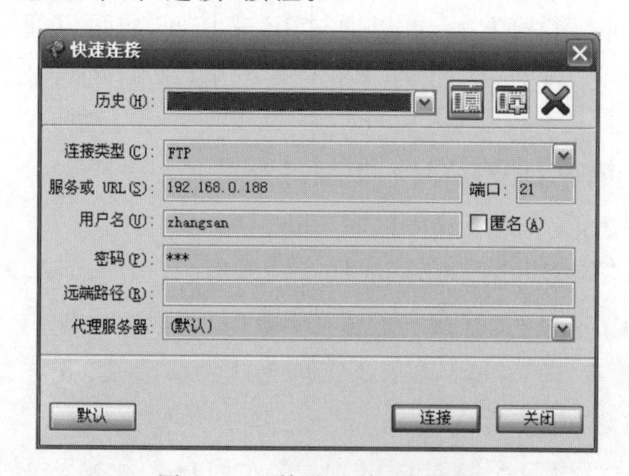

图 5-12　"快速连接"对话框

(4) 连接成功后，出现如图 5-13 所示的工作界面。此时，在远程目录选定要下载的文件后右击，在弹出的快捷菜单中选择“传送”命令，即可下载文件。在本地目录选定要上传的文件后右击，在弹出的快捷菜单中选择“传送”命令，即可上传文件(如果权限允许)。

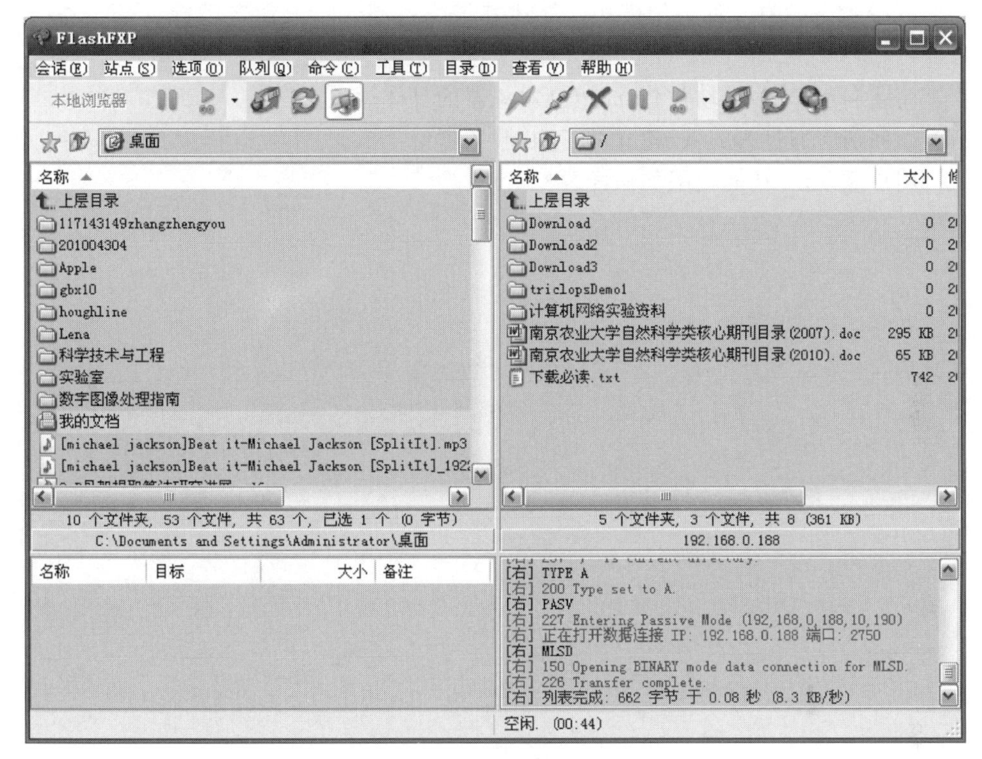

图 5-13 FlashFXP 工作界面

工作界面中，左上角为本地目录窗口；右上角为远程目录窗口，就是 FTP 服务器给用户配置的主目录；左下角为传输列表窗口，如果此时正在上传或下载文件，此窗口将显示文件列表；右下角窗口为系统状态窗口，它将滚动显示系统状态。

如果想更改用户 zhangsan 的访问权限，如读取、写入、追加、删除，可以双击任务栏的 U 型图标，打开 Serv-U 的管理员窗口，在相应用户的“目录访问”里做出修改即可。

局域网测试通过后，可以尝试在所在的 Intranet 内访问。当然，前提是在 Intranet 内客户端到 FTP 服务器之间有切实、有效的路由。

思考题：

(1) 通过 FTP 服务器进行文件传输和通过 QQ 进行文件传输，二者相比，各自的优缺点分别是什么？

(2) 在客户端使用 Windows 资源管理器来访问 FTP 服务器时，何时可以省略其端口号？

(3) FTP 服务器端是否需要关闭防火墙？

5.5 知识点归纳

(1) 使用FTP服务,需要在客户端和服务器建立几个TCP连接?其作用是什么?

(2) FTP服务器有几种工作模式?简述其工作过程。FTP服务器默认的工作端口是多少?

(3) 简述利用Serv-U软件建立FTP服务器的具体过程。

(4) 如何访问通过Serv-U建立的FTP服务器?

(5) 用户登录后,访问权限如何配置?

实验 6　有线宽带路由器的基本配置

有线宽带路由器(以下简称宽带路由器)作为一种常见的组网设备,在日常学习、办公的网络中是必不可少的,且经常接触到。宽带路由器价格低廉,性能优越,配置简单,早已成为人们青睐的焦点。虽说其配置简单,但是对于没有宽带路由器配置经验的人来说,有时却也需要走不少弯路。

本实验以 TP-Link 宽带路由器为例,讲述配置宽带路由器的基本方法。

6.1　实验目的及要求

掌握宽带路由器的基本配置方法,掌握将宽带路由器降级为交换机的方法。

6.2　实验计划学时

本实验 2 学时完成。

6.3　实验器材

TL-R860 型宽带路由器 1 台(其他牌子的也可以),计算机 1 台及直通线若干。

6.4　实验内容

6.4.1　认识宽带路由器

宽带路由器是近几年来新兴的一种网络产品,它伴随着宽带的普及应运而生。宽带路由器在一个紧凑的箱子中集成了路由器、防火墙、带宽控制和管理等功能,具备快速转发能力、灵活的网络管理和丰富的网络状态等特点。多数宽带路由器针对中国宽带应用优化设计,可满足不同的网络流量环境,具备良好的电网适应性和网络兼容性。多数宽带路由器采用高度集成设计,集成 100Mbps 宽带以太网 WAN 接口,内置多口 100Mbps 自适应交换机,方便多台机器连接内部网络与 Internet,可以广泛应用于家庭、学校、办公室、网吧、小区、政府、企业等场合。

宽带路由器有高、中、低档次之分,高档次企业级宽带路由器的价格可达数千,而目前的低价宽带路由器已降到百元内,其性能基本能满足家庭、学校宿舍、办公室等应用环境的需求,成为目前家庭、学校宿舍用户的组网首选产品之一。

其主要功能如下。

(1) MAC功能

目前大部分宽带运营商都将MAC地址和用户的ID、IP地址捆绑在一起,以此进行用户上网认证。带有MAC地址功能的宽带路由器可将网卡上的MAC地址写入,让服务器通过接入时的MAC地址验证,以获取宽带接入认证。

(2) 网络地址转换(NAT)功能

NAT功能将局域网内分配给每台计算机的IP地址转换成合法注册的Internet实际IP地址,从而使内部网络的每台计算机可直接与Internet上的其他主机进行通信。

(3) 动态主机配置协议(DHCP)功能

DHCP能自动将IP地址分配给登录到TCP/IP网络的客户工作站,提供安全、可靠、简单的网络设置,避免地址冲突。

(4) 防火墙功能

防火墙可以对流经它的网络数据进行扫描,从而过滤掉一些攻击信息;也可以关闭不使用的端口,从而防止黑客攻击;还可以禁止特定端口流出信息及来自特殊站点的访问。

(5) 隔离区(DMZ)功能

DMZ的主要作用是减少为不信任客户提供服务而引发的危险。DMZ能将公众主机和局域网络设施分离开来。大部分宽带路由器只可选择单台PC开启DMZ功能,也有一些功能较为齐全的宽带路由器可以设置多台PC提供DMZ功能。

6.4.2 宽带路由器的连接

(1) 接通宽带路由器电源。

(2) 用直通线将宽带路由器的WAN口与网络管理部门分配的物理端口相连。若是采用光纤拨号上网的用户,将WAN口与Modem相连。

(3) 将PC与宽带路由器的其中一个LAN口相连。

6.4.3 宽带路由器的访问

(1) 设置PC的IP地址与宽带路由器的Web管理IP地址在同一个局域网内。

宽带路由器的Web管理IP地址可以在使用手册中查到。例如,其Web管理IP是192.168.1.1,那么,PC的IP地址就可以设置成为192.168.1.2。

(2) 打开PC的IE,在地址栏内输入http://192.168.1.1,对宽带路由器进行访问。

(3) 输入宽带路由器的用户名和密码,身份验证后,即可登录宽带路由器的管理页面,如图6-1所示。用户名和密码可以在使用手册中查询。

6.4.4 宽带路由器的配置

1. WAN口配置

宽带路由器的WAN口是广域网接口,是路由器内部计算机与外界数据交换的必经通道。根据用户的Internet连接类型不同,WAN口提供了多种配置方案,如静态IP型、动态

图 6-1　宽带路由器的管理页面

IP 型、虚拟拨号型(PPPoE)等。

本实验以静态 IP 型为例，讲述具体的操作过程。

(1) 在宽带路由器的 Web 管理页面，执行导航栏的“网络参数”|“WAN 口设置”命令，打开“WAN 口设置”界面。

(2) 在“WAN 口连接类型”下拉列表中选择“静态 IP”，然后依次输入其余参数，这些参数均为网络管理部门分配的参数(一般来说，不可任意更改)，如图 6-2 所示。

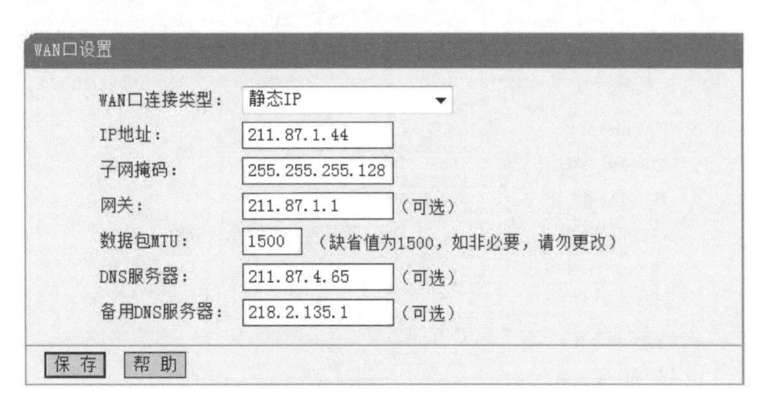

图 6-2　“WAN 口设置”界面

(3) 输入完毕，单击“保存”按钮。

2. LAN 口配置

(1) 执行导航栏的“网络参数”|“LAN 口设置”命令，打开“LAN 口设置”界面。

(2) 将“IP 地址”设置为 192.168.1.1(默认值)，如图 6-3 所示。

提示：这表示所有的 LAN 口相连的计算机都必须把默认网关设置为该 IP，否则数

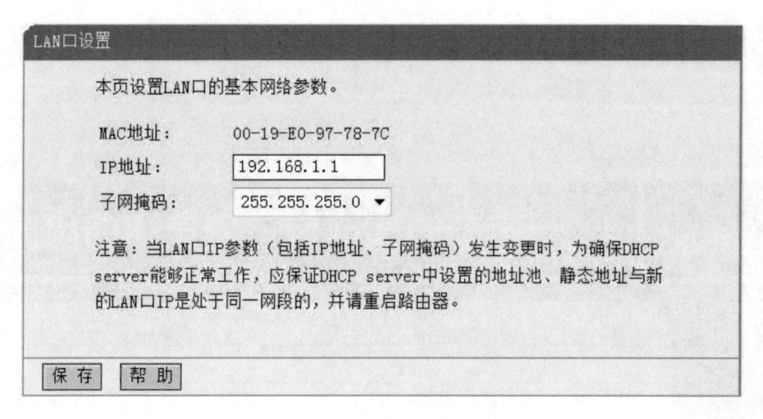

图 6-3 “LAN 口设置”界面

据没法通过宽带路由器转发到外网。同时此 IP 地址也是通过 Web 访问宽带路由器的入口地址。此处也可以设置为其他，如 192.168.3.1 等。那么，其他计算机的默认网关也需要做相应调整。通过 Web 方式访问宽带路由器时，也要用修改后的 IP 地址。

(3) 设置子网掩码，若是 C 类 IP 地址，通常可设置为 255.255.255.0。

(4) 输入完毕，单击“保存”按钮。

3. DHCP 服务器配置

通过 DHCP 服务器，连接在 LAN 口的计算机可以不用手动设置自己的 IP 地址，只需要将 TCP/IP 设置为自动获取方式，即可获得 DHCP 服务器分配的正确 IP 地址。

(1) 执行导航栏的“DHCP 服务器”|“DHCP 服务”命令，打开“DHCP 服务”设置界面，如图 6-4 所示。

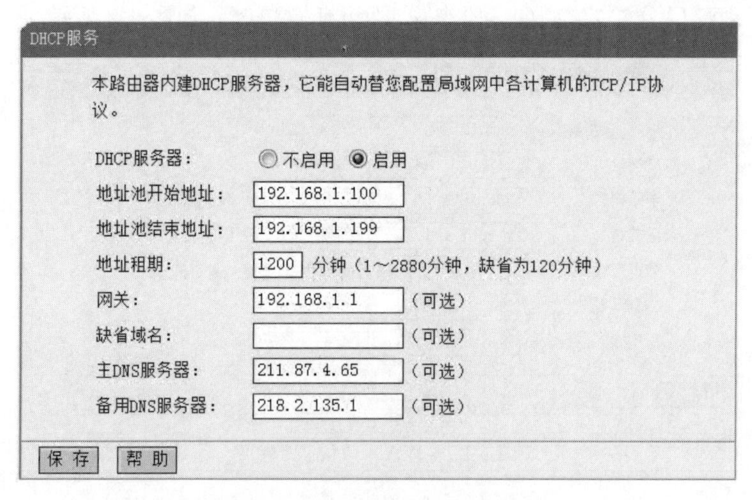

图 6-4 “DHCP 服务”设置界面

(2) 选择“启用”单选按钮，启用 DHCP 服务器。

(3) 设置地址池。

地址池内的 IP 地址是用来自动分配给 LAN 口的计算机的。这里只需要输入起始地址和结束地址即可。但是要注意的是，地址池内 IP 地址必须和图 6-3 中设置的默认网关的

IP 地址在同一个网段。

(4) 设置地址租期。该项设置表示地址有效期。

(5) 设置默认网关。同图 6-3 保持一致。

(6) 设置正确的 DNS。

(7) 单击"保存"按钮。

本实验中只是介绍了宽带路由器的基本设置,其中还有很多高级设置。这些高级设置将在今后的实验中进一步学习。

6.4.5 宽带路由器的降级使用

在某些网络环境中,需要接入网络的计算机数量比较多,而交换机或宽带路由器的接口数量有限。这时为了扩展接口数量,急需一台交换机。但此时,若手中没有交换机,只有宽带路由器,那么如何才能达到扩展接口的目的呢?

(1) 宽带路由器接通电源。

(2) 空出宽带路由器的 WAN 口,将其中任意一个 LAN 口作为 UP-Link 口,通过直通线与上级交换机或路由器相连。其余暂未使用的 LAN 口就是扩展出来的网络接口。

提示: 此时 WAN 口不能连入网络中,曾经对宽带路由器作出的任何配置不会影响扩展出来的接口。这就是将宽带路由器降级为交换机的使用方法。

思考题:

(1) 访问宽带路由器时,6.4.3 节步骤(1)中,为什么要设置 PC 的 IP 地址与路由器的 Web 管理 IP 地址在同一个局域网内?

(2) DHCP 服务是不是必须要开启?

(3) 手动设置 IP 地址与通过 DHCP 自动获取 IP 地址相比,其优点和缺点各是什么?

(4) 除了将宽带路由器降级为交换机来扩展接口数量外,还可以如何扩展宽带路由器接口数量?其优点和缺点各是什么?

6.5 知识点归纳

(1) PC 访问宽带路由器之前,其 IP 地址如何设置?

(2) 宽带路由器的 WAN 口、LAN 口以及 DHCP 服务器的设置方法。

(3) 宽带路由器需要配置哪几个关键参数?

实验7　无线宽带路由器的基本配置

无线宽带路由器（以下简称无线路由器）的出现，使局域网内的移动办公成为可能。通过无线路由器，具有无线网卡的笔记本电脑、台式机和具有WiFi功能的手机可以随时随地很方便地接入网络，避免了另接网线所带来的麻烦。

本实验以IP-COM无线路由器为例，讲述配置无线路由器的基本过程。

7.1　实验目的及要求

掌握无线路由器的基本配置方法。

7.2　实验计划学时

本实验2学时完成。

7.3　实验器材

IP-COM无线路由器1台（其他牌子的也可以），具有无线网卡的笔记本电脑1台及直通线若干。

7.4　实验内容

7.4.1　认识无线路由器

无线路由器是带有无线覆盖功能的路由器，它主要应用于用户上网和无线覆盖。市场上流行的无线路由器一般都具有一些简单的网络管理功能，如DHCP服务、NAT防火墙、MAC地址过滤等功能。

无线路由器好比将单纯性无线AP和有线宽带路由器合二为一的扩展型产品，它不仅具备单纯性无线AP所有功能，而且可支持局域网用户的网络连接共享，可实现家庭无线网络中的Internet连接共享，实现ADSL和小区宽带的无线共享接入。

无线路由器可以与所有以太网接的ADSL Modem或Cable Modem直接相连，也可以在使用时通过交换机、集线器、宽带路由器等局域网方式再接入。其内置有简单的虚拟拨号软件,可以存储用户名和密码拨号上网,实现为拨号接入 Internet 的 ADSL、CM 等提供自动拨号功能,而无须手动拨号或占用一台计算机做服务器使用。此外,无线路由器一般还具备相对更完善的安全防护功能。

与有线宽带路由器相比,无线路由器除了具有其全部基本功能外,还多了终端无线接入的功能。其连接与基本配置均与有线宽带路由器没有太大差别,本实验中将简要介绍其配置,重点介绍无线功能的配置。

7.4.2 无线路由器的连接

(1) 接通无线路由器电源。

(2) 用直通线将无线路由器的 WAN 口与网络管理部门分配的物理端口相连。若是采用 ADSL 拨号上网的用户,将 WAN 口与 Modem 相连。

(3) 将笔记本电脑网卡接口与无线路由器的其中一个 LAN 口相连。

7.4.3 无线路由器的访问

(1) 设置笔记本电脑的 IP 地址与无线路由器的 Web 管理 IP 地址在同一个局域网内。

无线路由器的 Web 管理 IP 地址可以在使用手册中查到。例如,Web 管理 IP 是 192.168.1.1,那么,笔记本电脑的 IP 地址就可以设置成 192.168.1.2。

(2) 打开笔记本电脑的 IE,在地址栏内输入 http://192.168.1.1,对无线路由器进行访问。

(3) 输入无线路由器的用户名和密码,身份验证后,即可登录路由器的管理页面。

7.4.4 无线路由器的配置

1. WAN 口配置

(1) 执行导航栏的"高级设置"|"WAN 口设置"命令,打开"WAN 口设置"界面,如图 7-1 所示。

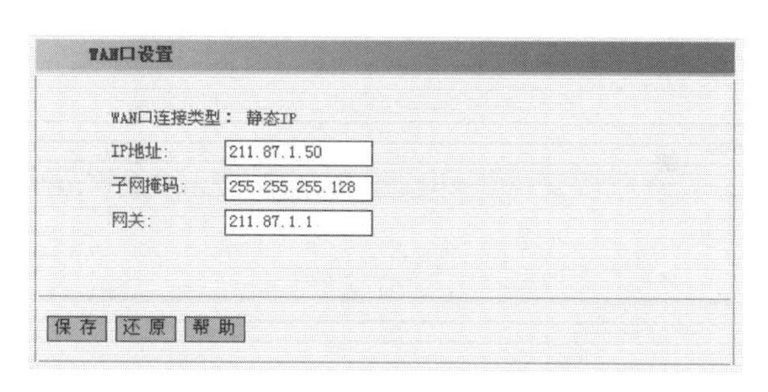

图 7-1 "WAN 口设置"界面

(2) 在图 7-1 中输入网络管理部门分配的各项参数。一般来说,这些参数不可任意更改。

2. LAN 口配置

(1) 执行导航栏的"高级设置"|"LAN 口设置"命令,打开"LAN 口设置"界面,如图 7-2 所示。

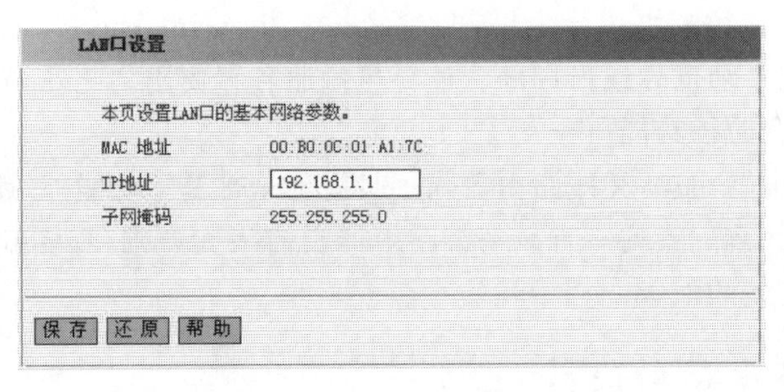

图 7-2 “LAN 口设置”界面

(2) 将图 7-2 中的 IP 地址设置为 192.168.1.1(默认值)。

3. DHCP 服务器配置

(1) 执行导航栏的“DHCP 服务器”|“DHCP 服务设置”命令,打开“LAN 端口 DHCP 服务器”设置界面,如图 7-3 所示。

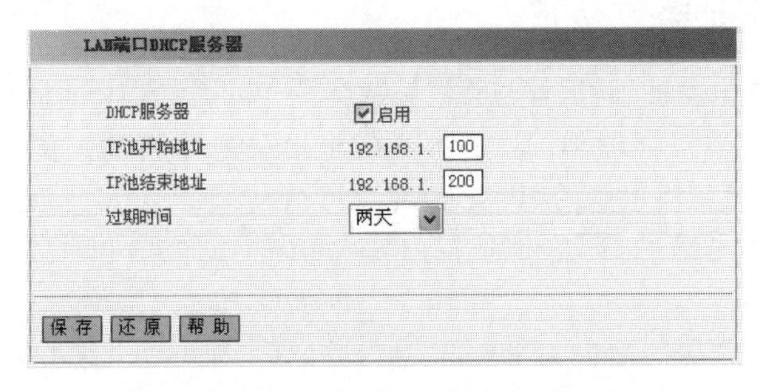

图 7-3 “LAN 端口 DHCP 服务器”设置界面

(2) 选中“启用”复选框,启用 DHCP 服务器。

(3) 设置地址池的范围,如 192.168.1.100~192.168.1.200。

(4) 设置有效期。

4. 无线设置

(1) 执行导航栏的“无线设置”|“基本设置”命令,打开“无线基本设置”界面,如图 7-4 所示。

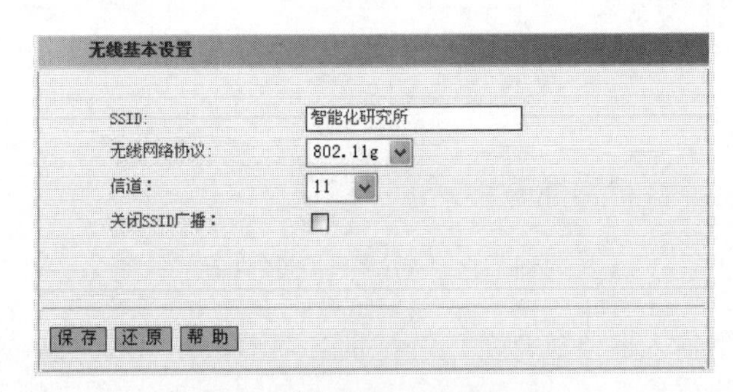

图 7-4 “无线基本设置”界面

(2) 输入 SSID 的名称,如智能化研究所。SSID 是这个局域网的标识符。

(3) 选择一种无线网络协议。例如,选择 802.11g,根据自己的无线网卡来选择。

(4) 随机选择一个信道。

信道的作用就是为了防止附近的其他无线网络信号对此进行干扰。若发现有干扰，另外选择一个不同的信道即可。

(5) 取消选中的“关闭 SSID 广播”复选框，最好不要关闭 SSID 广播。

若关闭 SSID 广播，那么终端设备就无法在自己的无线网络列表中发现该网络。但是，若明确知道 SSID 的名称，并不影响终端设备的连接。

(6) 单击“保存”按钮。

(7) 执行导航栏的“无线设置”|“安全设置”命令，打开“无线安全设置”界面，如图 7-5 所示。

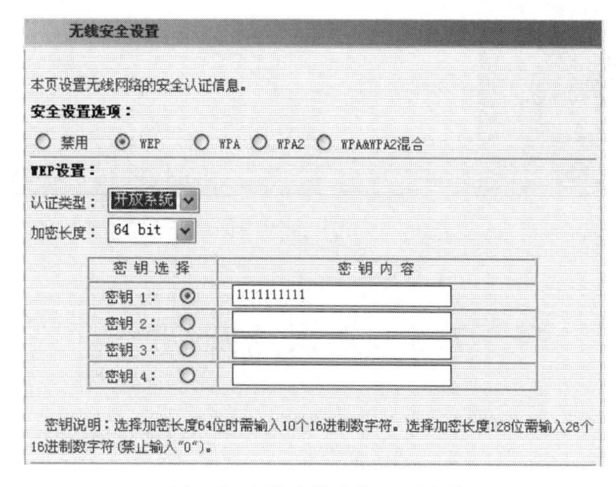

图 7-5 “无线安全设置”界面

(8) 在“安装设置选项”中，选择一种安全保护模式，这里选择 WEP。若选择“禁用”，则该无线网络没有密码，任何用户均可直接连接到该网络。

(9) 设置密码，单击“保存”按钮。

7.4.5 安全接入无线网络

断开笔记本电脑与无线路由器的有线连接。在笔记本电脑的无线网络列表里找到自己的无线网络，选中后，单击“连接”按钮，经过身份验证后即可接入无线网络，如图 7-6 所示。

提示：通常情况下，对无线路由器进行首次配置时，常常采用有线连接进行配置。配置成功后，若要修改配置，采用有线连接或无线连接均可。

思考题：

(1) 若在无线设置中关闭了 SSID 广播，那么应该如何接入无线网络？

(2) 在同一个无线路由器下，通过有线连接的计算机和通过无线连接的计算机是否在同一个局域网内？

(3) 无线路由器能否降级为“无线交换机”使用？应该如何操作？

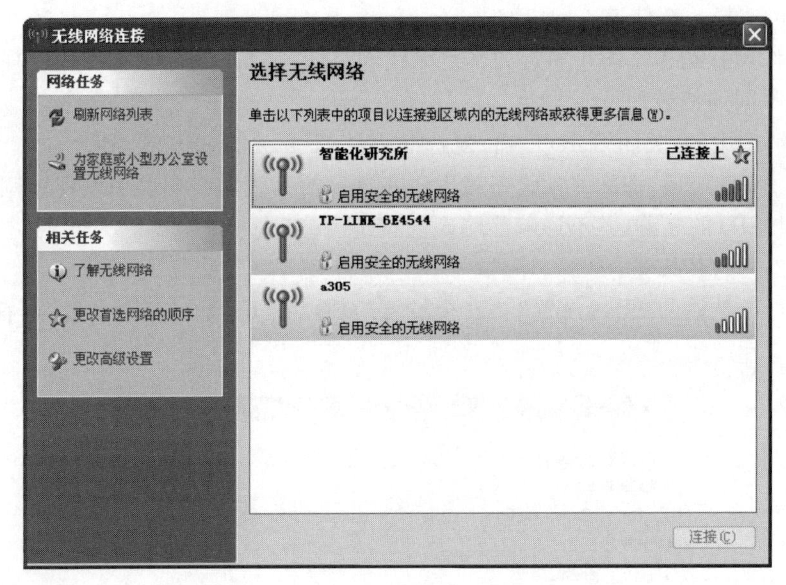

图 7-6　连接到无线网络

7.5　知识点归纳

(1) 无线路由器的无线设置中,应该设置哪些主要参数?

(2) 笔记本电脑访问、配置无线路由器过程中,有哪几种连接方式?

实验 8　IP 地址与子网划分

随着计算机网络的快速发展,接入互联网中的主机数目急剧增加。在 64 位 IP 地址尚未普及的情况下,32 位的 IP 地址显得日趋紧俏。全球剩余的 32 位 IP 地址的日趋减少是个不争的事实。

为了避免使用过程中 IP 地址的浪费,对计算机网络进行子网划分是必不可少的。本实验以 C 类私有 IP 地址为例,讲述将一个大的计算机网络通过子网掩码划分为若干子网的方法。

8.1　实验目的及要求

认识 IP 地址的种类,掌握通过子网掩码来划分子网的方法。

8.2　实验计划学时

本实验 2 学时完成。

8.3　实验器材

普通交换机 1 台,计算机 2～3 台,直通线若干。

8.4　实验内容

8.4.1　了解 IP 地址的分类

1. A 类 IP 地址

一个 A 类 IP 地址由 1 字节的网络地址和 3 字节主机地址组成,网络地址的最高位必须是 0,地址范围 1.0.0.1～126.255.255.254(二进制表示为 00000001 00000000 00000000 00000001～01111110 11111111 11111111 11111110)。可用的 A 类网络有 126 个,每个网络能容纳 16 777 214 台主机。

2. B 类 IP 地址

一个 B 类 IP 地址由 2 字节的网络地址和 2 字节的主机地址组成,网络地址的最高位必须是 10,地址范围 128.0.0.1～191.255.255.254(二进制表示为 10000000 00000001

00000000 00000001～10111111 11111111 11111111 11111110)。可用的B类网络有16 384个,每个网络能容纳65 534台主机。

B类地址的私有地址和保留地址:

172.16.0.0～172.31.255.255是私有地址。

169.254.0.0～169.254.255.255是保留地址。如果是自动获取IP地址,而网络上又没有找到可用的DHCP服务器,这时将会从169.254.0.0～169.254.255.255中临时获得一个IP地址。

3. C类IP地址

一个C类IP地址由3字节的网络地址和1字节的主机地址组成,网络地址的最高位必须是110。地址范围192.0.0.1～223.255.255.254(二进制表示为11000000 00000000 00000001 00000001～11011111 11111111 11111111 11111110)。其中192.168.0.0～192.168.255.255私有IP地址,C类网络可达2 097 150个,每个网络能容纳254台主机。

4. D类IP地址

D类IP地址第一个字节以1110开始,它是一个专门保留的地址。它并不指向特定的网络,目前这一类地址被用在多点广播(Multicast)中。多点广播地址用来一次寻址一组计算机,它标识共享同一协议的一组计算机。

地址范围224.0.0.1～239.255.255.254。

5. E类IP地址

以1111开始,为将来使用保留。

E类地址保留,仅做实验和开发用。

全零的IP地址(0.0.0.0)指任意网络。全1的IP地址(255.255.255.255)是当前子网的广播地址。

8.4.2 认识子网掩码

子网掩码是一个32位的二进制数,其对应网络地址的所有位都置为1,对应于主机地址的所有位都置为0。由此可知,A类网络的默认子网掩码是255.0.0.0,B类网络的默认子网掩码是255.255.0.0,C类网络的默认子网掩码是255.255.255.0。将子网掩码和IP地址按位进行逻辑"与"运算,得到IP地址的网络地址,剩下的部分就是主机地址,从而区分出任意IP地址中的网络地址和主机地址。

子网掩码常用十进制表示,还可以用网络前缀法表示子网掩码,即"/<网络地址位数>"。例如138.96.0.0/16表示B类网络138.96.0.0的子网掩码为255.255.0.0。

8.4.3 子网划分

将一个大的网络划分为若干子网,可以通过硬件设备,如专用的交换机、路由器等;也可以通过为每台计算机配置不同的子网掩码,从而将一个大的网络分割成若干子网。通过后者,操作简单,经济实用。

经典案例模拟如下。

某公司从上级总公司的网络部门获得一段IP地址,其网络号为192.168.0.0/24。该IP将用于组建自己的网络。

目前该公司有 5 个部门需要组建自己的网络。

部门 1：100 台计算机。

部门 2：60 台计算机。

部门 3：25 台计算机。

部门 4：10 台计算机。

部门 5：10 台计算机。

请为每个部门规划自己的网络。

(1) 列出 C 类网络子网数目与子网掩码对照表，如表 8-1 所示。

表 8-1　子网数目与子网掩码对照表

子网数目	子网掩码	每个子网主机容量
1	255.255.255.0	256－2＝254
2	255.255.255.128	128－2＝126
4	255.255.255.192	64－2＝62
8	255.255.255.224	32－2＝30
16	255.255.255.240	16－2＝14
32	255.255.255.248	8－2＝6
64	255.255.255.252	4－2＝2

(2) 先根据最大主机数需求，划分子网。

部门 1 有 100 台计算机，先满足该部门需求。将整个网络一分为二，其中每个有 126 台主机的容量。于是，给部门 1 分配的 IP 地址范围为 192.168.0.1～192.168.0.126，子网掩码为 255.255.255.128。

(3) 再根据次大主机需求数，划分剩余的网络。

部门 2 有 60 台计算机的容量需求，因此，需要将剩余的子网再一分为二，选取其中 62 个 IP 分给该部门。部门 2 的 IP 地址范围为 192.168.0.129～192.168.0.190，子网掩码为 255.255.255.192。

(4) 部门 3 有 25 台的容量。目前还剩余 62 个 IP 暂未使用。将这 62 个 IP 再一分为二，选取其中 30 个 IP 分给部门 3。部门 3 的 IP 地址范围是 192.168.0.193～192.168.0.222，子网掩码为 255.255.255.224。

(5) 部门 4 和 5 需求量最少，可将剩余的 IP 地址再等分为两份，分别配置给部门 4 和 5。因此，部门 4 的 IP 地址范围可设置为 192.168.0.225～192.168.0.238，子网掩码为 255.255.255.240。部门 5 的 IP 地址范围可设置为 192.168.0.241～192.168.0.254，子网掩码为 255.255.255.240。

(6) 综合汇总，各部门 IP 地址配置情况见表 8-2。

表 8-2　各部门 IP 地址分配情况

部　门	起始 IP 地址	终止 IP 地址	子网容量	子网掩码	网络号	广播地址
部门 1	192.168.0.1	192.168.0.126	126	255.255.255.128	192.168.0.0	192.168.0.127
部门 2	192.168.0.129	192.168.0.190	62	255.255.255.192	192.168.0.128	192.168.0.191
部门 3	192.168.0.193	192.168.0.222	30	255.255.255.224	192.168.0.192	192.168.0.223

续表

部　门	起始 IP 地址	终止 IP 地址	子网容量	子 网 掩 码	网　络　号	广 播 地 址
部门 4	192.168.0.225	192.168.0.238	14	255.255.255.240	192.168.0.224	192.168.0.239
部门 5	192.168.0.241	192.168.0.254	14	255.255.255.240	192.168.0.240	192.168.0.255

各部门所属 IP 地址分布见图 8-1。

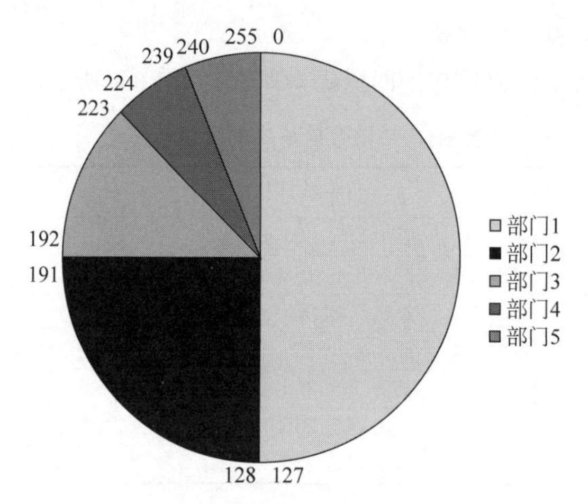

图 8-1　各部门所属 IP 地址分布

注：图中数字为十进制 IP 地址的最后一字节，按顺时针方向旋转

8.4.4　子网测试

(1) 将 PC1～PC4 接在交换机普通口上。

(2) 将 PC1 和 PC2 配置为部门 1 的 IP，分别为 192.168.0.2 和 192.168.0.3，子网掩码为 255.255.255.128。

(3) 将 PC3 配置为部门 2 的 IP，设置为 192.168.0.130，子网掩码为 255.255.255.192。

(4) 将 PC4 配置为部门 4 的 IP，设置为 192.168.0.225，子网掩码为 255.255.255.240。

(5) 在 PC1 和 PC2 上分别打开"命令提示符"窗口，相互 ping 对方的 IP，发现可以 ping 通。通过网上邻居可以相互发现对方，说明 PC1 和 PC2 在同一个子网。

(6) 在 PC1 的"命令提示符"窗口中，ping PC3 的 IP，如图 8-2 所示，无法 ping 通，说明 PC1 和 PC3 不在同一个子网。

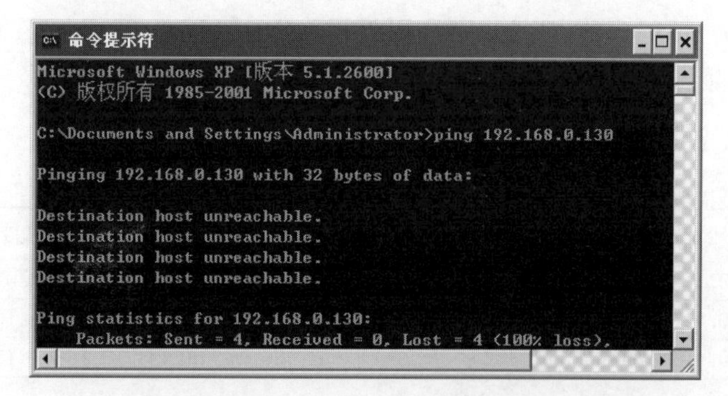

图 8-2　PC1 上执行 ping 192.168.0.130

（7）在 PC3 的“命令提示符”窗口中，ping 其他 3 台计算机的 IP，发现均无法 ping 通，而且也无法通过网上邻居发现其他计算机，说明 PC3 独自在一个子网。

（8）在 PC4 上执行 PC3 同样的命令，结果也相同。说明 PC4 独自在一个子网。

思考题：

（1）表 8-1 中，最后一列的子网主机容量为什么要减 2？

（2）使用子网掩码划分子网的优点和缺点分别是什么？

8.5 知识点归纳

（1）IP 地址分为哪几类？各自范围是什么？

（2）私有 IP 地址的范围是什么？

（3）如何通过配置子网掩码进行子网划分？

实验 9　简易 VPN 服务器的配置及使用

若局域网内某台计算机上安装有共享打印机，则该局域网内其他用户可以很方便地使用该打印机。问题是，该局域网以外的其他用户能否像局域网内的用户一样，直接使用打印机呢？

此外，局域网内的用户可以通过网上邻居共享文件。想必很多人已经体会过局域网共享的方便与快捷。这里又产生一个问题，局域网内的用户能否将自己的文件通过网上邻居共享给该局域网以外的用户呢？

上面两个问题有着很强的现实意义。在日常的办公、学习中，经常面临这样的问题：同一个物理空间内存在着两个或两个以上的局域网，但是却只有其中一个局域网连接有打印机。那么，没有打印机的局域网用户若要打印文档自然十分不方便。用户首先需要将被打印的文档通过 QQ 或 U 盘传递到有打印机的局域网，然后再进行打印。文件共享也是一样，尽管所有计算机在同一个物理空间，但是只能实现各自的局域网内部共享，无法实现真正意义上的“共享”。

本实验将通过搭建简易 VPN 服务器，实现文件和打印机的跨局域网共享。

9.1　实验目的及要求

掌握在 Windows 10 平台上搭建和连接 VPN 服务器的方法。

9.2　实验计划学时

本实验 2 学时完成。

9.3　实 验 器 材

分别属于两个局域网的计算机 2 台（Windows 10 操作系统），打印机 1 台。

9.4　实 验 内 容

9.4.1　认识 VPN

虚拟专用网（VPN）被定义为通过一个公用网络（通常是因特网）建立一个临时的、安全的连接,是一条穿过混乱的公用网络的安全、稳定的隧道。虚拟专用网是对企业内部网的扩展。虚拟专用网可以帮助远程用户、公司分支机构、商业伙伴及供应商同公司的内部网建立可信的安全连接,并保证数据的安全传输。

VPN 通过特殊的加密通信协议在连接在 Internet 上的位于不同地方的两个或多个企业内部网之间建立一条专有的通信线路,就像架设了一条专线一样,但是它并不需要真正地去敷设光缆之类的物理线路。这就好比去电信局申请专线,但是不用给敷设线路的费用,也不用购买路由器等硬件设备。VPN 技术原是路由器具有的重要技术之一,现在交换机、防火墙设备也都支持 VPN 功能。一句话,VPN 的核心就是在利用公共网络建立虚拟专用网。

9.4.2 VPN 服务器的搭建

理想的可以用来搭建 VPN 服务器的操作系统应该是 Server 版本的操作系统,如 Windows 2003 Server、Windows 2008 Server 等。Windows 10 本身是一个 workstation 型的操作系统,不适合搭建各类服务器。若采用 Windows 10 来创建 VPN 服务器,其功能必然受到一定的限制。但是,考虑到目前 Windows 10 依然是多数用户的首选,因此,本实验就在 Windows 10 平台上创建极其简易的 VPN 服务器。

在 PC1 上创建 VPN 服务器方法如下。

(1) 选择"控制面板"|"Windows Defender 防火墙"选项,关闭防火墙。

(2) 选择"控制面板"|"管理工具"|"服务"选项,找到 server 服务(server),将启动类型设置为"自动",并启动该服务。

(3) 在步骤(2)"服务"集合中,找到远程注册表服务(Remote Registry),将启动类型设置为"自动",单击"应用"按钮后,启动该服务,如图 9-1 所示。

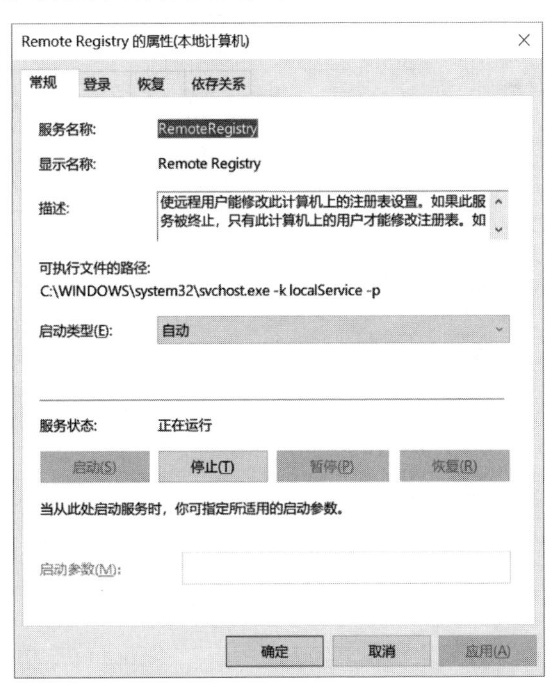

图 9-1 启动 Remote Registry 服务

(4) 在步骤(2)"服务"集合中,找到 Router 路由服务(Routing and Remote Access),将启动类型设置为"自动",单击"应用"按钮后,启动该服务,如图 9-2 所示。

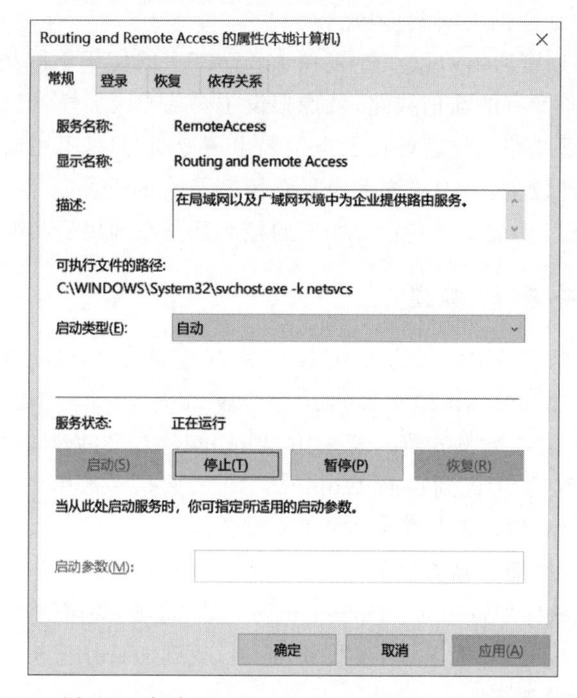

图 9-2　启动 Routing and Remote Access 服务

(5) 选择"控制面板"|"网络和共享中心"|"更改适配器配置"选项,发现"网络连接"窗口中多了一个连接,名为"传入的连接",如图 9-3 所示。

图 9-3　传入的连接

(6) 右击“传入的连接”,在弹出的快捷菜单中选择“属性”选项。打开“传入的连接 属性”对话框,在“常规”选项卡中,选中“允许他人通过 Internet 或其他网络以‘隧道操作’方式建立到我的计算机的专用连接”复选框,如图 9-4 所示。

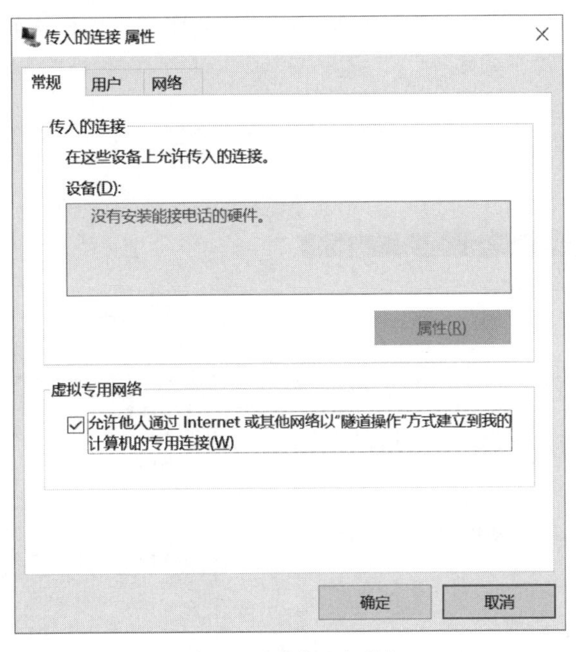

图 9-4 “常规”选项卡

(7) 在“传入的连接 属性”对话框“用户”选项卡中,单击“新建”按钮,建立一个用于身份验证的用户名 alibaba,设置密码为 123,也可以选中已有的用户名和密码,如图 9-5 所示。

图 9-5 新建用户

(8) 在"传入的连接 属性"对话框"网络"选项卡中,选中"Internet 协议版本 4(TCP/IPv4)"和"Microsoft 网络的文件和打印机共享"复选框,单击"确定"按钮,如图 9-6 所示。

提示:如果有特殊协议需要安装,可以在图 9-6 中单击"安装"按钮,在弹出的"选择网络功能类型"对话框中选择"协议",单击"添加"按钮即可完成协议的安装,如图 9-7 所示。若不需要安装协议,可以不用添加。

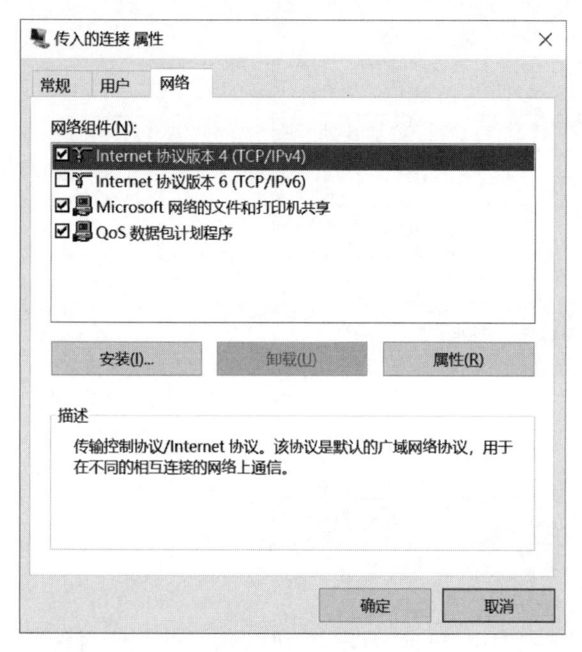

图 9-6 安装协议

图 9-7 选择协议

(9) 在"传入的连接 属性"对话框"网络"选项卡中,双击"Internet 协议版本 4(TCP/IPv4)",打开"传入的 IP 属性"对话框,给该连接指定一个 IP 地址范围,如图 9-8 所示。此

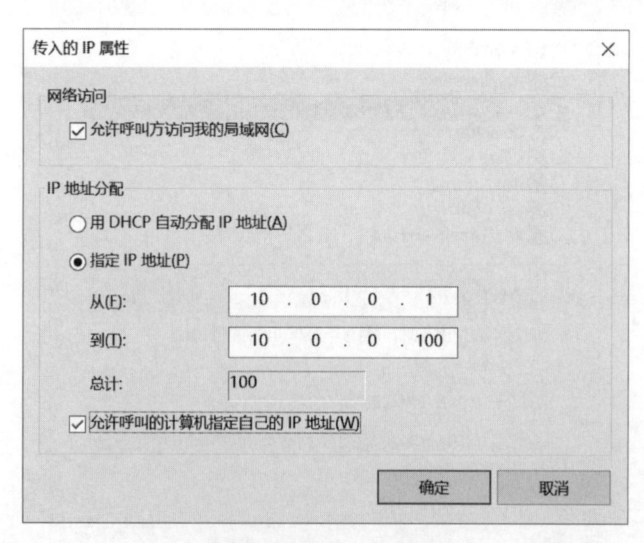

图 9-8 设定 IP 地址范围

IP 段内的 IP 地址将由 VPN 服务器自动分配给客户机。此地址范围不能和真实 IP 地址有冲突。

(10) 单击“确定”按钮,服务器设置完毕。

9.4.3 通过客户端连接到 VPN 服务器

在另外一个局域网的 PC2(作为客户端)上通过新建一个连接来访问 VPN 服务器,前提是 PC2 到 PC1 必须要有真实有效的路由。若无法创建该路由,也可通过设置宽带路由器的转发规则功能来代替,详见实验 13“宽带路由器端口映射功能的使用”。

提示:若由于实验条件所限,PC1 和 PC2 同在一个局域网,无法分属两个局域网,那么本实验依然可以继续进行。

(1) 在 PC2 上选择“控制面板”|“网络和共享中心”|“设置新的连接或网络”选项,然后选择“文件”|“新建连接”菜单命令,创建一个新的连接。

(2) 在“设置连接或网络”窗口,选择“连接到工作区”选项,创建 VPN 连接,如图 9-9 所示,然后单击“下一步”按钮。

图 9-9 设置连接类型

(3) 在“连接到工作区”窗口中,单击“使用我的 Internet 连接(VPN)链接”,如图 9-10 所示。

(4) 打开“键入要连接的 Internet 地址”窗口,在“Internet 地址”栏输入服务器,即 PC1 的 IPv4 地址,做实验时,根据实际情况填写。目标名称设置为“VPN 专线”,单击“创建”按钮,如图 9-11 所示。

(5) 选择 “控制面板”|“网络和共享中心”|“更改适配器配置”选项,此时发现多了一个连接的图标,名为“VPN 专线”。

(6) 双击该连接,出现身份验证对话框,输入 9.4.2 节步骤(7)配置的用户名和密码,单击

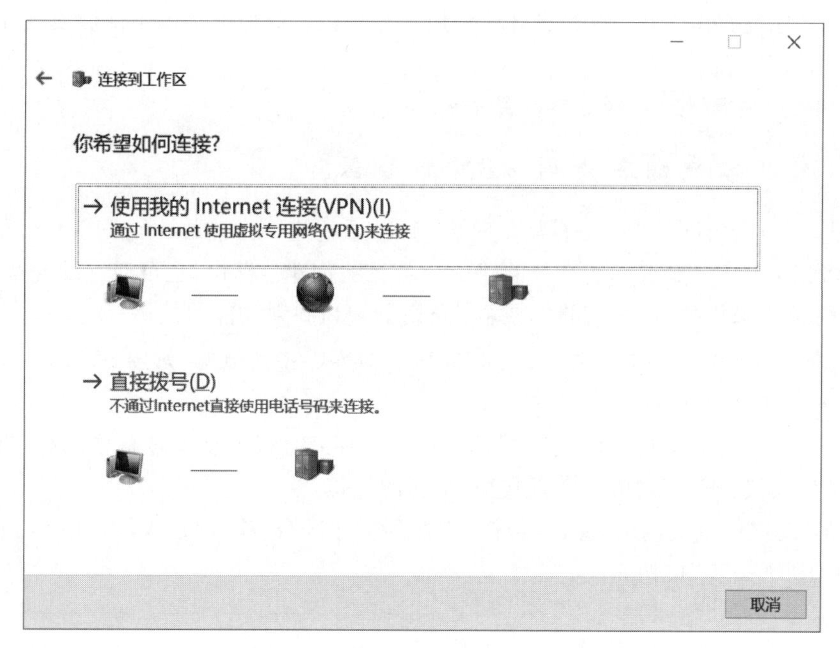

图 9-10　选择虚拟专用网络连接

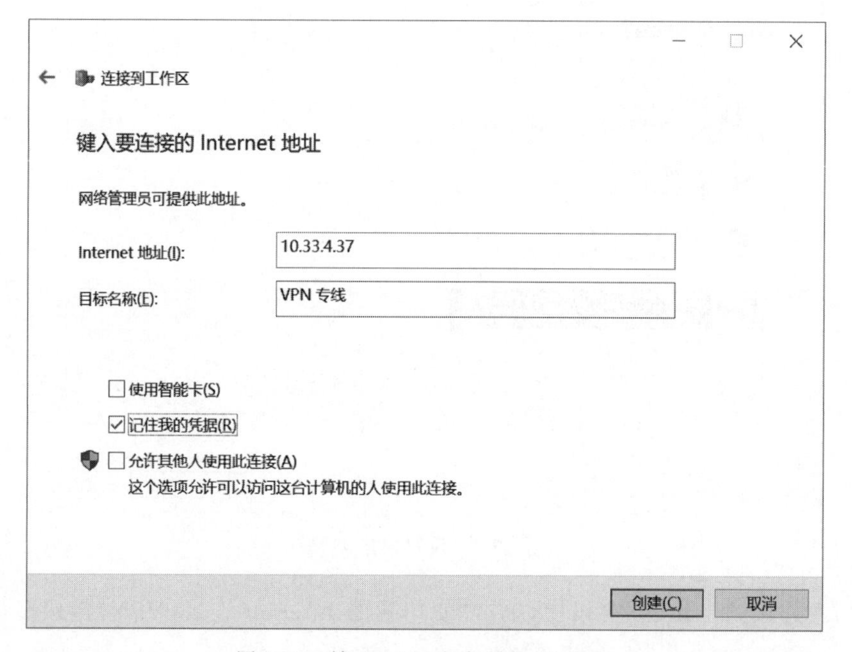

图 9-11　输入 VPN 服务器的 IP 地址

“连接”按钮，弹出如图 9-12 所示对话框，即可在 PC1 和 PC2 之间创建 VPN 通道。

(7) 连接成功后，客户端(即 PC2)的右下角的任务栏托盘区会多出一个名为“VPN 专线”的网络连接图标。双击该图标，查看其详细信息，如图 9-13 所示。可以发现，通过 VPN 服务器给本地分配的 IP 地址为 10.0.0.2，服务器的 IP 地址为 10.0.0.1。

通过建立 VPN 服务器，可以实现跨局域网文件和打印机共享。

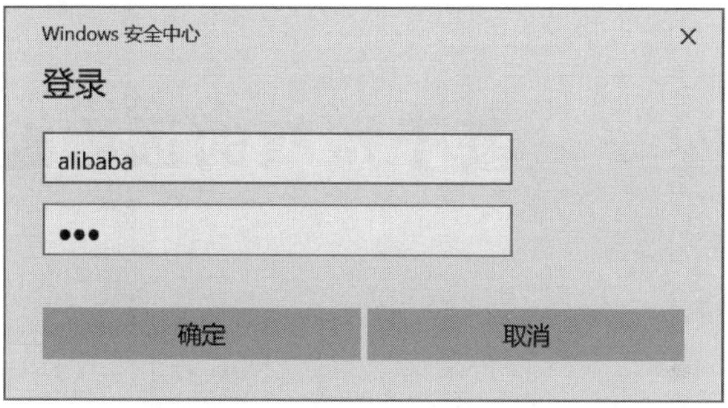

Windows 安全中心

登录

alibaba

●●●

确定 取消

图 9-12 连接至 VPN 服务器

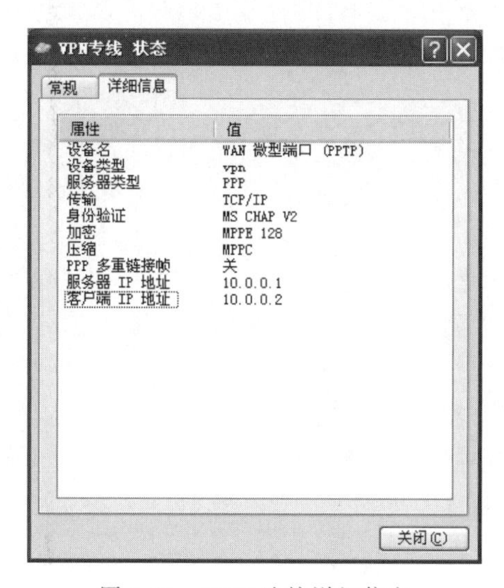

图 9-13 VPN 连接详细信息

思考题：

（1）通过建立 VPN 通道进行文件传输和通过 FTP 进行文件传输，二者相比，各自的优缺点是什么？

（2）为什么一定要存在从 VPN 客户端到服务器的路由？若没有该路由，应该怎么办？

9.5 知识点归纳

（1）如何在 Windows 10 上建立 VPN 服务器？

（2）如何在客户端建立到服务器的 VPN 连接？

（3）建立客户端到服务器的 VPN 连接后，如何访问 VPN 服务器的共享资源？

（4）VPN 服务器的虚拟地址池有什么意义？

实验 10　基于授权的远程控制

在日常的办公学习中，经常会出现这样一种情形：人不在自己的计算机前，但是却又不得不使用自己的计算机的迫切需求，因为自己的计算机里有某个重要软件或数据。对于这个常见的但又比较棘手的问题，可以通过远程控制来完美解决。

此外，在工业环境中，有时需要一个工作人员同时使用多台计算机来进行日常工作，而这些计算机又不在一个物理空间内。于是，远程控制就显得尤为重要。通过远程控制，工作人员不用在各台计算机前来回奔波，既节省体力，又提高效率。

这里所说的远程控制并不是一种黑客行为，而是一种基于授权的远程控制。控制端必须获得被控制端的授权是远程控制的前提，也是区别于一般黑客行为的显著标志。打个比方，就像你的朋友要想进入你家使用你家里的物品，必须得到主人的授权，即房门钥匙。

当然，基于授权的远程控制还必须做到未雨绸缪，即在远程控制需求产生之前就做好服务器端（也就是被控端）的准备工作。那么当有控制需求时，才能从容应对。口渴了才打井，显然不是解决问题之道。

10.1　实验目的及要求

掌握利用 pcAnywhere 软件构建远程控制系统的方法。

10.2　实验计划学时

本实验 2 学时完成。

10.3　实 验 器 材

同一个局域网内的计算机 2 台以及 pcAnywhere 软件 1 套。

10.4　实 验 内 容

10.4.1　了解远程控制

所谓远程控制，是指管理人员在异地通过计算机网络异地拨号或双方都接入 Internet

等手段，连通需被控制的计算机，将被控计算机的桌面环境显示到自己的计算机上，通过本地计算机对远程计算机进行配置、软件安装、程序修改等工作。

这里的远程不是字面意思的远距离，一般指通过网络控制远端计算机。早期的远程控制往往指在局域网中的远程控制。随着互联网的普及和技术革新，现在的远程控制往往指互联网中的远程控制。当操作者使用主控端计算机控制被控端计算机时，就如同坐在被控端计算机的屏幕前一样，可以启动被控端计算机的应用程序，可以使用或窃取被控端计算机的文件资料，甚至可以利用被控端计算机的外部打印设备（打印机）和通信设备（调制解调器或者专线等）来进行打印和访问外网和内网，就像利用遥控器遥控电视的音量、变换频道或者开关电视机一样。不过，有一个概念需要明确，那就是主控端计算机只是将键盘和鼠标的指令传送给远程计算机，同时将被控端计算机的屏幕画面通过通信线路回传过来。也就是说，控制被控端计算机进行操作似乎是在眼前的计算机上进行的，实质是在远程的计算机中实现的，不论打开文件，还是上网浏览、下载等都是存储在远程的被控端计算机中的。

远程控制必须通过网络才能进行。位于本地的计算机是操纵指令的发出端，称为主控端或客户端，远程的被控计算机叫作被控端或服务器端。“远程”不等同于远距离，主控端和被控端可以是位于同一局域网的同一房间中，也可以是连入 Internet 的处在任何位置的两台或多台计算机。

本实验中使用的远程控制软件为 Symantec 公司的 pcAnywhere，服务器端与客户端均为该软件，只不过使用其不同的功能而已。

10.4.2 服务器端的安装

将 PC1 作为远程控制的服务器端，也即被控端，在 PC1 上进行下列操作。

(1) 在控制面板中关闭防火墙。

(2) 执行“实验 10”| pcAnywhere | setup.exe 程序，如图 10-1 所示，然后单击 Next 按钮。

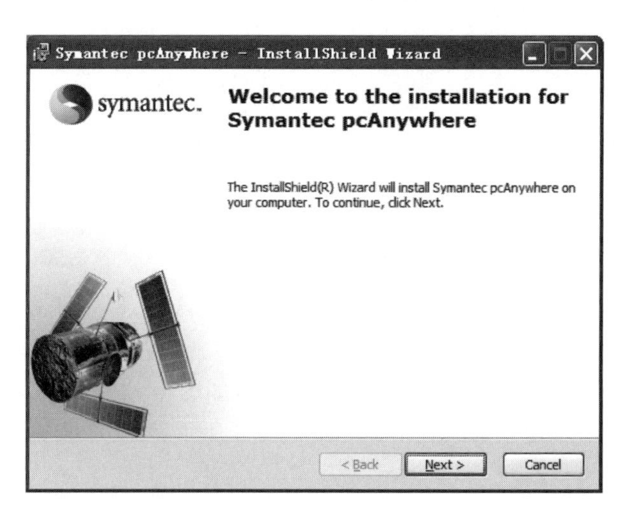

图 10-1 安装初始界面

(3) 选择 I accept the terms in the license agreement 单选按钮,表示同意服务条款,如图 10-2 所示,然后单击 Next 按钮。

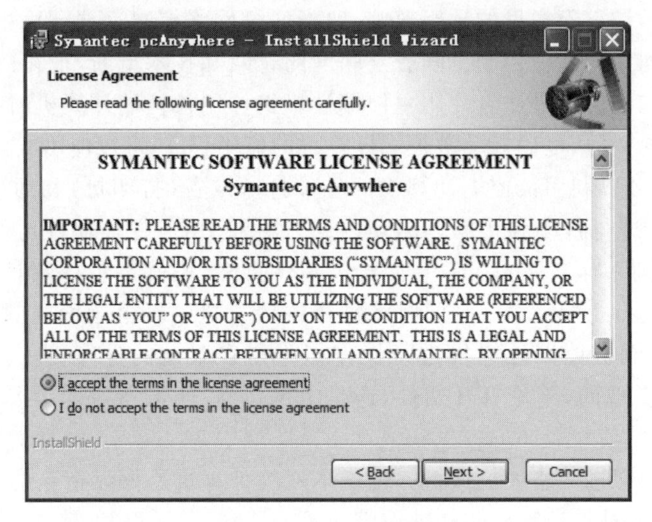

图 10-2　服务条款界面

(4) 在相应文本框中输入用户名和组织,如图 10-3 所示。可以输入任意字符,如用户名为 alibaba,组织为 nau,然后单击 Next 按钮。

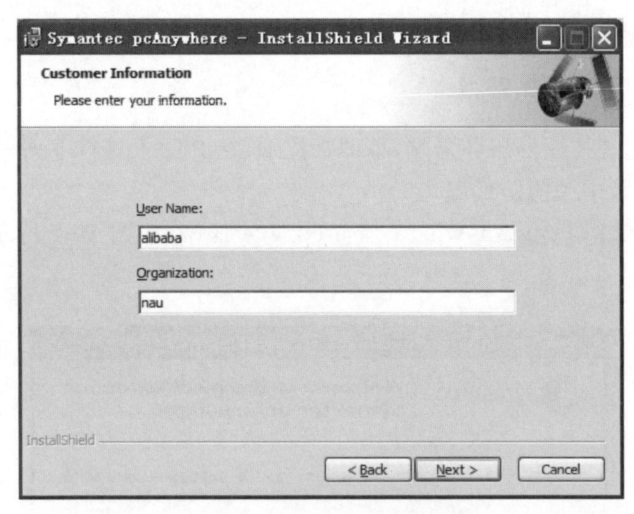

图 10-3　输入用户名和组织

(5) 选择安装目录,如图 10-4 所示。可以按照其默认目录,不用做任何更改,然后单击 Next 按钮。

(6) 在 Custom Setup 对话框,默认其设置即可,如图 10-5 所示,然后单击 Next 按钮。

(7) 自己决定是否创建桌面快捷方式,如图 10-6 所示,然后单击 Install 按钮,对软件进行安装。

(8) 单击 Finish 按钮,完成软件的安装。

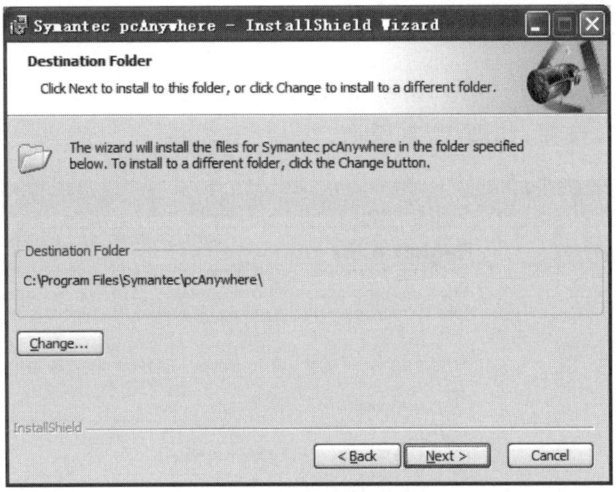

图 10-4　选择安装目录

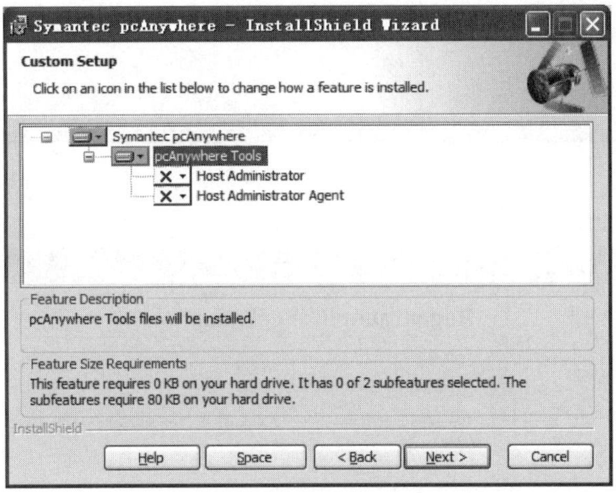

图 10-5　选择安装组件

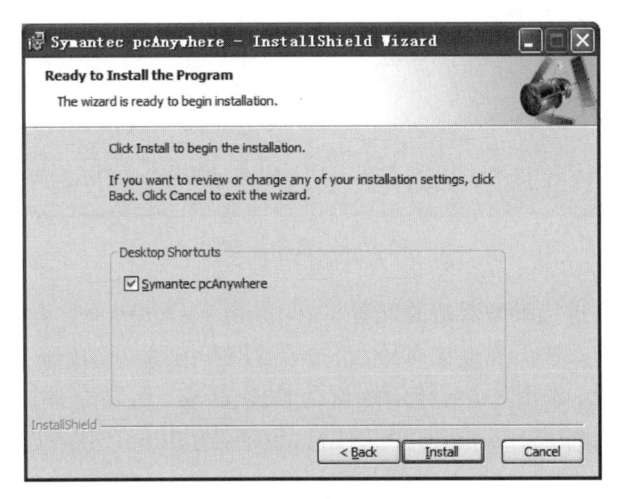

图 10-6　创建快捷方式

10.4.3 服务器端的配置

第一次启动 pcAnywhere 软件,系统提示注册,如图 10-7 所示。这里可以选择以后再注册,然后单击 Finish 按钮,如图 10-8 所示。

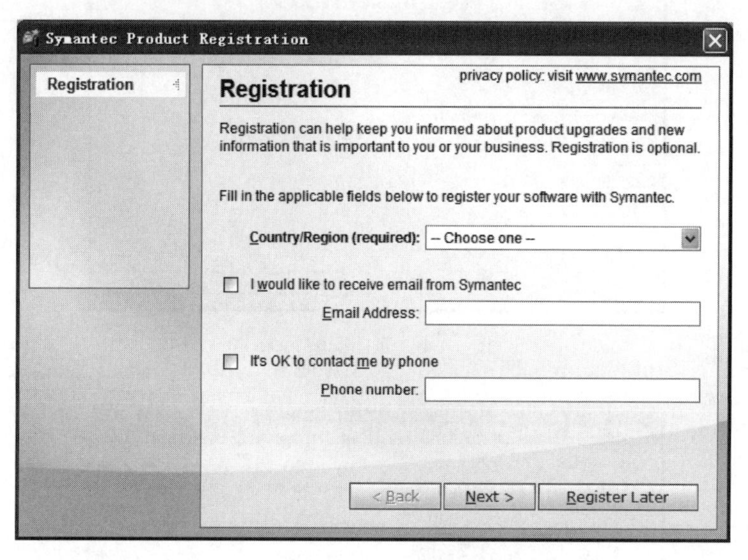

图 10-7　注册界面

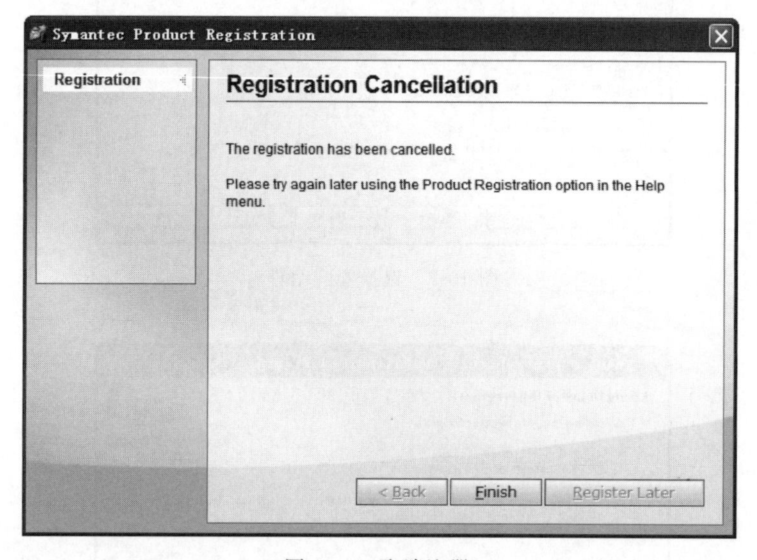

图 10-8　取消注册

1. 通过连接向导进行服务器端的配置

(1) 取消注册后,系统出现连接向导,此向导可以帮助用户完成服务器的配置工作。向导首先询问用户需求,如图 10-9 所示。作为服务器端,此处应该选择 I want another computer to connect to my computer 单选按钮,表示希望其他计算机连接到我的计算机,然后单击“下一步”按钮。

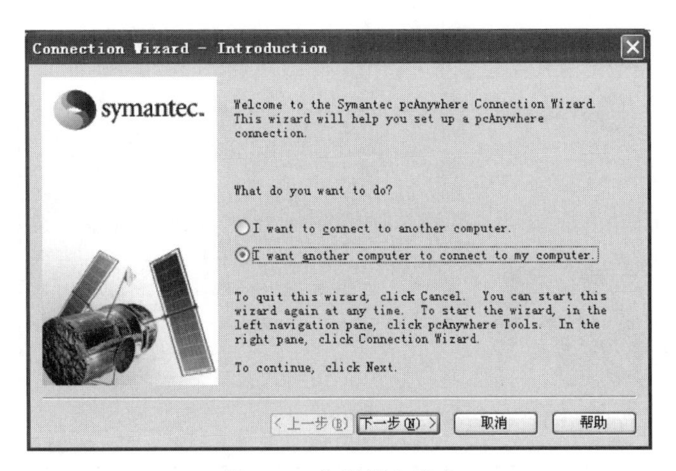

图 10-9　询问用户需求

(2) 选择服务器端的网络接入模式，如图 10-10 所示，应根据实际情况填写。本实验选择 I want to use cable modem/DSL/LAN/dial-up Internet 单选按钮，因为实验室的计算机是通过 LAN 接入的，然后单击“下一步”按钮。

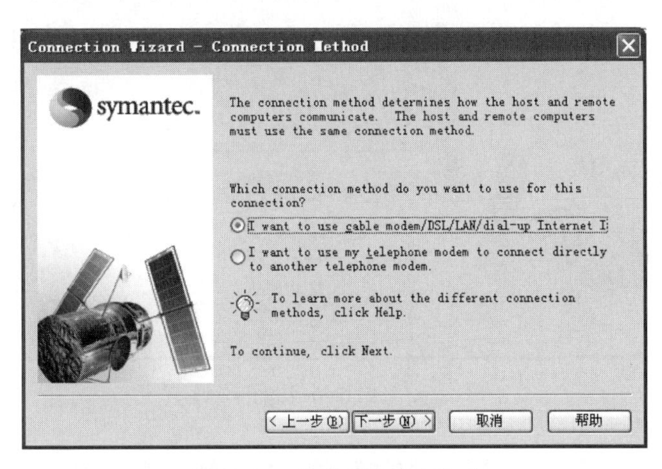

图 10-10　选择网络接入方式

(3) 选择授权类型，如图 10-11 所示。第一项表示使用现存的 Windows 账号进行访问，第二项表示自己新建用户名和密码进行访问。此处选择第二项，然后单击“下一步”按钮。

(4) 新建授权的账号和密码，如图 10-12 所示。这里用户名设置为 zhangsan，密码设置为 123，然后单击“下一步”按钮。

(5) 选中 Wait for a connection... 前面的复选框，表示完成向导后等待远程连接，如图 10-13 所示，然后单击“完成”按钮。向导结束，服务器端配置完毕。

2. 手动进行服务器端的配置

对于服务器端的设置，可以通过连接向导来进行，也可以通过手动完成。二者方式没有本质的区别，只是过程不一样而已。

(1) 启动 pcAnywhere，打开工作主界面，执行菜单栏中 View | Hosts 命令。

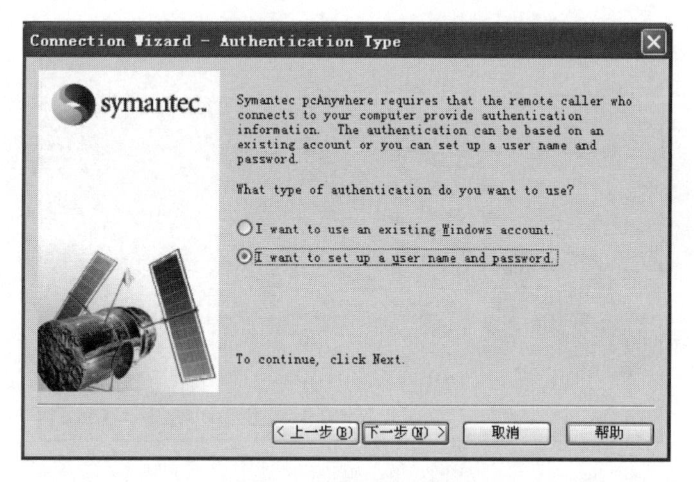

图 10-11 选择授权类型

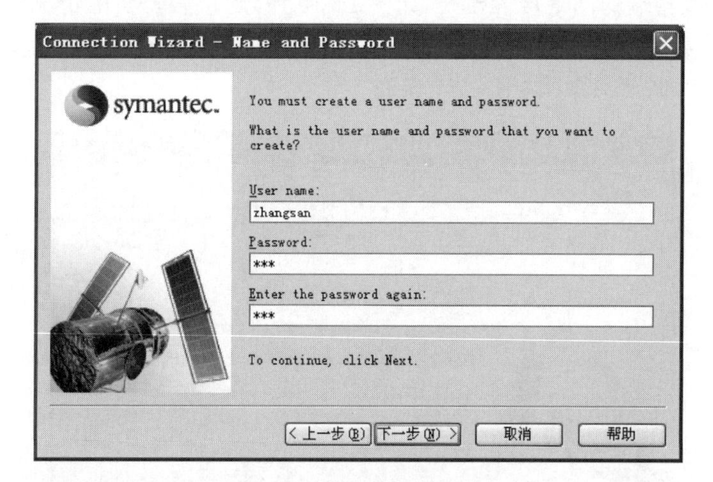

图 10-12 设置用户名和密码

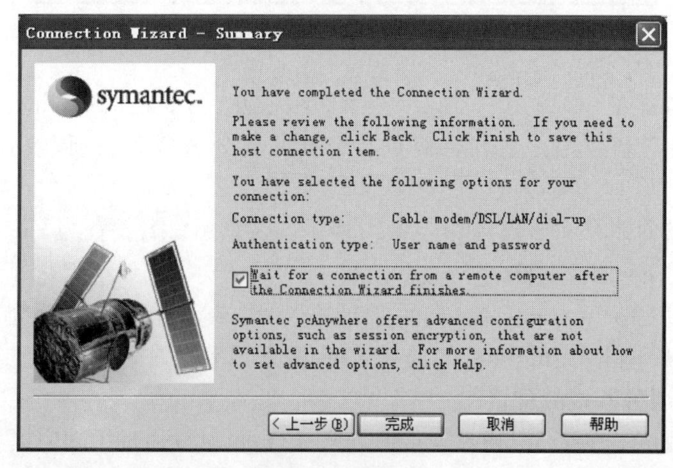

图 10-13 完成向导

（2）在 Network 图标上右击，在弹出的快捷菜单中选择 Properties 选项，如图 10-14 所示。打开 Host Properties 配置对话框。

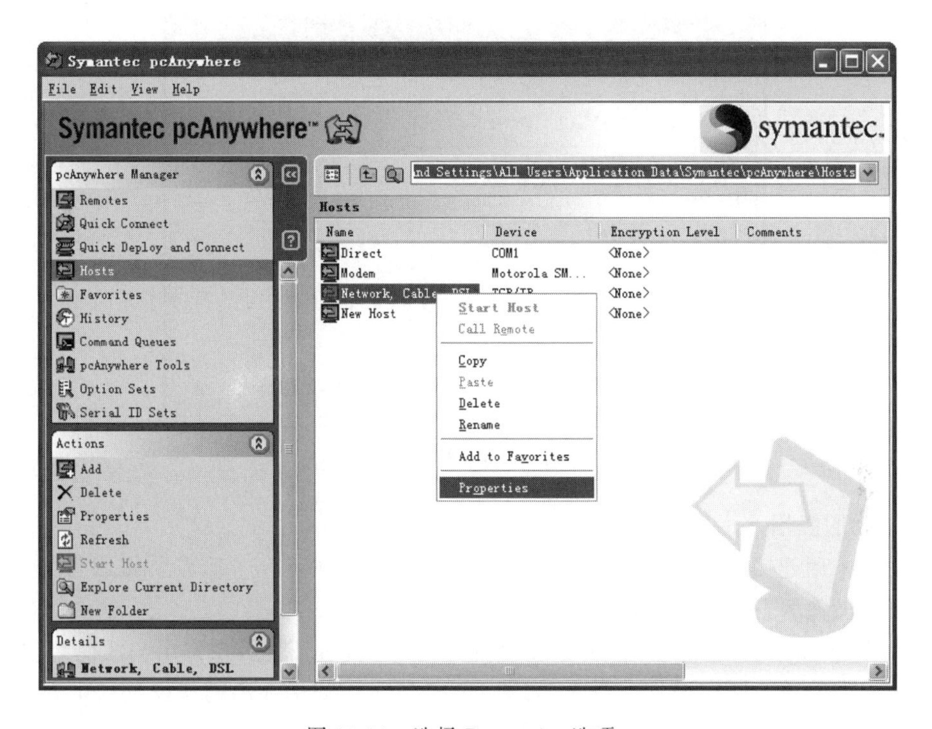

图 10-14　选择 Properties 选项

（3）在 Host Properties 配置对话框中，单击 Callers 选项卡，如图 10-15 所示，可以看到刚才新建的账户 zhangsan。此时，需要在这里手动再新建一个账户。

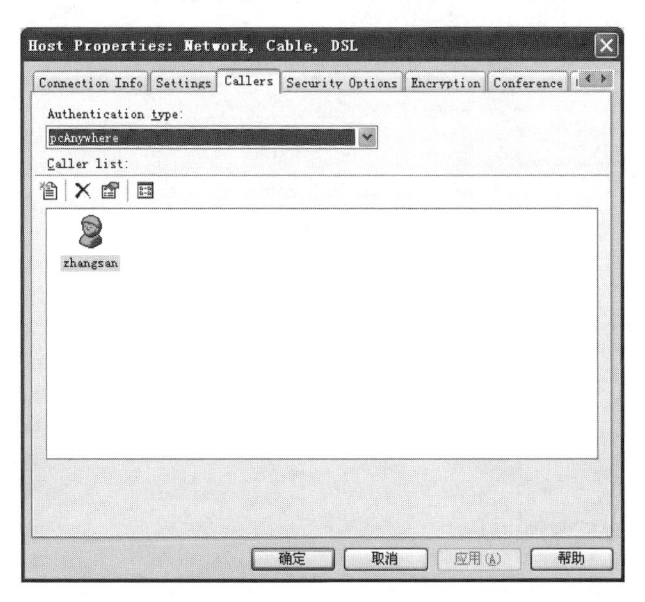

图 10-15　Callers 选项卡

(4) 单击新建账户图标,即可添加账户,如图 10-16 所示。添加一个新账户,账户名为 lisi,密码为 123,然后单击"确定"按钮,完成账户创建。

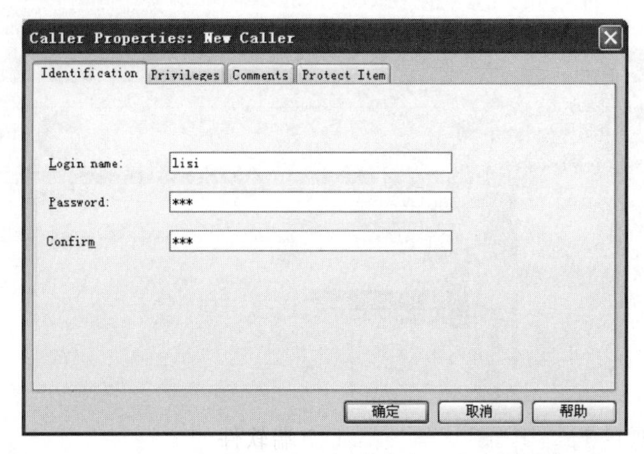

图 10-16　新建账户

3. 启动服务器

无论是采用连接向导创建授权账户还是手动创建授权账户,都需要将服务器的 Host 服务打开才能使服务器正常工作。

在 pcAnywhere 的主界面,右击 Network 或 New Host 图标,在弹出的快捷菜单中选择 Start Host 命令,便可启动 Host 服务,如图 10-17 所示。如果弹出的快捷菜单中 Start Host 命令为灰色不可用,表示该服务已经启动。

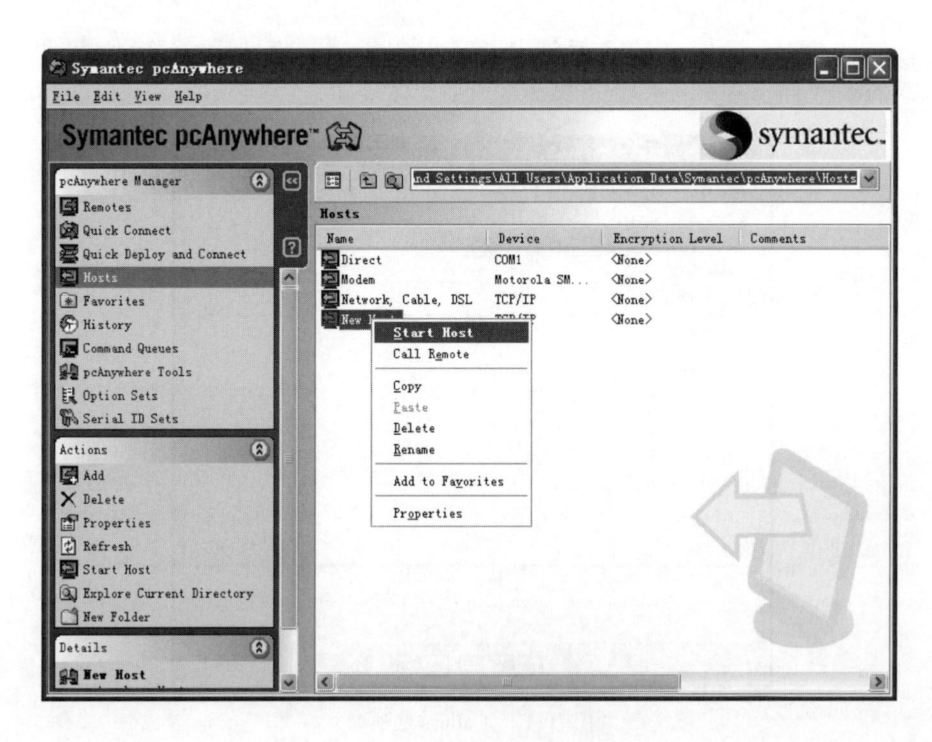

图 10-17　启动 Host 服务

Host 服务启动后，屏幕右下角的任务栏托盘区会有一个带有“√”标志的计算机图标，如图 10-18 所示，可以以此来判断服务器是否启动的标准。

图 10-18　Host 服务启动标志

此外，也可通过任务管理器查看 awhost32.exe 进程是否存在来判别 Host 服务是否启动。

10.4.4　客户端对服务器的访问

客户端对服务器的访问有三种模式，分别为远程控制模式、文件传输模式和远程管理模式。

1. 客户端的软件安装

pcAnywhere 软件既可以作为服务器端软件来创建和配置服务器，也可以作为访问服务器的客户端来使用。

在 PC2 上重复执行 10.4.2 节操作，完成客户端软件的安装。

2. 通过远程控制模式访问服务器

(1) 在客户端 pcAnywhere 的主界面菜单栏执行 View | Quick Connect 命令。

(2) 输入连接对象(即服务器)PC1 的 IP 地址。并在窗口右下角的连接选项中，将 Start mode 下拉列表内容设置为 Remote Control，即远程控制，如图 10-19 所示。

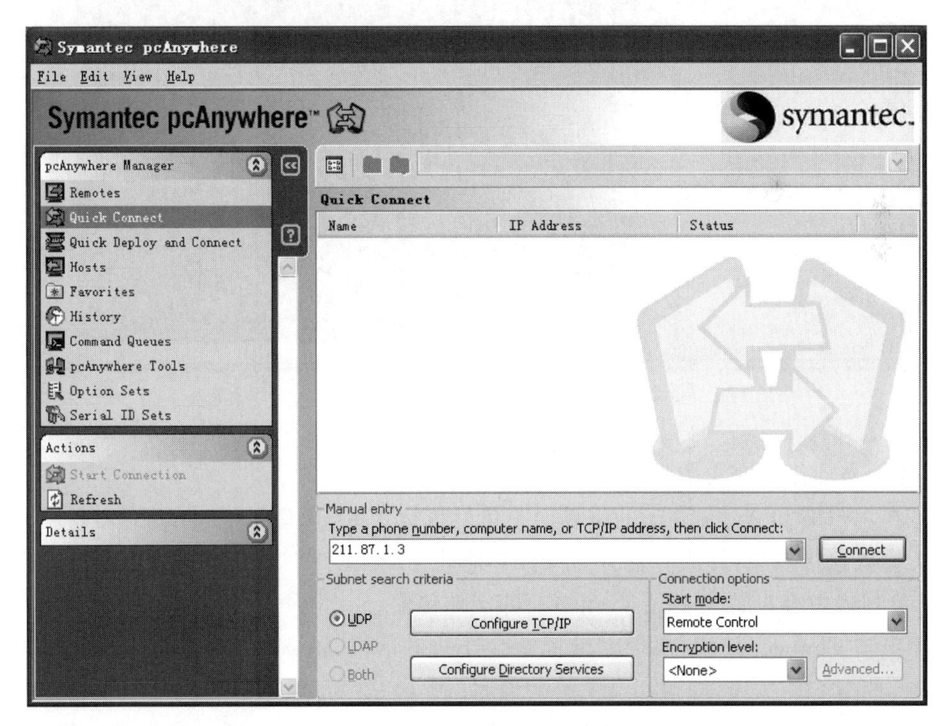

图 10-19　配置连接参数

(3) 单击 Connect 按钮，出现要求身份验证的对话框，如图 10-20 所示。输入 10.4.3 节配置的用户名和密码，然后单击 OK 按钮，即可实现远程控制，如图 10-21 所示。

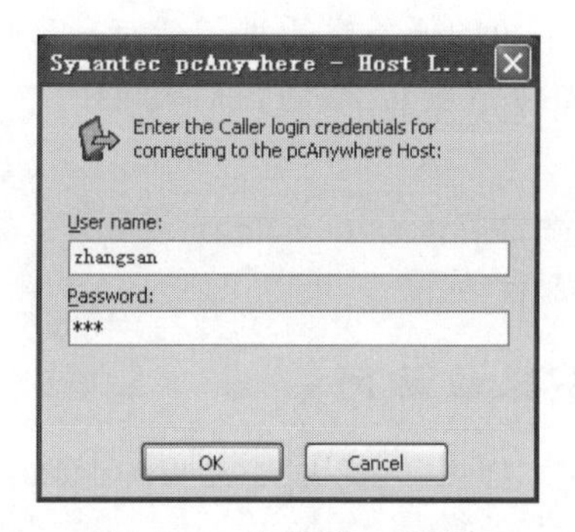

图 10-20　身份验证对话框

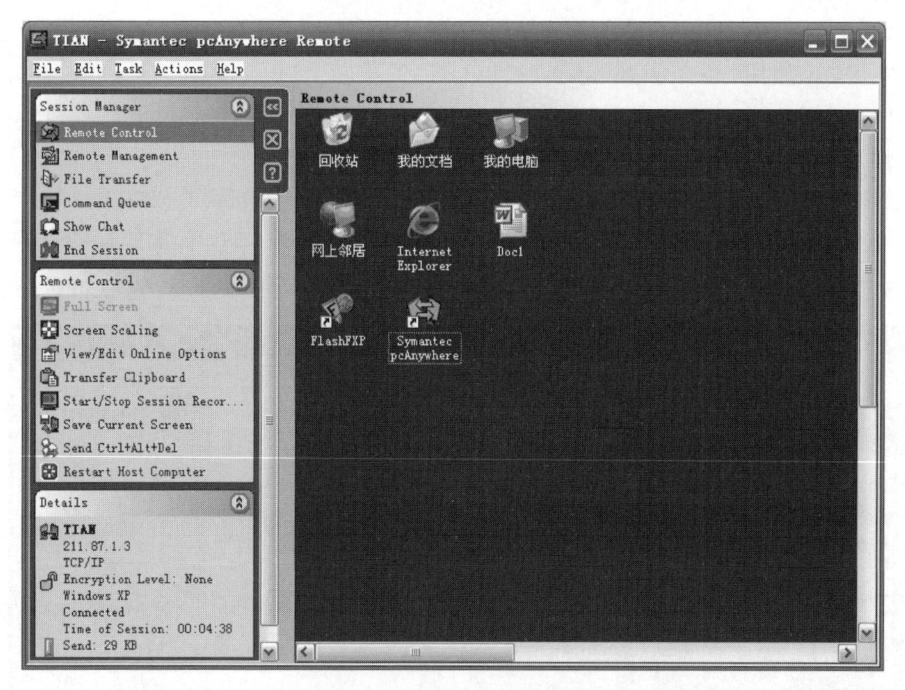

图 10-21　成功实现远程控制

3. 通过文件传输模式访问服务器

(1) 在客户端 pcAnywhere 的主界面菜单栏执行 View | Quick Connect 命令。

(2) 输入连接对象(即服务器)PC1 的 IP 地址,并在窗口右下角的连接选项中,将 Start mode 下拉列表内容设置为 File Transfer,即文件传输。

(3) 单击 Connect 按钮,出现要求身份验证的对话框,输入 10.4.3 节配置的用户名和密码,然后单击 OK 按钮,即可实现文件传输,如图 10-22 所示。

在图 10-22 中,左边窗口为本地目录,右边窗口为远程目录。通过该软件,可以在本地目录和远程目录之间进行文件传输。

4. 通过远程管理模式访问服务器

(1) 在客户端 pcAnywhere 的主界面菜单栏执行 View | Quick Connect 命令。

(2) 输入连接对象(即服务器)PC1 的 IP 地址,并在窗口右下角的连接选项中,将 Start

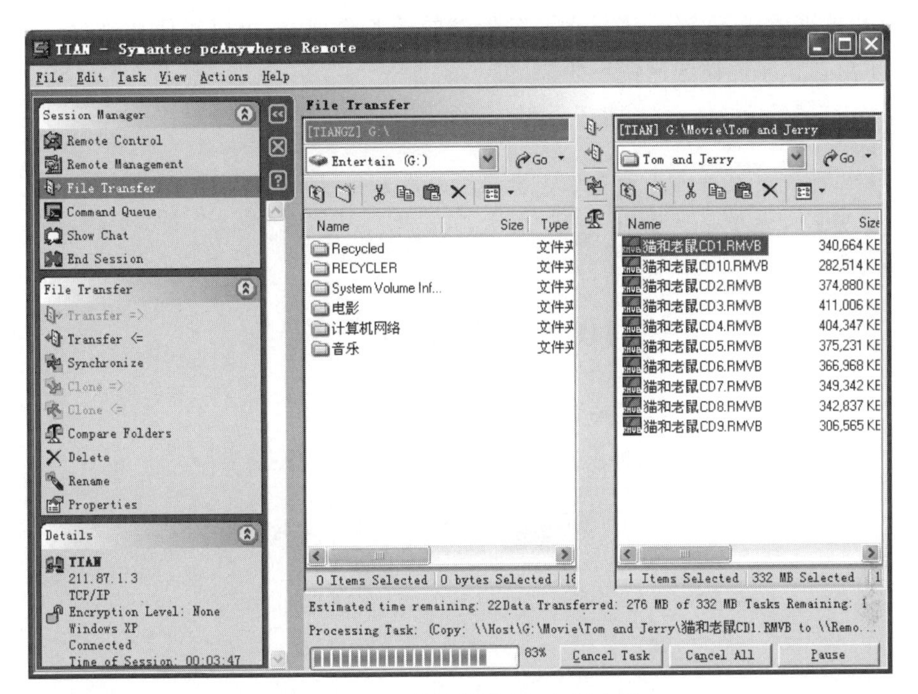

图 10-22 文件传输模式访问服务器

mode 下拉列表内容设置为 Remote Management,即远程管理。

(3) 单击 Connect 按钮,出现要求身份验证的对话框,输入 10.4.3 节配置的用户名和密码,然后单击 OK 按钮,即可实现远程管理,如图 10-23 所示。

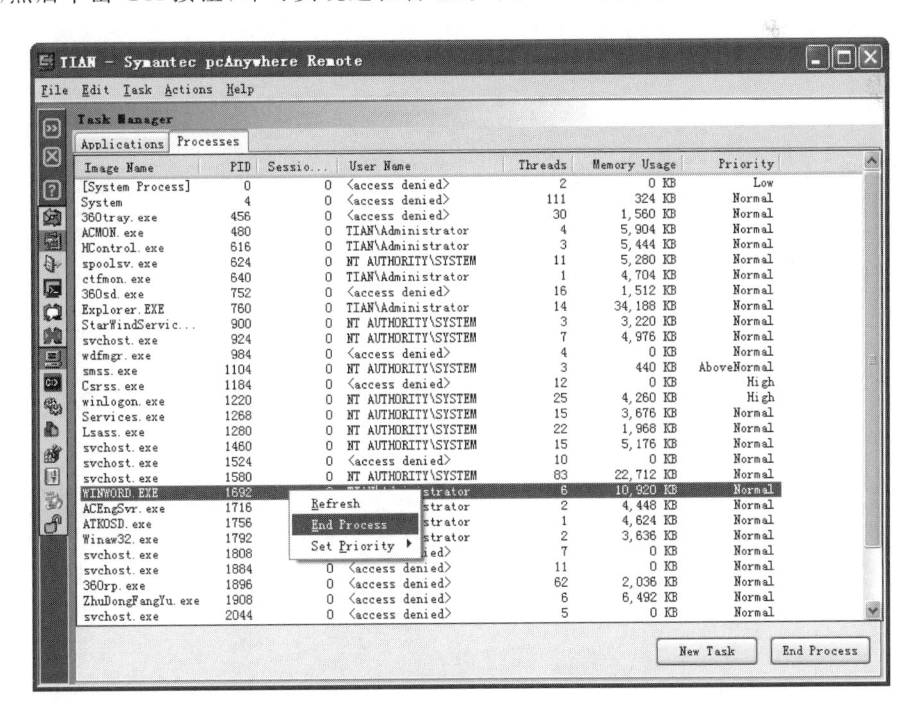

图 10-23 远程管理模式访问服务器

在远程管理模式下,屏幕将显示服务器端的任务管理器,可以对任意进程进行远程管理,其效果就像在服务器端操作一样。

思考题:

(1) 能够对服务器进行多种模式访问的好处是什么?

(2) 如果不知道对方的IP地址,能否对其进行远程控制?

10.5 知识点归纳

(1) 如何通过pcAnywhere配置远程控制的服务器端?

(2) 对服务器的访问有几种模式?各种模式各有什么特点?

实验 11　基于 MATLAB 的网络通信程序设计

网络世界里，不同计算机实现数据交换，网络通信是前提。但是网络通信究竟如何实现的呢？本实验中以简单易用的 MATLAB 为开发环境，编写基于 C/S 架构的网络通信程序，通过单步调试，可以更好地理解网络通信过程是如何实现的。在此基础上，可以开发更加复杂的多功能应用程序。

11.1　实验目的及要求

掌握 MATLAB 环境下实现网络通信的方法，掌握 C/S 架构的 socket 通信基本流程。

11.2　实验计划学时

本实验 2 学时完成。

11.3　实 验 器 材

安装了 MATLAB 2015 版以上的计算机 2 台，并且两台计算机通过交换机或路由器连接在一起。

11.4　实 验 内 容

11.4.1　了解 C/S 架构

C/S 架构即 Client/Server（客户机/服务器）结构，是软件系统体系结构。通过将任务合理分配到 Client 和 Server，降低了系统的通信开销，需要安装客户端才可进行管理操作。

客户端和服务器端的程序不同，用户的程序主要在客户端，服务器端主要提供数据管理、数据共享、数据及系统维护和并发控制等，客户端程序主要完成用户的具体业务。

11.4.2 服务器端程序设计

将 PC1(IP 地址 10.33.4.37)作为服务器,在 PC1 上开发服务器端程序。PC2(IP 地址 10.33.4.254)作为客户端,在 PC2 上开发客户端程序。该系统实现的功能是:客户端连上服务器后,向服务器发送一个数字,服务器接收该数字,并将该数字加 1,最后返回给客户端。

(1) 在 PC1 上打开 MATLAB 软件,新建脚本文件。脚本内容如图 11-1 所示,然后将脚本存储为 serverTest.m。

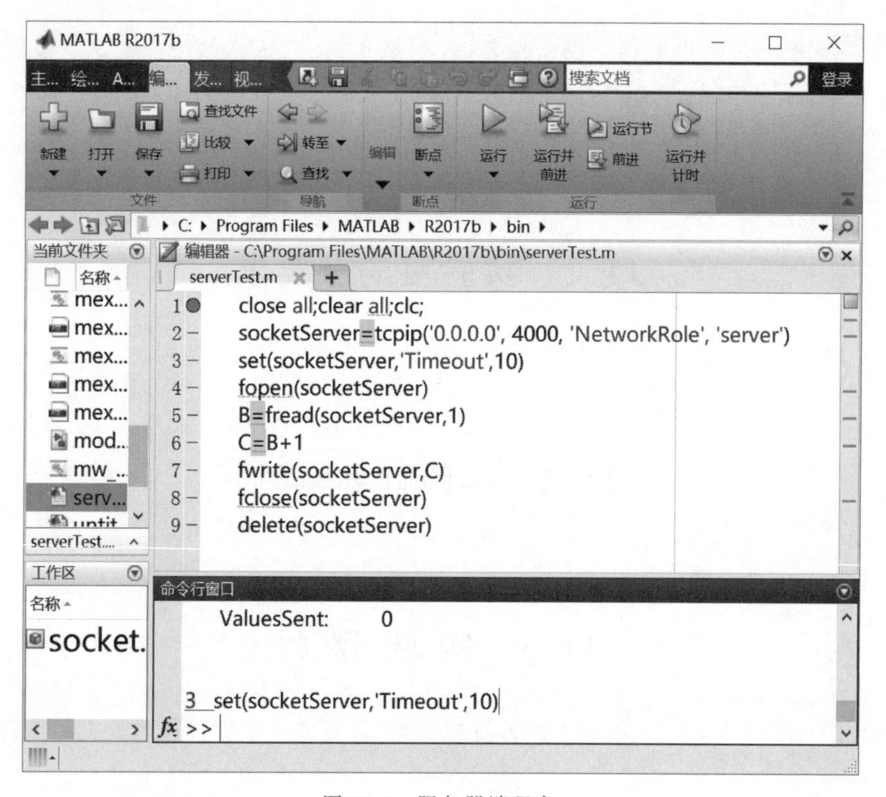

图 11-1 服务器端程序

每行代码的作用如下。

第 1 行:初始化清零。

第 2 行:创建一个 TCP/IP 对象,命名为 socketServer,设置服务器端口为 4000,模式为 server。

第 3 行:设置超时参数为 10s。

第 4 行:打开 socketServer,并开始监听 4000 端口。

第 5 行:从已经建立的连接上读取 1 字节的数据,赋值给 B。

第 6 行:计算 B+1,赋值给 C。

第 7 行:将 C 的值通过已有的连接发送出去。

第 8 行:关闭连接。

第 9 行:删除连接。

(2) 在 PC2 上打开 MATLAB 软件，新建脚本文件。脚本内容如图 11-2 所示，然后将脚本存储为 clientTest. m。

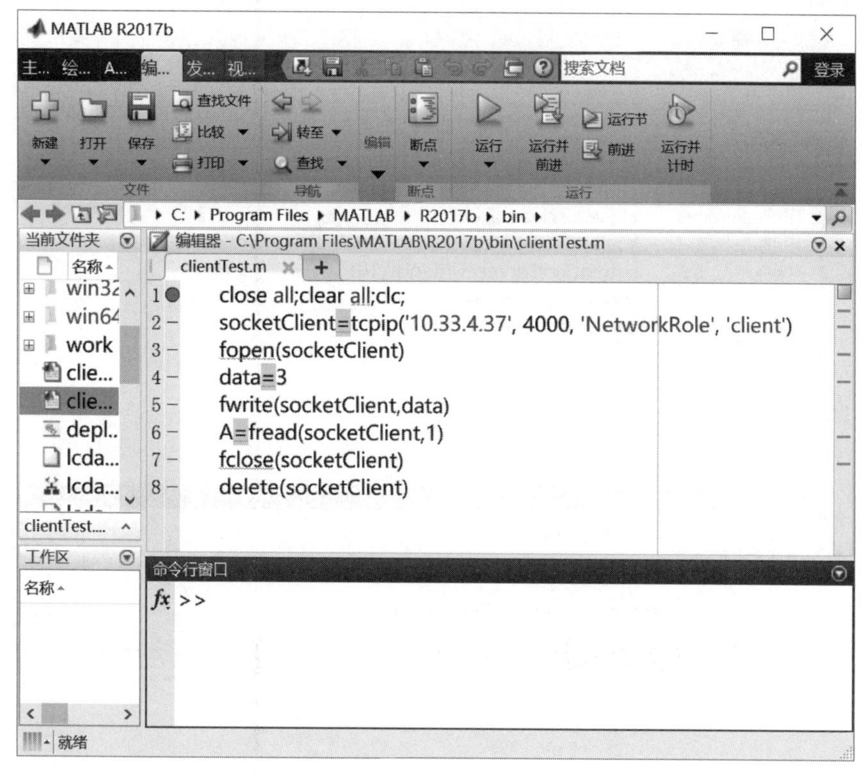

图 11-2　客户端程序

每行代码的作用如下。

第 1 行：初始化清零。

第 2 行：创建一个 TCP/IP 对象，命名为 socketClient，设置本客户端需要连接的服务器的 IP 地址为 10. 33. 4. 37(实验过程中修改为服务器真实 IP 地址)，服务器开放端口为 4000，模式为 client。

第 3 行：打开 socketClient，建立客户端到服务器之间的连接。

第 4 行：设置需要发送的数据为 3，赋值给 data。

第 5 行：把 data 的值从已经建立的连接上发送出去。

第 6 行：从服务器上读取 1 字节的数据，赋值给 A。

第 7 行：关闭连接。

第 8 行：删除连接。

调试运行客户端和服务器程序，关注变量和网络连接状态的变化。

(1) 关闭服务器和客户端的防火墙。

(2) 在服务器程序第 1 行加断点，单击“步进”按钮，单步运行，直到执行完第 4 行，程序进入阻塞状态，“步进”按钮变灰，无法进一步执行，如图 11-3 所示。此时服务器正在监听 TCP 的 4000 端口，等待客户端的连接。

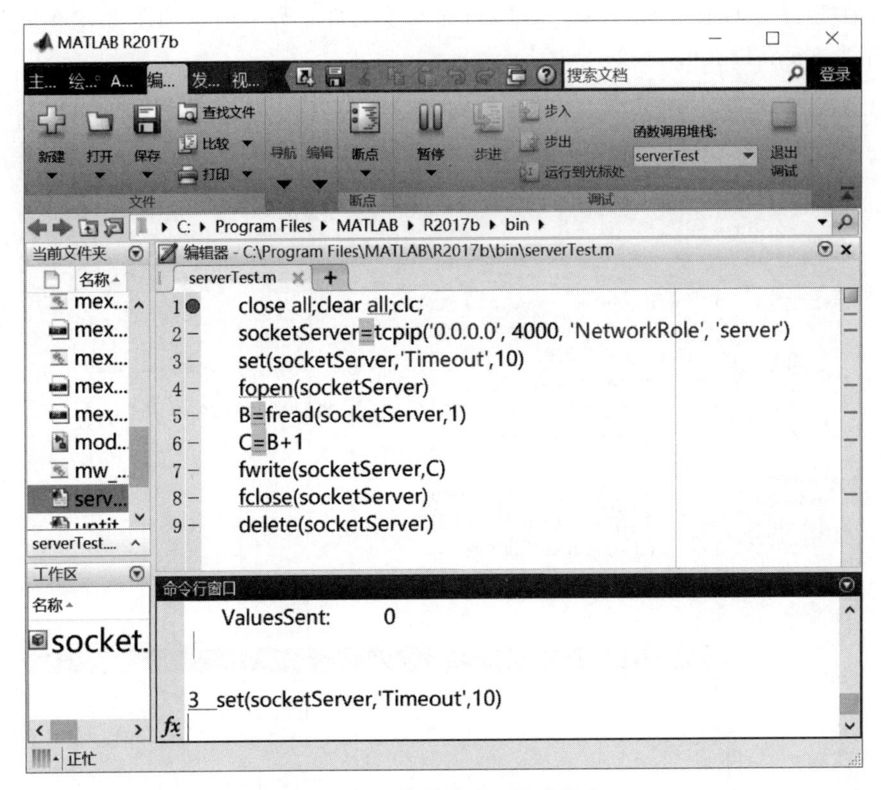

图 11-3　服务器端进入阻塞状态

提示：在调试过程中，绿色箭头指向某一行，说明该行即将被执行。但是就目前来说，该行代码并没有被执行。

(3) 在 PC1 上按 Windows＋R 组合键，输入 cmd，打开"命令提示符"窗口，输入命令 netstat -a -n，查看端口状态，如图 11-4 所示。可以发现，本地 TCP 4000 端口已经打开，正处于监听状态。

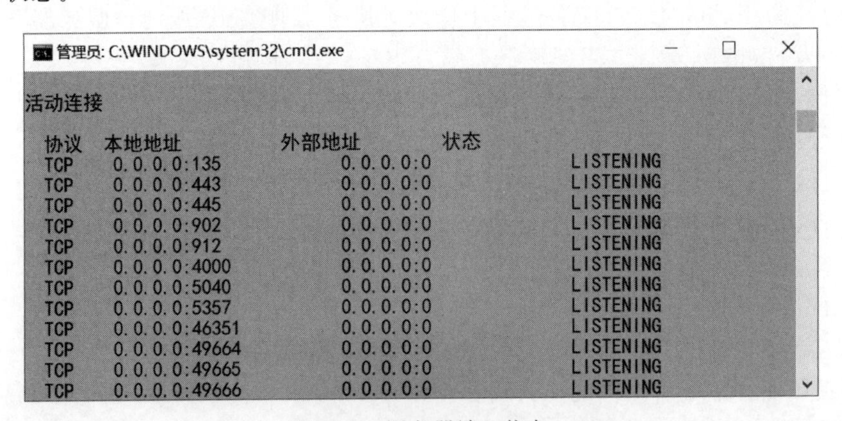

图 11-4　服务器端口状态

(4) 在 PC2 上客户端程序第 1 行加断点，调试执行完第 3 行，客户端成功连接服务器。此时，PC1 上的服务器端程序自动取消阻塞状态，指示箭头进入第 5 行，"步进"按钮变绿，恢复使用，如图 11-5 所示。

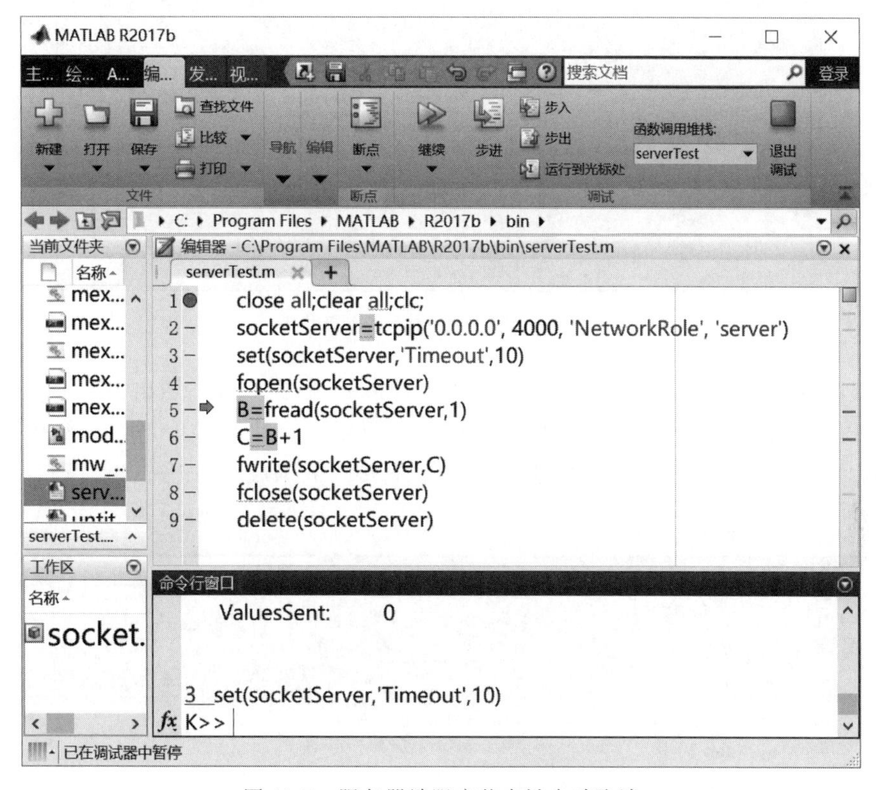

图 11-5　服务器端阻塞状态被自动取消

(5) 再次在 PC1“命令提示符”窗口输入命令 netstat -a -n，查看端口状态，如图 11-6 所示。发现此时服务器 4000 端口的状态已经变成 established，说明 TCP 连接已经建立，客户端 IP 为 10.33.4.254，端口号为 64115。

```
管理员: C:\WINDOWS\system32\cmd.exe
TCP    0.0.0.0:49667        0.0.0.0:0              LISTENING
TCP    0.0.0.0:49668        0.0.0.0:0              LISTENING
TCP    0.0.0.0:49669        0.0.0.0:0              LISTENING
TCP    0.0.0.0:49672        0.0.0.0:0              LISTENING
TCP    0.0.0.0:57889        0.0.0.0:0              LISTENING
TCP    10.33.4.37:139       0.0.0.0:0              LISTENING
TCP    10.33.4.37:4000      10.33.4.254:64115      ESTABLISHED
TCP    10.33.4.37:52358     23.57.112.17:443       CLOSE_WAIT
TCP    10.33.4.37:52496     36.110.231.28:80       ESTABLISHED
TCP    10.33.4.37:60401     223.167.166.55:80      ESTABLISHED
TCP    10.33.4.37:63227     140.206.78.23:80       ESTABLISHED
TCP    10.33.4.37:63280     52.230.83.250:443      ESTABLISHED
TCP    10.33.4.37:63284     13.107.4.52:80         TIME_WAIT
TCP    10.33.4.37:63286     111.13.65.154:80       TIME_WAIT
TCP    10.33.4.37:63290     13.107.4.52:80         TIME_WAIT
TCP    127.0.0.1:8307       0.0.0.0:0              LISTENING
```

图 11-6　服务器端已经建立了 TCP 连接

(6) 在 PC2 的“命令提示符”窗口输入命令 netstat -a -n，可以知道客户端的网络连接状态，图 11-7 与图 11-6 具有一致性。同时，可以知道连接的对方 IP 地址为 10.33.4.37，端口为 4000，本地端口为 64115。

```
管理员: C:\Windows\system32\cmd.exe
TCP    10.33.4.254:63485    61.129.7.80:80        CLOSE_WAIT
TCP    10.33.4.254:63645    140.206.78.27:80      ESTABLISHED
TCP    10.33.4.254:64060    221.228.75.116:80     CLOSE_WAIT
TCP    10.33.4.254:64107    120.204.10.176:80     CLOSE_WAIT
TCP    10.33.4.254:64115    10.33.4.37:4000       ESTABLISHED
TCP    10.33.4.254:64116    106.11.209.6:80       CLOSE_WAIT
TCP    10.33.4.254:64123    180.97.8.111:443      CLOSE_WAIT
TCP    10.33.4.254:64158    47.94.181.110:443     ESTABLISHED
TCP    10.33.4.254:64161    183.192.195.147:80    TIME_WAIT
TCP    127.0.0.1:4012       0.0.0.0:0             LISTENING
```

图 11-7　客户端的网络连接状态

(7) PC2 的客户端程序继续执行,完成第 5 行指令,数据 3 被发送出去。

(8) PC1 的服务器端程序继续执行,完成第 5 行指令。此时,MATLAB 命令窗口显示 B=3。说明客户端向服务器发送数据后,服务器端接收数据成功,如图 11-8 所示。

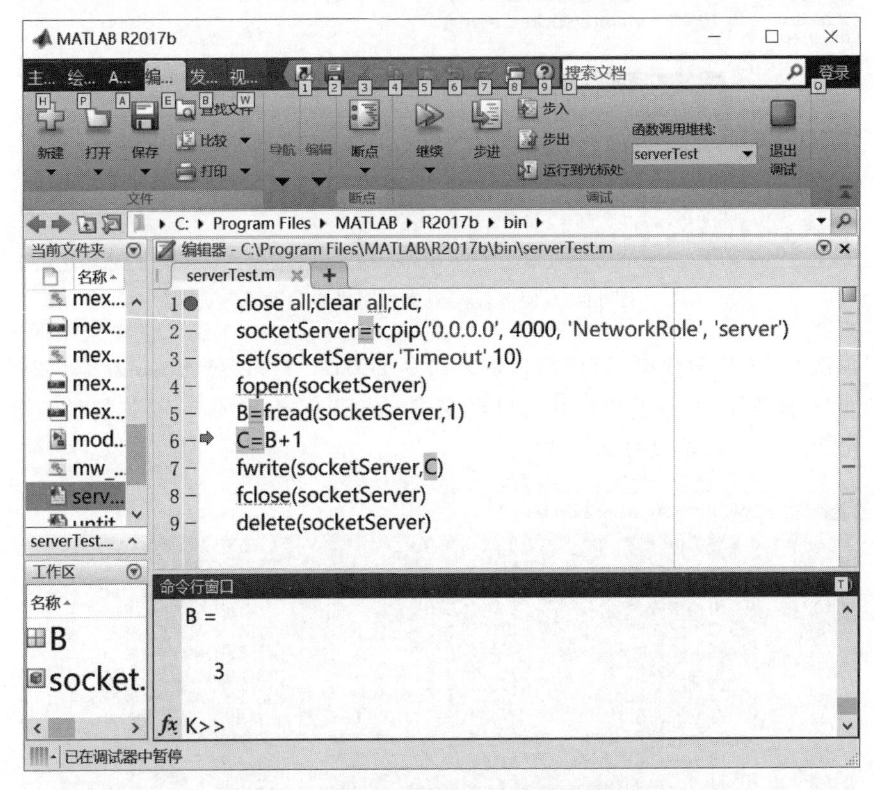

图 11-8　服务器端收到客户端发送的数据

(9) PC1 的服务器端程序继续执行,完成第 7 行指令,将 C 的值成功发送出去。

(10) PC2 的客户端程序继续执行,完成第 6 行指令,接收数据,并赋值给 A。执行结果如图 11-9 所示。可以发现 A 的值为 4,说明成功接收到服务器发送来的数据。

(11) 继续执行客户端和服务器端程序,直到程序结束。再次在 PC1 和 PC2 上执行 netstat -a -n 命令,没有发现之前的连接,说明通信结束后,连接被删除。

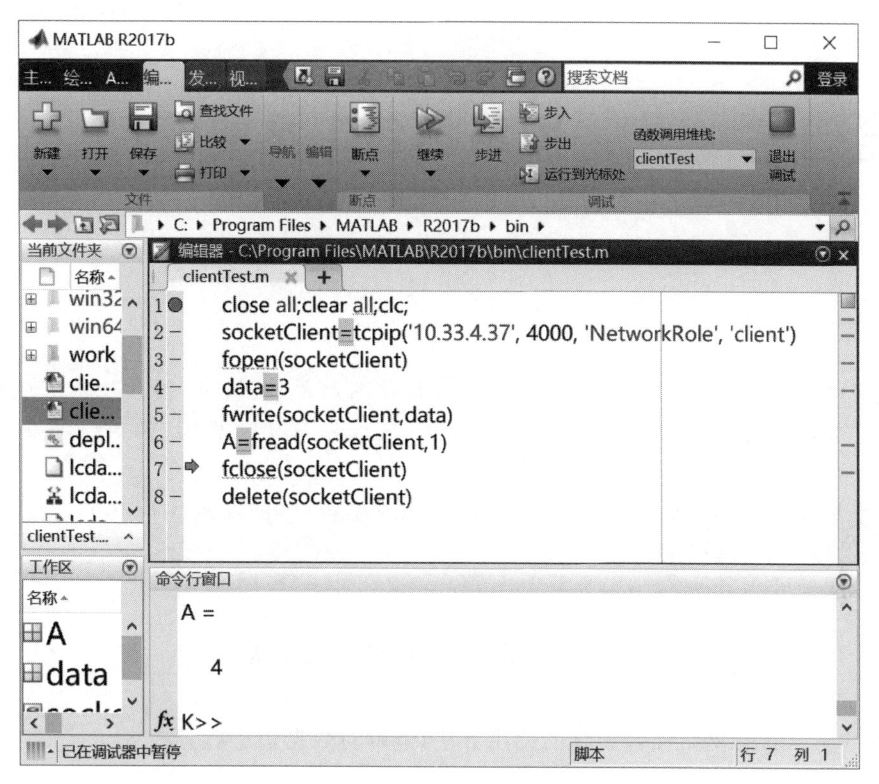

图 11-9 客户端收到服务器端返回结果

思考题：

(1) 编写基于C/S架构的网络通信应用程序，基本流程是怎样的？

(2) 服务器程序能够主动连接客户端程序吗？为什么？

11.5 知识点归纳

(1) 服务器端应用程序如何编写？

(2) 客户端应用程序如何编写？

(3) 端口号是OSI第几层地址？有何意义？

实验 12 网络抓包工具的使用

当网络出现不明故障时，快速查明原因是恢复网络的前提。网络管理人员使用抓包工具抓包就像医生对病人抽血化验一样，能够有效判断故障原因，具有很重要的实际意义。

本实验以 Wireshark 抓包工具为例，讲述抓包如何进行，数据如何分析，能够更好地理解网络通信数据转发过程和原理。

12.1 实验目的及要求

掌握 Wireshark 网络抓包工具的使用方法，能够对数据包进行分析。

12.2 实验计划学时

本实验 2 学时完成。

12.3 实 验 器 材

能够连接网络的计算机 1 台。

12.4 实 验 内 容

12.4.1 Wireshark 软件安装

在 www.wireshark.org 下载最新版的 Wireshark 软件，然后安装。软件安装完成后，打开软件，初始运行界面如图 12-1 所示。

12.4.2 网络抓包及分析

(1) 执行菜单栏的“捕获”|“开始”命令，抓包已经启动。

(2) 当窗口有数据后，执行“捕获”|“停止”命令，抓包完成，如图 12-2 所示。

(3) 以当前抓包所得数据为例，分析数据含义。

第 1 帧源地址为 10.49.5440(当前计算机 IP 地址)，目的地址为 120.199.71.10(外部

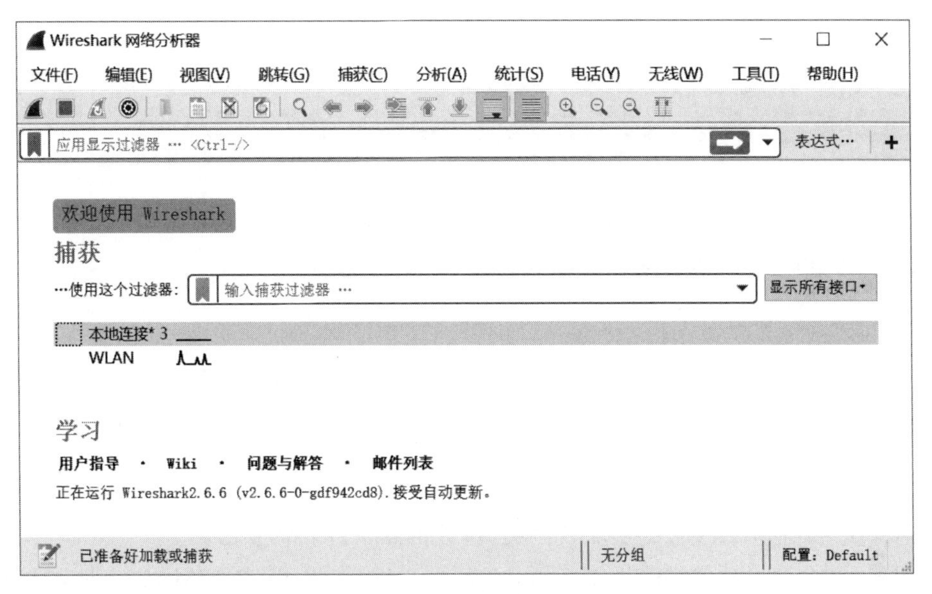

图 12-1 初始运行界面

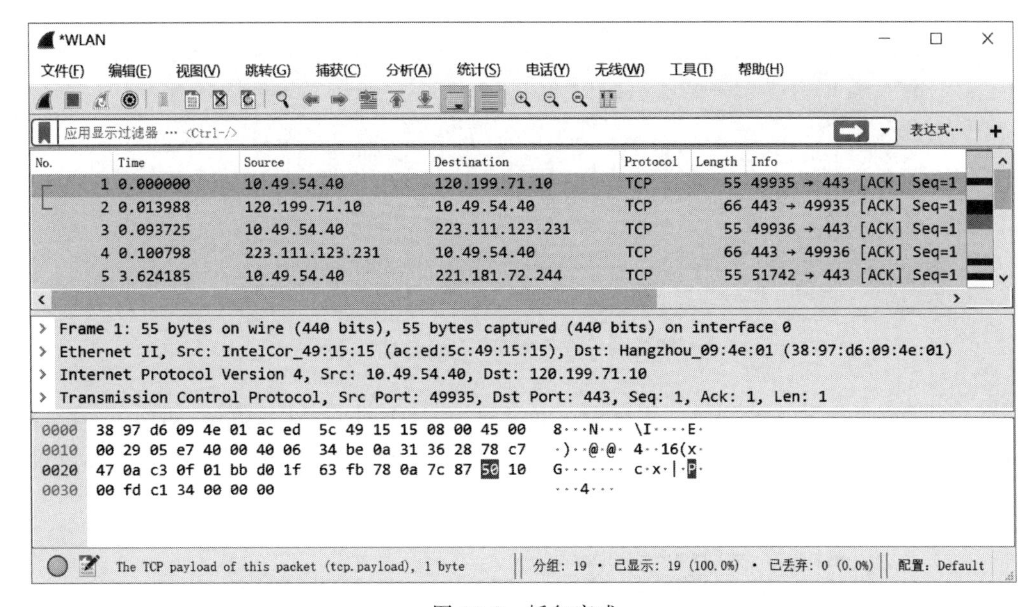

图 12-2 抓包完成

网络 IP 地址),协议为 TCP,长度为 55 字节,本地端口为 49935,目的地址的端口为 443。根据目的地址的端口号 443 可以知道,这是一帧基于 HTTPS 访问外部网站的包。

第 2 帧与第 1 帧是关联帧。源地址和目的地址恰恰相反。端口号方向为 443 指向 49935,说明这是 HTTPS 服务器接收到请求后,返回给本地计算机的数据。

(4) 双击第 1 帧报文,查看该报文的各层数据,并分析其含义,如图 12-3 所示。

第 1 行:指明帧序号为 1,捕获了 55 字节,共 440 位,是从 interface 0 接口捕获到的。

第 2 行:反映了数据链路层地址。根据数据包转发流程可知,本地计算机的包若要发

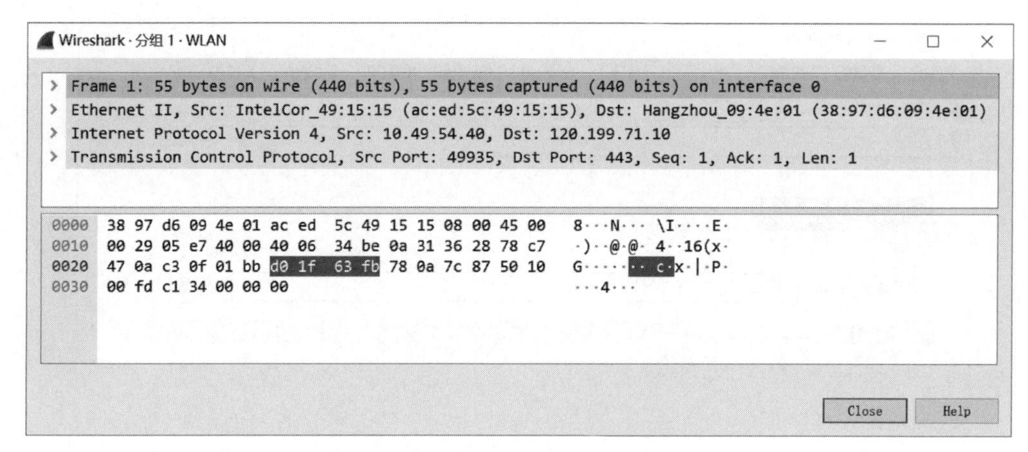

图 12-3　第 1 帧报文各层数据

到 Internet 上,必须先将该包交给默认网关,然后由默认网关转发出去。

在本机的“命令提示符”窗口,执行 ipconfig -all 命令,查看本机 MAC 地址,如图 12-4 所示。从图 12-4 中发现,本机 MAC 地址与抓包得到的 MAC(见图 12-3)具有一致性。

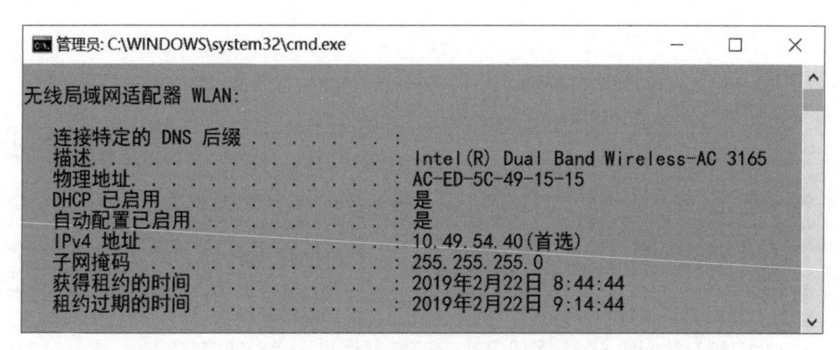

图 12-4　查看本机 MAC 地址

在本机的“命令提示符”窗口,执行 arp -a 命令,查看本机的 ARP 缓存,如图 12-5 所示。发现本机默认网关 10.49.54.1 所对应的 MAC 地址为 38-97-d6-09-4e-01,该地址与抓包捕获的 MAC 地址(见图 12-2)具有一致性。

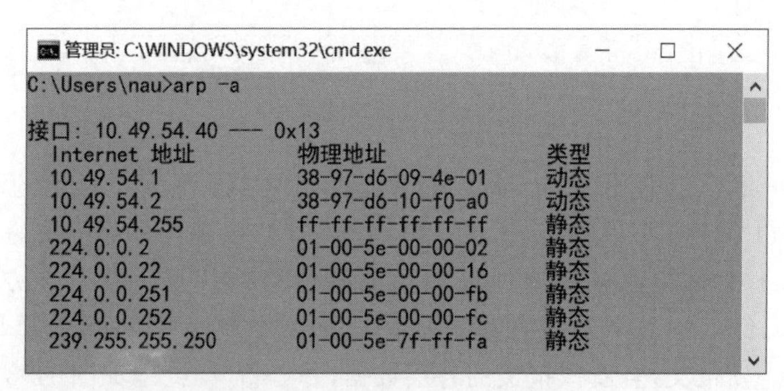

图 12-5　查看本机 ARP 缓存

提示: 默认网关的 MAC 地址为计算机能否将数据发到 Internet 的关键因素。

第 3 行：显示了 IPv4 的网络层地址，包含了源地址和目标地址。
第 4 行：显示了传输层地址，即端口号。同时也反映了 TCP 的握手信息。

12.5 知识点归纳

(1) 计算机配置的默认网关起到什么作用？
(2) 抓到的数据包应该从哪些角度去分析？

高级篇

高级篇是初级篇和中级篇在内容上的拓展和延伸。在高级篇里，宽带路由器的潜能将被进一步挖掘，使其原本只能在局域网内使用的某些功能可以穿透路由器的限制。此外，虚拟机的引进将提供更多程序开发与服务器配置的平台。最后，本篇中还对Web服务器、DNS服务器和邮件服务器的配置进行了简要说明。在本篇中，原本复杂、高深的服务器，其神秘的面纱将被一层层揭开。

高级篇不仅仅是对学有余力同学的“加餐”，还是为所有学习计算机网络的同学提供的一个拓展知识面的窗口。透过这扇窗，可以看到更多奇妙、缤纷的网络世界！

实验 13 宽带路由器端口映射功能的使用

在组建日常办公、学习的计算机网络的过程中，宽带路由器是必不可少的网络设备。同一个宽带路由器下面的所有计算机构成了一个自己的局域网，局域网内的计算机之间可以相互自由通信，它们与相对意义上的广域网通过宽带路由器进行隔离。

一般来说，宽带路由器都具有网络地址转换功能(NAT)。通过该功能，局域网内的计算机在对外网进行访问时，其真实 IP 地址(一般是私有 IP 地址)都被宽带路由器转换成了其 WAN 口的 IP 地址。其好处很明显：一方面，可以隐藏局域网内各计算机的真实 IP 地址，有效地阻止了来自外部的网络攻击；另一方面，可以节省大量的 IP 地址。尤其是当 WAN 口 IP 地址为公有 IP 地址时，其效果就更加明显。

但是，凡事都具有两面性。通过宽带路由器的 NAT 转换，其局域网内的计算机主动访问外网是没有问题的。但是某些情况下，局域网内某台计算机作为服务器，需要能够被外部的计算机主动访问。这时问题就产生了：广域网中计算机都是基于 IP 地址进行通信的。简言之，若 PC1 要主动与 PC2 通信，那么 PC1 就必须明确地知道 PC2 的 IP 地址，然后才有可能成功通信。就像在邮局寄信时，必须写明收信人的通信地址，否则信是无法到达收信人手中的。然而，经过 NAT 转换，其局域网内的服务器的 IP 地址对外是不可见的，那么外网的计算机如何主动访问局域网内的服务器呢?

将上述抽象的问题说得更具体点：假如某宽带路由器下的局域网计算机中，有的作为代理服务器，有的作为 FTP 服务器，有的作为 VPN 服务器，有的作为 pcAnywhere 远程控制服务器，有的作为 Web 服务器。而这些服务器都需要能被外部的计算机主动访问，才能提供相应服务，那么宽带路由器又需要如何设置呢?

13.1 实验目的及要求

掌握宽带路由器端口映射的意义，掌握常见的服务器软件的工作端口号，能够利用端口映射功能使内网中的服务器突破其内网限制，能够成功地被外网计算机主动访问到。

13.2 实验计划学时

本实验 2 学时完成。

13.3 实验器材

计算机 3～4 台并已安装相关服务器软件,具有端口映射功能的宽带路由器 1 个,直通线若干。

13.4 实验内容

13.4.1 了解端口映射

目前常见的宽带路由器都有端口映射功能。但是,在不同品牌的宽带路由器中,该功能叫法可能不同。有的路由器里称为端口映射,有的称为转发规则,有的称为虚拟服务器,还有的称为逆向 NAT。

本实验中,统一称为端口映射。不管如何称呼,该功能的本质都是一样的,就是将对宽带路由器 WAN 口的 IP 地址的访问映射为对路由器 LAN 口的某个特定 IP 地址的访问。这个映射是基于端口的映射。也就是说,在对 WAN 口 IP 地址进行访问时,必须指明其端口号。这里的端口号不是路由器上的物理接口,而是计算机的通信端口,其范围是 1～65535。路由器在收到访问命令后,首先判别其端口号,然后查找相应的映射规则,判别真实主机,最后把该访问命令转发给真实主机。这就是端口映射的工作过程。

在图 13-1 所示的网络拓扑结构中,若 PC4 要对 PC1 上的 FTP 服务器进行访问,那么由于宽带路由器的 NAT 作用,就不能直接使用 PC1 的 IP 地址,而是应该使用宽带路由器 WAN 口的 IP 地址,如可以输入 ftp://211.87.1.49:21。该地址表面上是通过 FTP 对主机 211.87.1.49 的 21 号端口进行访问。而实际上,由于宽带路由器的端口映射作用,路由器在收到访问请求命令 ftp://211.87.1.49:21 后,经对比映射规则,然后得出结论:该命令是要求对 PC1 的 21 端口进行访问。于是它就主动将该请求命令转换为 ftp://192.168.1.177:21,从而实现了 PC4 对 PC1 的 FTP 服务器的访问。由于 FTP 默认的服务端口是 21,所以,PC4 可以直接使用命令 ftp://211.87.1.49 来实现对 PC1 的 FTP 服务器的访问,不用加上端口号 21。然而对于 PC4 来说,它自始至终都不知道所访问的是 PC1 的资源。从表面上来看,似乎访问的是一台 IP 为 211.87.1.49 的服务器,而真实情况是,211.87.1.49 并不是一台真实的服务器的 IP 地址,而是路由器的 WAN 口地址。因此,路由器的端口映射功能又被称

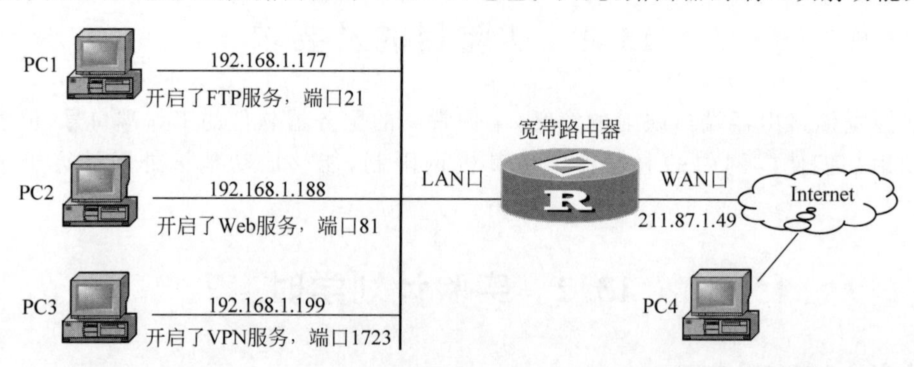

图 13-1 网络拓扑结构

为虚拟服务器。

另外，PC4 若要对 PC2 的 Web 服务器进行访问，就需要在路由器的端口映射功能里追加一条规则：将对 WAN 口 211.87.1.49 的 81 号端口的访问映射到对 192.168.1.188 的 81 号端口的访问。然后，PC4 只需要使用命令 http://211.87.1.49:81，即可对 PC2 的 Web 服务器进行访问。

在以上两例中，表面上都是对主机 211.87.1.49 进行访问，然而，由于使用了不同的端口号，实际上访问的并不是同一台计算机。

13.4.2 常见的服务及其端口

表 13-1 列举了几个常见的服务及其使用的端口。若这些服务器本身在宽带路由器下的内网中，那么只需要在宽带路由器上做端口映射，这些服务器就可以在外网进行访问。只不过访问时，服务器的 IP 地址为路由器 WAN 口的 IP 地址。

表 13-1 常见服务及其端口

端口号	服务	备注
21	FTP	
23	Telnet	
25	SMTP	
53	DNS	
80	HTTP	即 Web 服务
110	POP3	
443	HTTPS	
1723	VPN	
3389	远程桌面	
5631、5632	pcAnywhere	需要同时开放两个服务

13.4.3 端口映射的配置

本实验以 TP-Link 宽带路由器的配置为例，讲述端口映射的配置方法，其他路由器的配置方法大同小异。

(1) 在 IE 地址栏输入路由器的 Web 管理地址，打开 Web 管理页面。

(2) 执行导航栏"转发规则"|"虚拟服务器"命令，打开已配置好的端口映射列表，如图 13-2 所示。

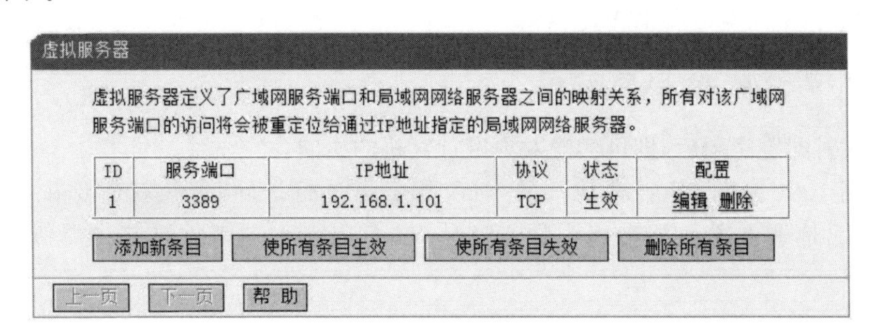

图 13-2 端口映射列表

(3) 单击“添加新条目”按钮,添加端口映射规则,如图 13-3 所示。在此处可以添加服务端口号为 21,IP 地址为 192.168.1.177,选择合适的协议。如果不清楚协议,可以选择 ALL 选项。最后将状态设置为“生效”,单击“保存”按钮。

虚拟服务器

虚拟服务器定义了广域网服务端口和局域网网络服务器之间的映射关系,所有对该广域网服务端口的访问将会被重定位给通过IP地址指定的局域网网络服务器。

服务端口号: 21 (XX-XX or XX)

IP地址: 192.168.1.177

协议: ALL

状态: 生效

常用服务端口号: --请选择--

保 存　返 回　帮 助

图 13-3　添加新规则

(4) 重复步骤(3),添加其他映射规则,查看规则表,如图 13-4 所示。

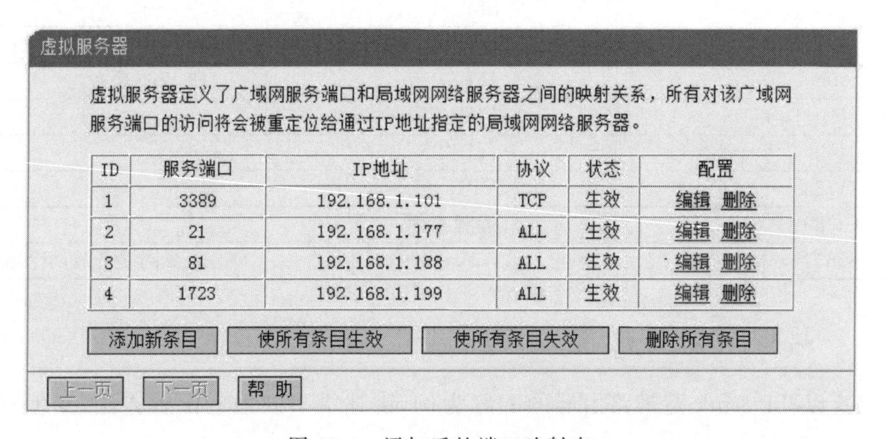

虚拟服务器

虚拟服务器定义了广域网服务端口和局域网网络服务器之间的映射关系,所有对该广域网服务端口的访问将会被重定位给通过IP地址指定的局域网网络服务器。

ID	服务端口	IP地址	协议	状态	配置
1	3389	192.168.1.101	TCP	生效	编辑 删除
2	21	192.168.1.177	ALL	生效	编辑 删除
3	81	192.168.1.188	ALL	生效	编辑 删除
4	1723	192.168.1.199	ALL	生效	编辑 删除

添加新条目　使所有条目生效　使所有条目失效　删除所有条目

上一页　下一页　帮 助

图 13-4　添加后的端口映射表

提示:在图 13-4 中,以 ID 为 2 的规则为例,其含义为:将对 WAN 口 IP 地址 21 号端口的命令请求转发到 IP 地址为 192.168.1.177 的内网计算机的 21 号端口上。无论其怎样映射或转发,其端口号仍然保持不变。

13.4.4　端口映射后的访问

端口映射配置完毕后,即可实现对内网计算机的访问。

仍以图 13-1 为例,若要对 PC3 的 VPN 服务器进行访问,那么就需要在客户端将访问目标的 IP 地址设置为宽带路由器 WAN 口的 IP 地址。其余的方法类似,这里不再赘述。

思考题：

（1）结合前面的几个局域网的实验，谈谈宽带路由器的端口映射功能的最大意义是什么。

（2）客户端不需要端口映射就能访问服务器和必须通过端口映射功能访问服务器，这两种访问方式相比，各有什么优缺点？

13.5 知识点归纳

（1）宽带路由器如何通过端口映射进行工作？

（2）列举常见的服务及其端口号。

（3）如何配置端口映射规则表？

实验 14　Web 服务器的配置及使用

浏览别人网站时间久了，有没有想过要自己做一个网站？做好了网站，并将其发布，世界每个角落里的人都有可能看到。可能很多对计算机比较感兴趣的同学曾经都有这样的想法。但是由于技术原因，这些想法只能永久埋藏在心里。

网站制作包括网页制作和站点发布两个过程。前者技术含量高，工作量大。尤其是比较复杂的网页，更需要团队合作才能完成。而刚刚制作完成的网页并不能被远程主机所浏览，只能被制作者默默欣赏。若要全世界的计算机都能访问制作完成的网页，那么站点发布工作必不可少。站点发布就是配置一个 Web 服务器，将自己的网页通过 Internet 发布出去。相比网页制作，站点发布就显得简单得多。

本实验不涉及网页制作，而仅仅进行站点发布。实验将在 Windows 10 操作系统上构建一个 Web 服务器，将别人制作完成的一个简易网页发布出去，并通过其他计算机来访问这个站点。

14.1　实验目的及要求

掌握 IIS 的安装方法，掌握通过 IIS 来创建 Web 服务器的基本方法。

14.2　实验计划学时

本实验 2 学时完成。

14.3　实 验 器 材

局域网中的计算机 1～2 台(已安装 Windows 10 操作系统)。

14.4　实 验 内 容

14.4.1　了解 IIS

IIS(Internet Information Server，Internet 信息服务)是一种 Web 服务组件，其中包括 Web 服务器、FTP 服务器、NNTP 服务器和 SMTP 服务器，分别用于网页浏览、文件传输、新闻服务和邮件发送。它使得在网络(包括互联网和局域网)上发布信息成了一件很容易的事。Windows 10 所对应的 IIS 版本是 IIS 10.0。

14.4.2 IIS 的安装和配置

(1) 选择"控制面板"|"程序和功能"|"启用或关闭 Windows 功能"选项,弹出的窗口如图 14-1 所示。

(2) 展开 Internet Information Services,选中"Web 管理工具"和"万维网服务"选项,单击"确定"按钮。稍等片刻,提示已完成请求更改,如图 14-2 所示。

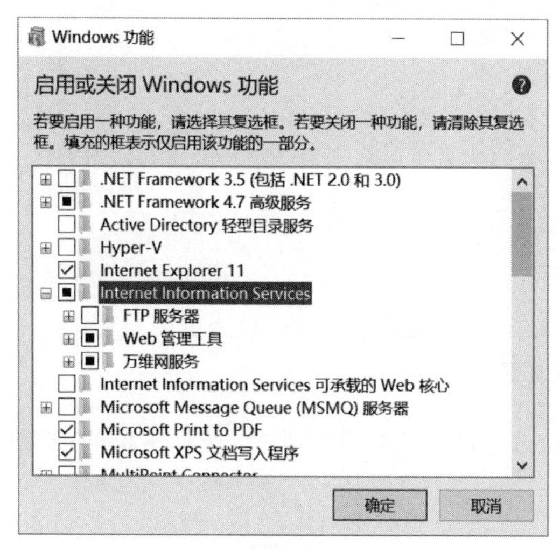

图 14-1 Windows 功能窗口

Windows 功能

Windows 已完成请求的更改。

关闭

图 14-2 IIS 安装成功

(3) 选择"控制面板"|"管理工具"选项,此时"管理工具"窗口中多了"Internet Information Services(IIS)管理器"选项,如图 14-3 所示。

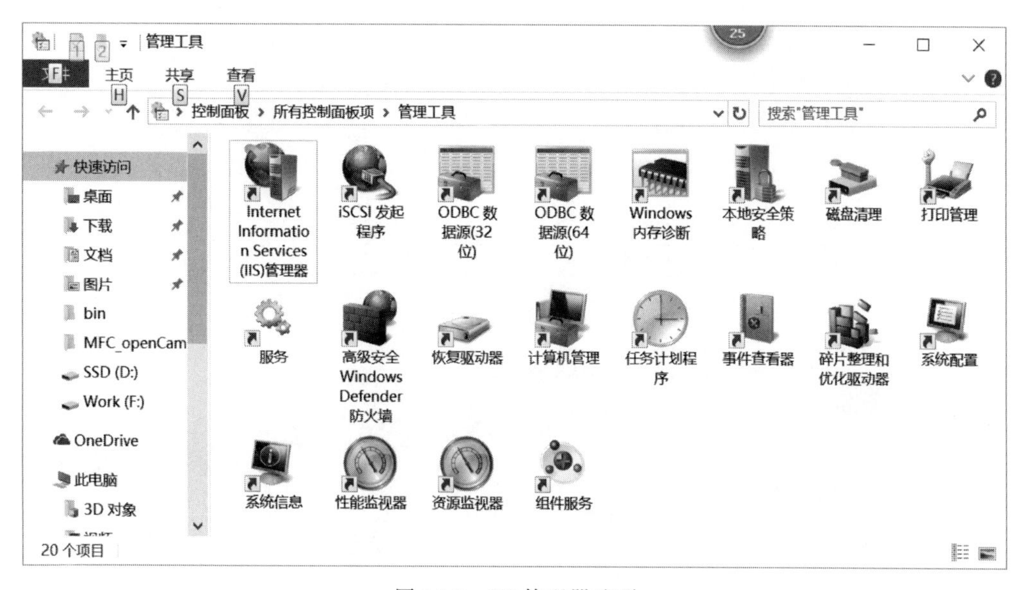

图 14-3 IIS 管理器选项

(4) 双击打开该管理器选项,在"网站"上右击,在弹出的快捷菜单中选择"添加网站"选项,如图 14-4 所示。弹出"添加网站"对话框,如图 14-5 所示。

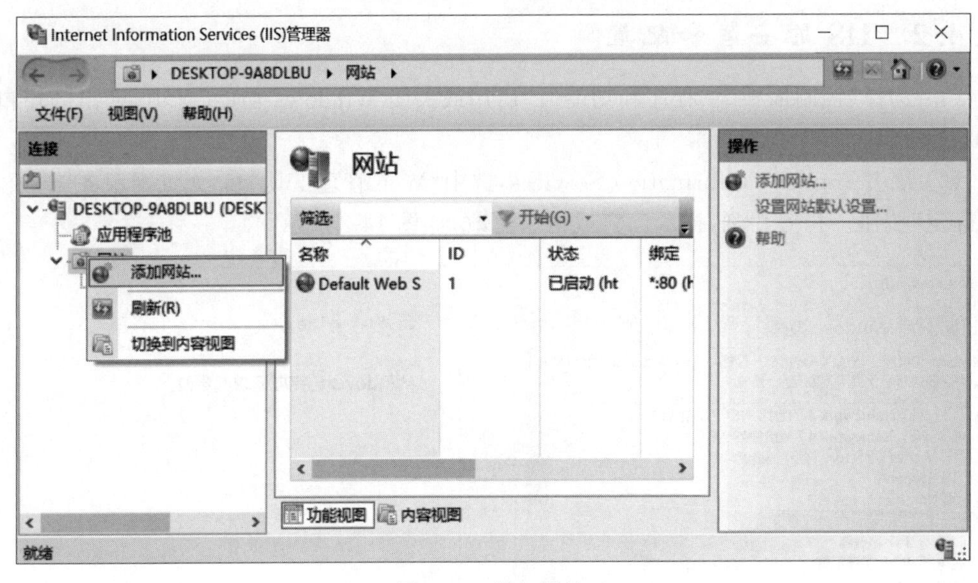

图 14-4 添加网站

(5) 在图 14-5 中,设置网站名称为 MyWeb,选择网站文件夹的路径,选择本机的 IP 地址,最后单击"确定"按钮。

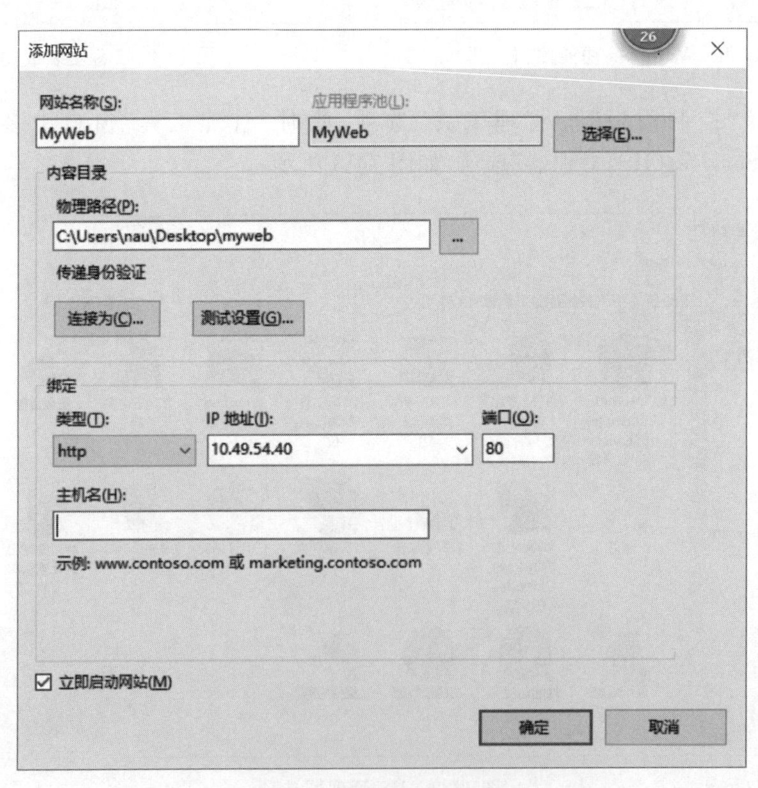

图 14-5 "添加网站"对话框

(6) 在 IIS 管理器中,选择"网站"|MyWeb|"默认文档"选项,添加 default. mht 为默认文档,如图 14-6 所示。

图 14-6 添加默认文档

(7) 找到包含网站的文件夹,右击,选择"属性"|"安全"选项,查看用户名或组里面有没有 Everyone。如果有,终止此步,继续执行。如果没有,执行"编辑"|"添加"|"高级"|Everyone|"确定"命令,添加 Everyone 用户,如图 14-7 所示。

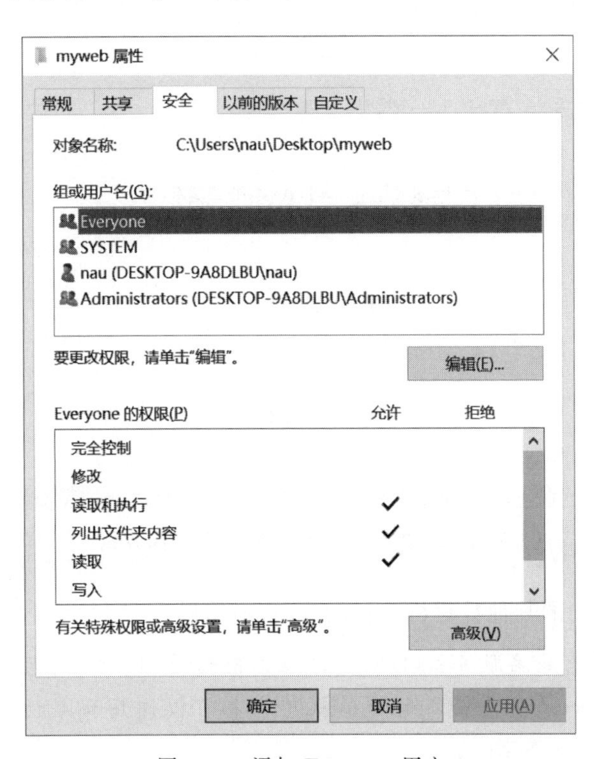

图 14-7 添加 Everyone 用户

14.4.3 Web站点的访问

(1) 打开网页浏览器,在地址栏输入"http://"+本机IP地址,就可以看到如图14-8所示的网站访问的界面。

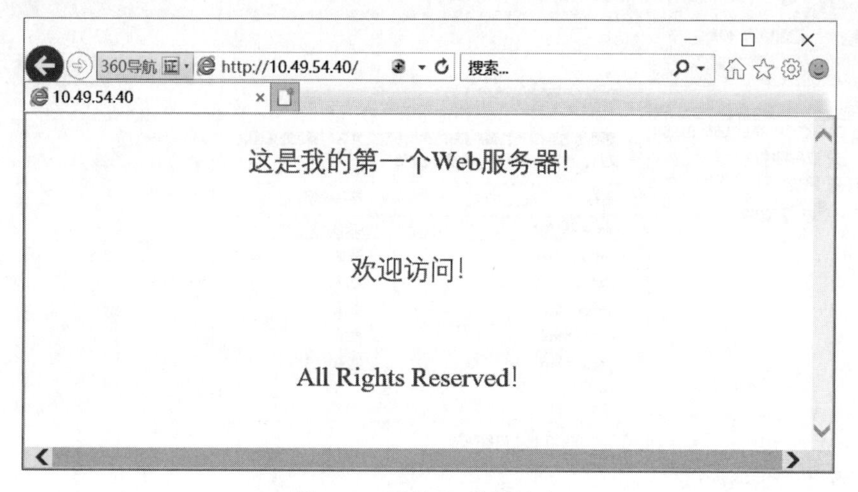

图14-8 通过IE访问站点

提示:此IP地址为IIS服务器的IP地址。做实验时,请根据实际情况输入。

(2) 如果在图14-5中,设置的TCP端口不是80,而是其他数值,如81。那么在访问该站点时,应该在IP地址后面加上半角冒号和端口号,否则无法对站点进行访问,如http://10.49.54.40:81/index.asp,如图14-9所示。

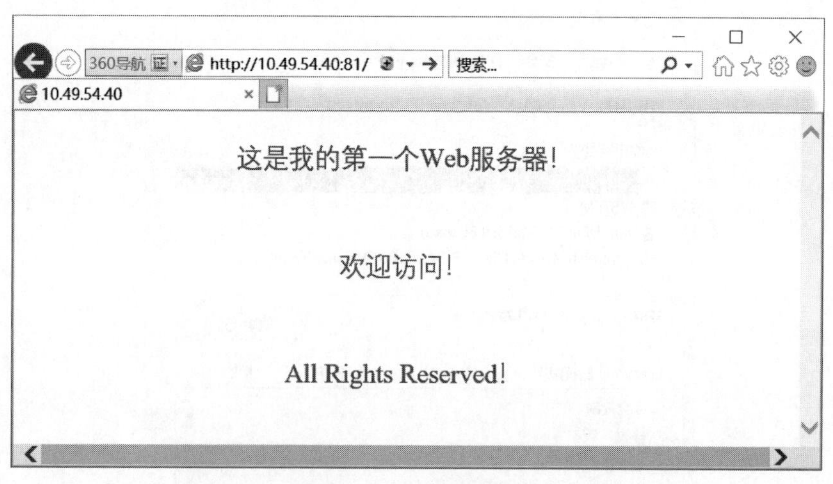

图14-9 默认端口不是80时的访问方式

(3) 通过局域网内的其他计算机来访问自己的网站。

提示:由于没有域名服务器(DNS),这里只能通过IP地址来访问自己的网站,而不能通过域名来访问。如果要全世界的计算机用户都可以使用域名访问该网站,则需要到CNNIC进行域名注册与登记。

思考题：

(1) 配置过程中，设置默认文档的作用是什么？

(2) 访问网站时，"http://"可以省略吗？什么时候可以省略？什么时候不可以省略？

14.5 知识点归纳

(1) IIS的英文全称是什么？可以用来组建哪些服务器？

(2) 利用IIS配置Web服务器时，IP地址如何选择？端口如何选择？主目录如何设置？默认文档如何设置？这些设置有什么意义？

(3) 如何访问利用IIS构建的Web服务器？

实验 15 虚拟机及其网络连接

在学习、科研或工程应用中，有时需要临时安装与现有操作系统完全不同的新的操作系统。例如，现有的操作系统为 Windows 10，但是某些软件运行环境要求必须为 Windows Server 或 Linux。

那么，此时该怎么办呢？是在硬盘上再追加一个操作系统构成双系统？还是再图他法？再追加一个新的操作系统显然是可行的。但是这不是最佳解决办法。倘若仅仅是由于某种特殊需要才使用新系统，而且绝大多数情况下还需要在两个系统之间切换，那么与其追加一个新系统，倒不如安装"一台"虚拟机，然后在虚拟机里安装新系统。这样，原来的系统可以与虚拟机里的系统(以后简称虚拟系统)并存并同时运行。系统之间的切换也只需要单击一下鼠标，瞬间即可完成。

这便是虚拟机的优势所在，能够将一台计算机变成"两台"或"多台"，并能同时服务。

15.1 实验目的及要求

掌握通过 VMware 创建虚拟机的方法，并能够在虚拟机上安装服务器版操作系统，能够灵活设置虚拟机的网络连接方式。

15.2 实验计划学时

本实验 2 学时完成。

15.3 实 验 器 材

局域网中计算机 1 台、VMware 软件 1 套、服务器版操作系统的 ISO 安装文件(本实验安装 Windows Server 2012 系统，也可以选择其他版本的服务器操作系统)。

15.4 实 验 内 容

15.4.1 认识虚拟机

在一台计算机上将硬盘和内存的一部分拿出来虚拟出若干台机器，每台机器可以运行单独的操作系统而互不干扰，这些"新"机器各自拥有自己独立的CMOS、硬盘和操作系统，可以像使用普通机器一样对它们进行分区、格式化、安装系统和应用软件等操作，还可以将这几个操作系统联成一个网络。这就是虚拟机。虚拟机里安装的操作系统称为虚拟系统。在虚拟系统崩溃之后可直接将其删除，而不影响本机真实操作系统。同样，只要虚拟系统文件保存完好，即使本机真实系统崩溃也不影响虚拟系统。通过虚拟机软件，可以在自己的计算机上同时虚拟出多个操作系统。虚拟机在学习技术方面能够发挥很大的作用。

15.4.2 了解VMware软件

VMware是一个用来建立虚拟机的软件。它可以在一台机器上同时运行两个或更多Windows、DOS、Linux系统。与"多启动"系统相比，VMware采用了完全不同的概念。多启动系统在一个时刻只能运行一个系统，在系统切换时需要重新启动机器。VMware是真正"同时"运行，多个操作系统在主系统的平台上，就像标准Windows应用程序那样切换。而且每个操作系统都可以进行虚拟的分区、配置，而不影响真实硬盘的数据，甚至可以通过网卡将几台虚拟机用网卡连接为一个局域网，极其方便。安装在VMware上的虚拟系统性能比直接安装在硬盘上的系统低不少，因此，比较适合学习和测试。

VMware主要的功能如下：

(1) 不需要分区或重开机就能在同一台PC上使用两种以上的操作系统。

(2) 完全隔离并且保护不同OS的操作环境以及所有安装在OS上的应用软件和资料。

(3) 不同的OS之间能互动操作，包括网络、周边、文件分享以及复制粘贴等功能。

(4) 能够设定并且随时修改操作系统的操作环境，如内存、磁盘空间、周边设备等。

15.4.3 VMware的网络连接

1. 桥接模式

在桥接(bridged)模式下，VMware虚拟出来的操作系统就像是局域网中的一台独立的主机，可以访问网内任何一台机器。在桥接模式下，需要手工为虚拟系统配置IP地址、子网掩码，而且还要和宿主机器处于同一网段，这样虚拟系统才能和宿主机器进行通信。同时，由于这个虚拟系统是局域网中的一个独立的主机系统，那么就可以手工配置它的TCP/IP配置信息，以实现通过局域网的网关或路由器访问互联网。

使用桥接模式的虚拟系统和宿主机器的关系，就像连接在同一个集线器或交换机上的两台计算机。想让它们相互通信，就需要为虚拟系统配置IP地址和子网掩码，否则就无法通信。如果想利用VMware在局域网内新建一个虚拟服务器，为局域网用户提供网络服务，就应该选择桥接模式。

2. 主机模式

在某些特殊的网络调试环境中，要求将真实环境和虚拟环境隔离开，这时就可采用主机模式(host-only)。在host-only模式中，所有的虚拟系统是可以相互通信的，但虚拟系统和真实的网络是被隔离开的。

提示：*在host-only模式下，虚拟系统和宿主机器系统是可以相互通信的，相当于这两台机器通过交叉线互连。*

在host-only模式下，虚拟系统的TCP/IP配置信息(如IP地址、网关地址、DNS服务器等),都是由 VMnet1(host-only)虚拟网络的 DHCP 服务器来动态分配的。如果想利用 VMware 创建一个与网内其他机器相隔离的虚拟系统,进行某些特殊的网络调试工作,可以选择 host-only 模式。

3. 网络地址转换模式

使用网络地址转换模式(NAT),就是让虚拟系统借助 NAT(网络地址转换)功能,通过宿主机器所在的网络来访问公网。也就是说,使用 NAT 模式可以实现在虚拟系统里访问互联网。NAT 模式下虚拟系统的 TCP/IP 配置信息是由 VMnet8(NAT)虚拟网络的 DHCP 服务器提供的,无法进行手工修改,因此虚拟系统也就无法和本局域网中的其他真实主机进行通信。采用 NAT 模式最大的优势是虚拟系统接入互联网非常简单,不需要进行任何其他的配置,只需要宿主机器能访问互联网即可。

如果想利用 VMware 安装一个新的虚拟系统,在虚拟系统中不用进行任何手工配置就能直接访问互联网,建议采用 NAT 模式。

15.4.4 VMware 的安装

声明:此软件仅供个人用于学习、研究,不得用于商业用途,如果喜欢,请向软件作者购买正版。

(1) 执行“实验 15”| VMware-15.exe 程序,右击,选择“以管理员身份运行”安装软件,如图 15-1 所示,然后单击“下一步”按钮。

(2) 选择“我接受许可协议中的条款”单选按钮,如图 15-2 所示,然后单击“下一步”按钮。

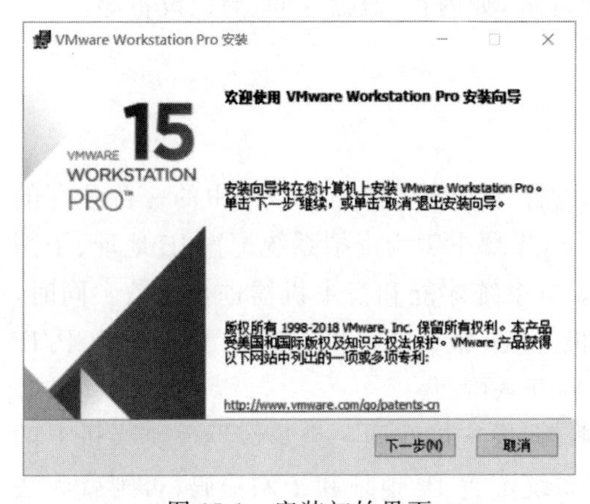

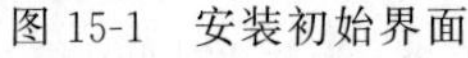
图 15-1 安装初始界面

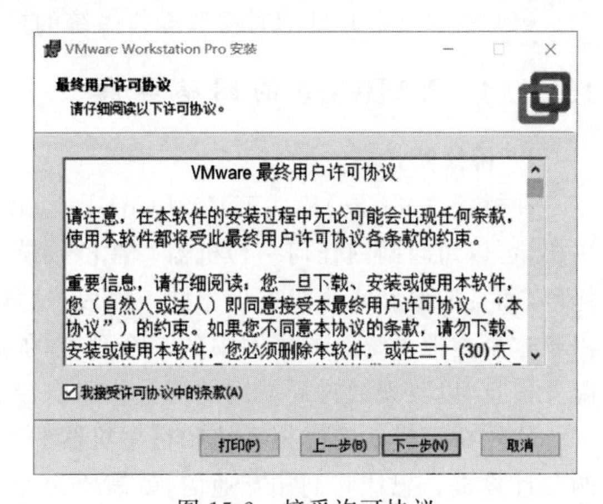

图 15-2 接受许可协议

(3) 选择安装目录,如图 15-3 所示。建议安装在除 C 盘之外的其他盘,然后单击“下一步”按钮。

(4) 取消选中的复选框,如图 15-4 所示,然后单击“下一步”按钮。

(5) 默认设置,继续单击“下一步”按钮,如图 15-5 所示。

(6) 单击“安装”按钮,如图 15-6 所示。

(7) 单击“许可证”按钮,如图 15-7 所示。

(8) 在输入框中输入向版权方购买的正版密钥,然后单击“输入”按钮,如图 15-8 所示。

(9) 单击“完成”按钮,软件安装完成,可在桌面双击打开。

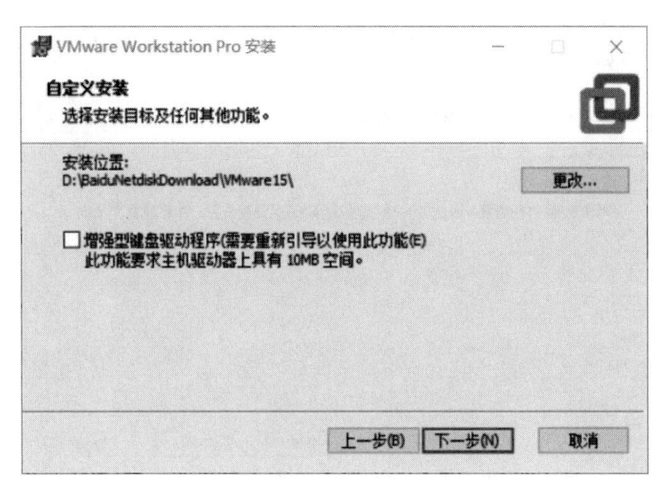

图 15-3　选择安装目录

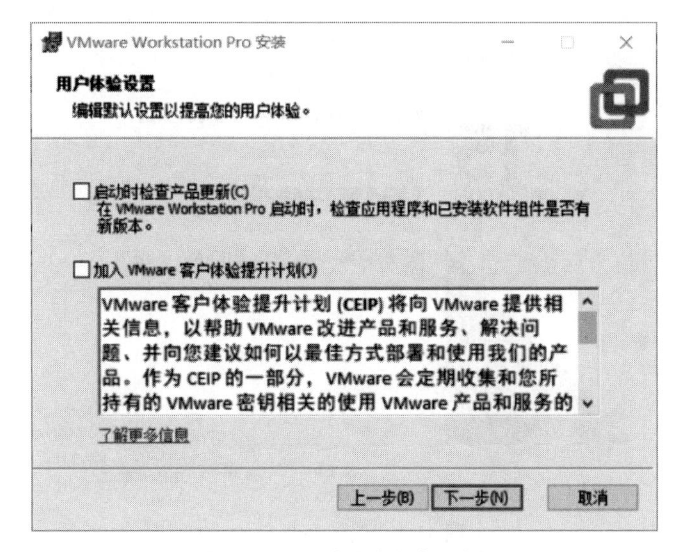

图 15-4　取消选中的复选框

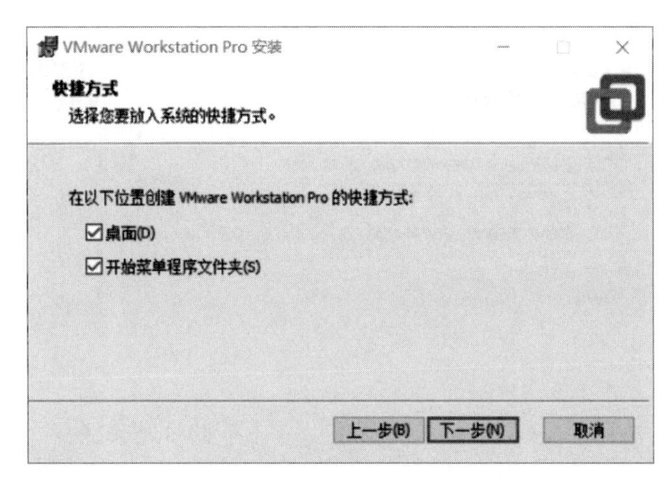

图 15-5　选择快捷方式位置

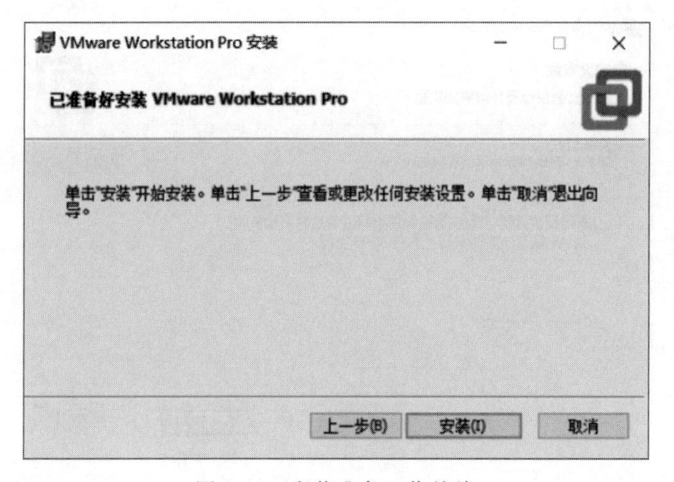

图 15-6　安装准备工作就绪

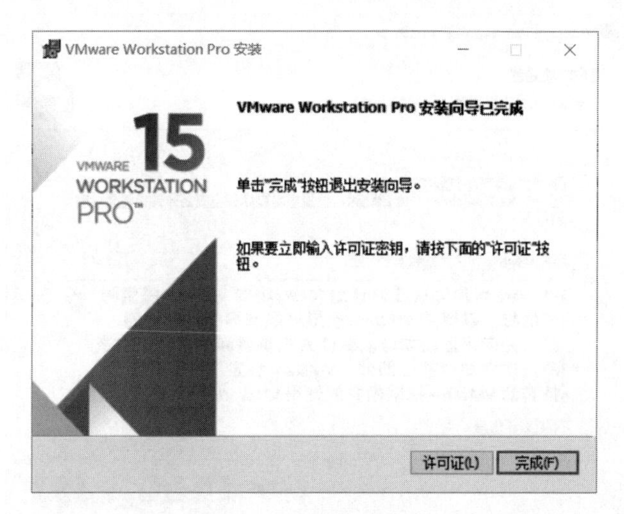

图 15-7　安装向导完成

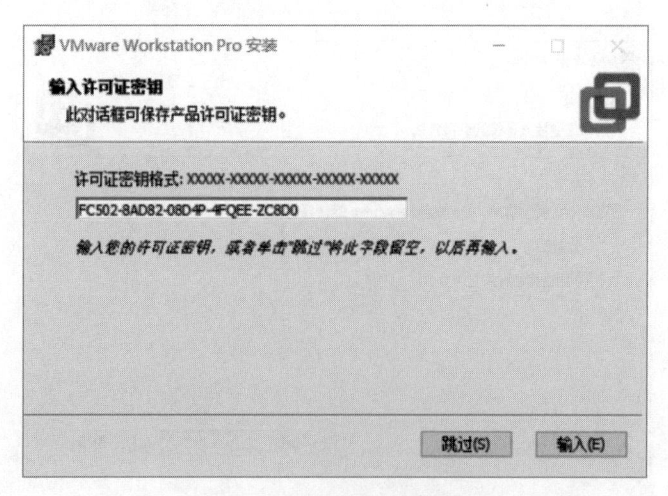

图 15-8　输入许可证密钥

15.4.5 VMware 的配置

（1）启动软件 VMware workstation。

（2）软件启动后，在主界面单击“创建新的虚拟机”按钮，如图 15-9 所示，新建一台虚拟机。

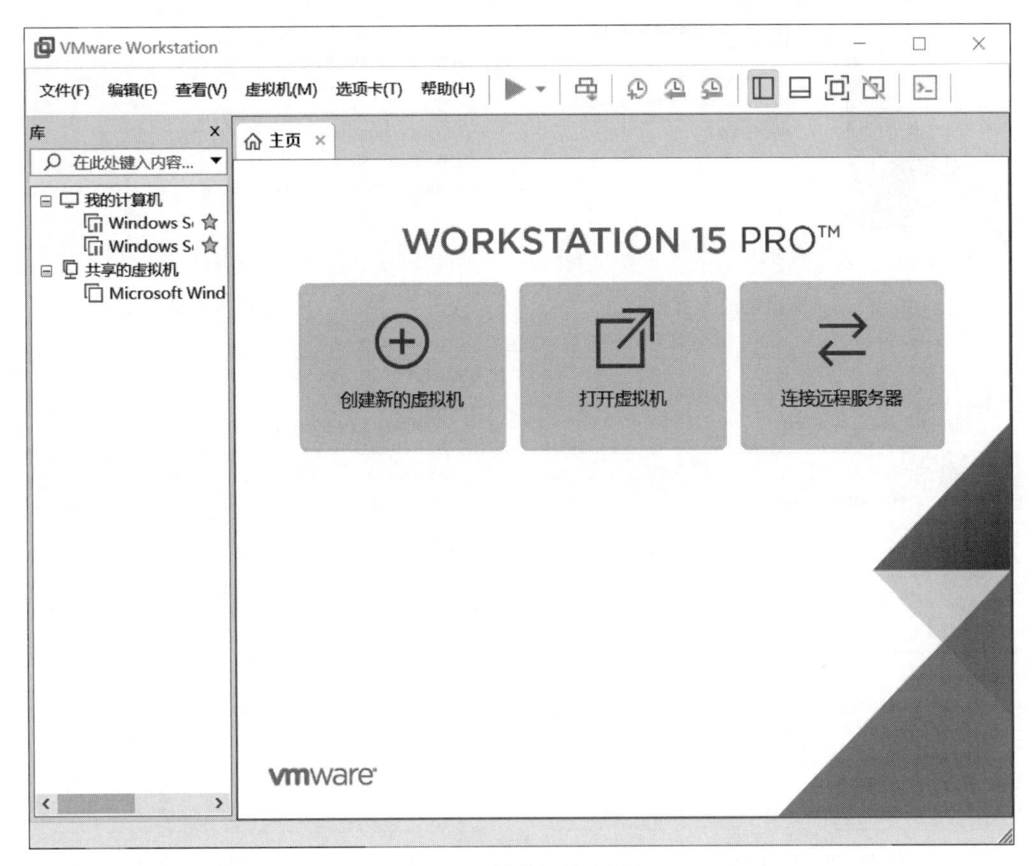

图 15-9 创建新的虚拟机

（3）新建虚拟机向导自动启动，虚拟机的“硬件”配置方案可以选择“典型”，也可选择“自定义”，如图 15-10 所示，选择完毕后，单击“下一步”按钮。

（4）单击“浏览”按钮，打开需要安装的系统，找到下载好的 iso 安装文件 cn_windows_server_2012_r2_vl_with_update_x64_dvd_4051059，如图 15-11 所示。选择完毕后，单击“下一步”按钮。

（5）输入产品安装密钥 BH9T4-4N7CW-67J3M-64J36-WW98Y，全名可自行设置，如图 15-12 所示，然后单击“下一步”按钮。

（6）设置虚拟机名字，选择全部资源存放路径，如图 15-13 所示，然后单击“下一步”按钮。

（7）默认最大磁盘大小 60GB，选择“将虚拟磁盘拆分成多个文件”单选按钮，如图 15-14 所示，然后单击“下一步”按钮。

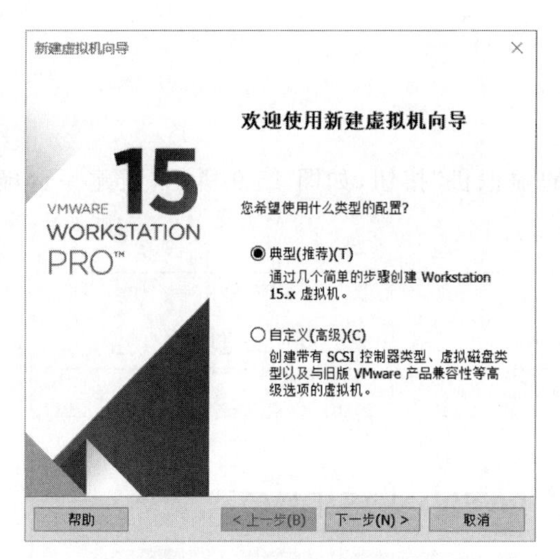

图 15-10　虚拟机配置方案

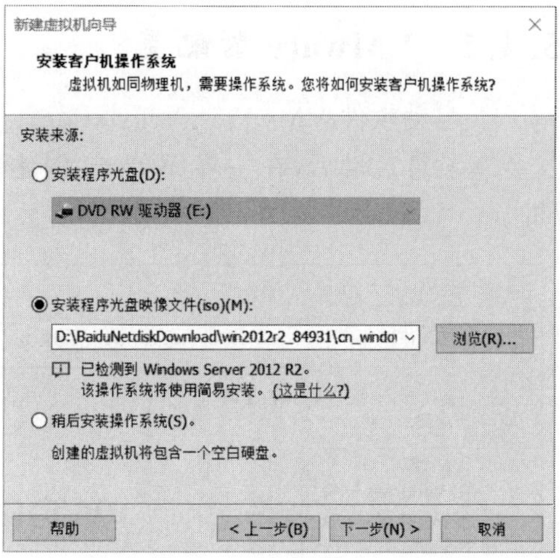

图 15-11　虚拟机安装来源

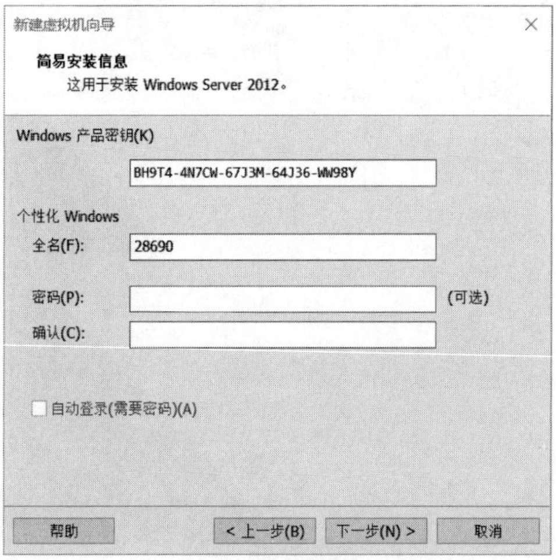

图 15-12　选择操作系统

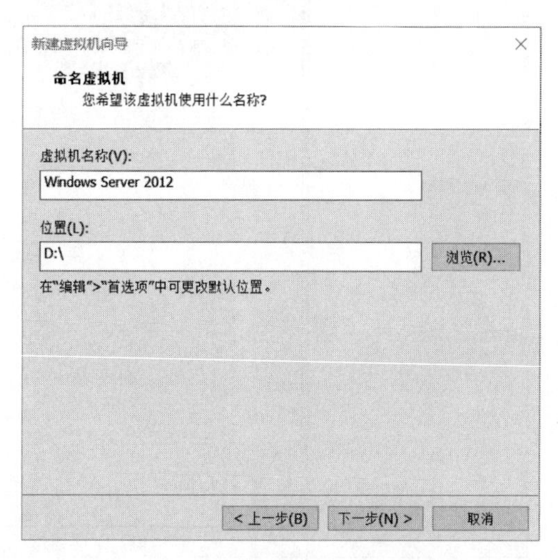

图 15-13　设置虚拟机名称及路径

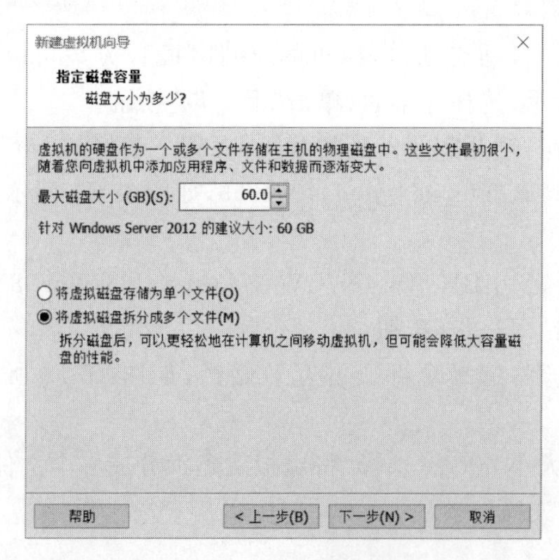

图 15-14　默认磁盘大小

(8) 单击“完成”按钮，如图 15-15 所示，若对硬件有其他要求，可单击“自定义硬件”按钮进行修改。

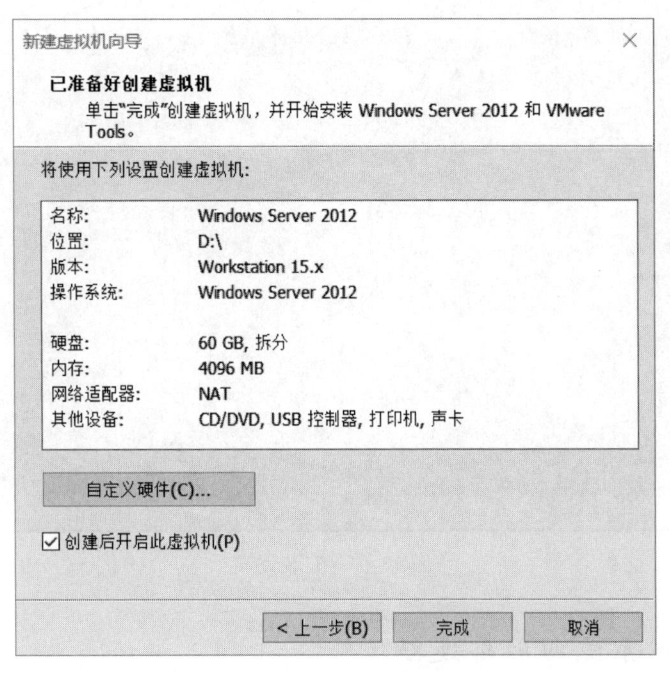

图 15-15 自定义硬件

(9) 虚拟机安装过程中，弹出如图 15-16 所示对话框，选择带有 GUI 的服务器，然后单击“下一步”按钮。

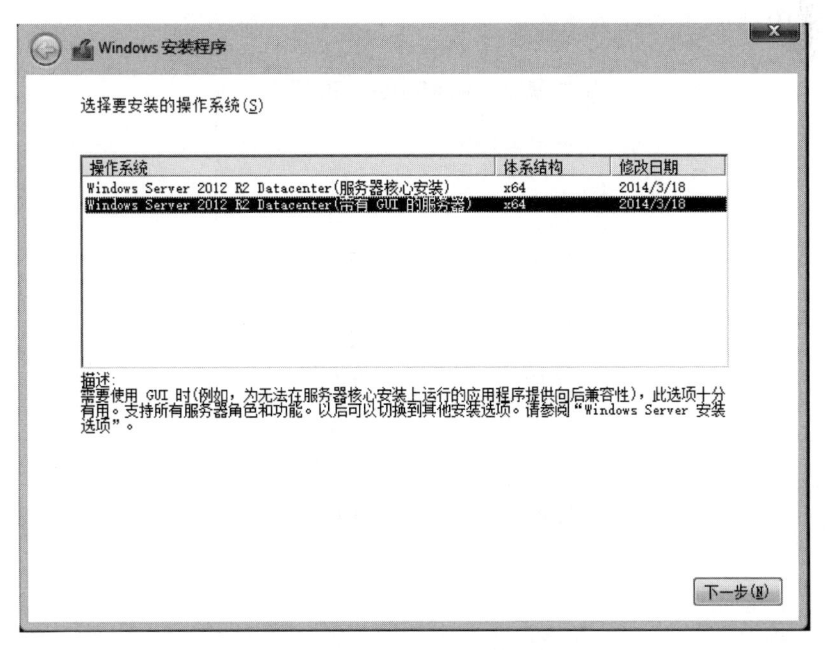

图 15-16 选择带有 GUI 的服务器

(10) 等待一段时间,安装完成,如图 15-17 所示。

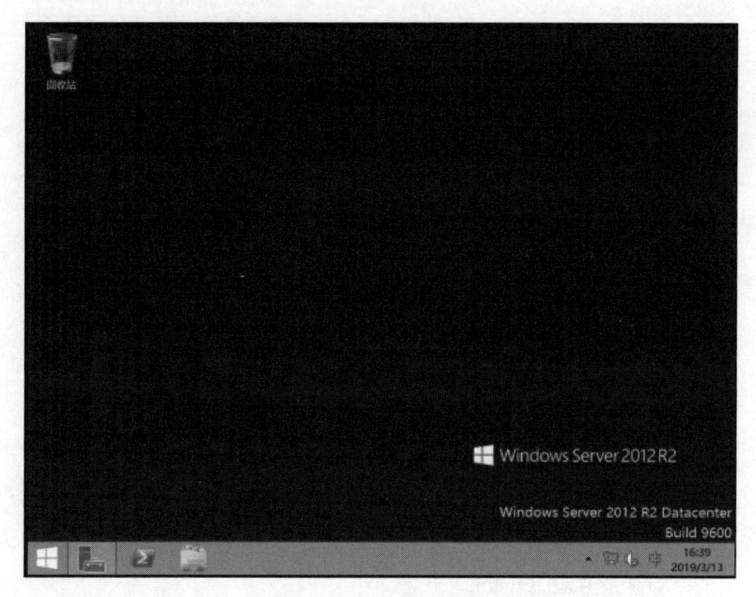

图 15-17 安装完成

15.4.6 虚拟系统的网络连接

(1) 尝试刚刚安装完毕的虚拟系统能否连接至 Internet。

(2) 将虚拟系统电源关机,在图 15-18 中双击网络适配器,将原来的网络连接模式由 NAT 模式更改为桥接模式,如图 15-19 所示。然后单击"确定"按钮,启动虚拟机,给虚拟机配置正确的 IP 地址,再尝试网络连接。

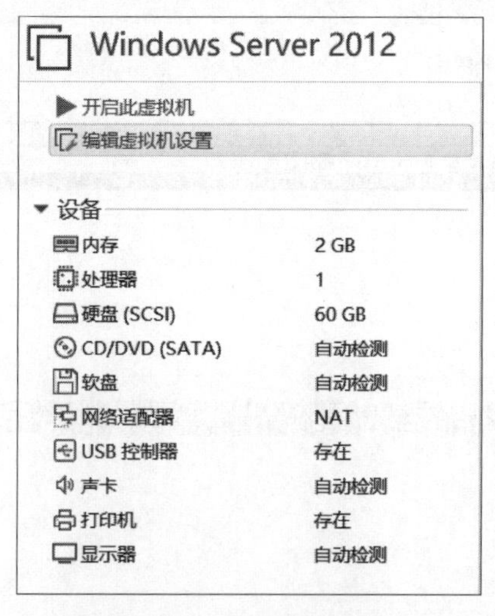

图 15-18 双击网络适配器

(3) 再次尝试仅主机网络连接模式。

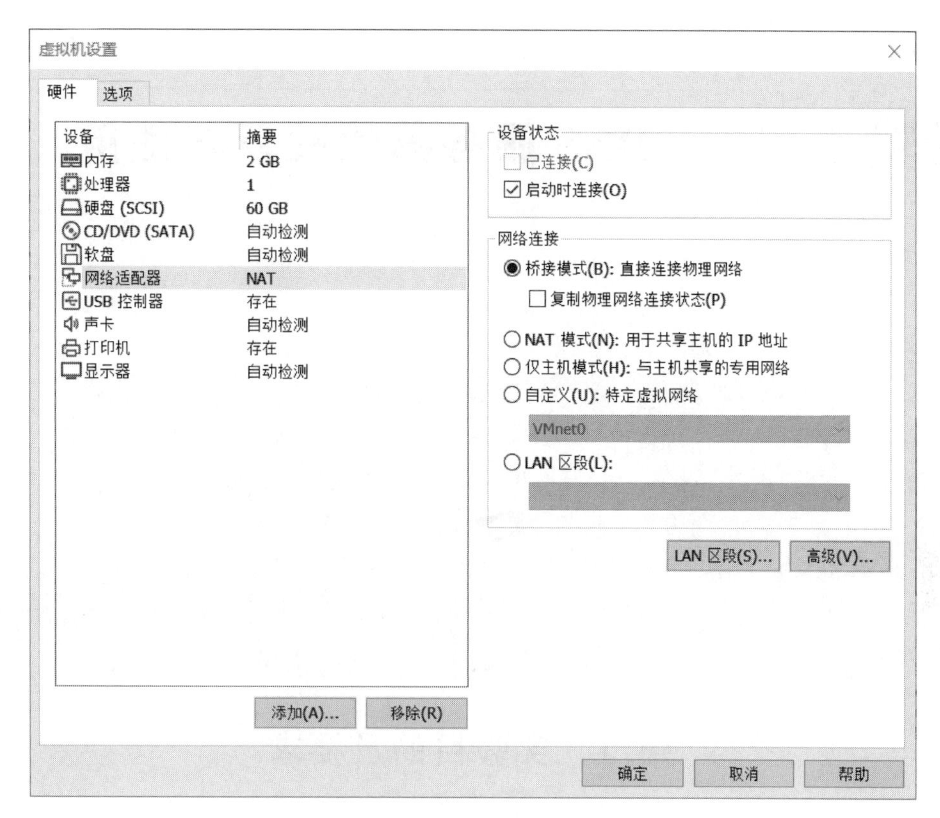

图 15-19　更改网络连接模式

思考题：

(1) 计算机安装双系统和安装虚拟机系统，二者相比，各自的优点和缺点分别是什么？

(2) 虚拟系统的三种网络连接模式各有什么特点？

15.5　知识点归纳

(1) 掌握虚拟机的主要特点。

(2) VMware 建立的虚拟机有三种网络连接模式，如何根据需要正确选用网络连接模式？

(3) 安装一个新的操作系统的流程是什么？

实验16　DNS服务器的配置与使用

DNS服务器作为Internet访问的一个特殊设备，其重要性是不言而喻的。如果没有了DNS服务器，那么在访问任何一个网站时，都必须使用网站的IP地址来访问。例如，访问百度时，需要输入http://119.75.217.56，访问腾讯时，需要输入http://202.102.65.32。正是有了DNS服务器，才可以用http://www.baidu.com和http://www.qq.com来代替上述复杂难以记忆的IP地址。

在本实验中，将揭开DNS服务器神秘的面纱，自己动手配置一台DNS服务器，实现域名的任意解析。

16.1　实验目的及要求

掌握在服务器版操作系统的安装和配置DNS服务器的方法。

16.2　实验计划学时

本实验2学时完成。

16.3　实 验 器 材

局域网中的计算机2台(Windows 10操作系统)、VMware软件1套、服务器版操作系统的ISO安装文件(实验选用Windows Server 2012操作系统，也可以选择其他版本的服务器操作系统)。

16.4　实 验 内 容

16.4.1　认识DNS服务器

DNS的全称是Domain Name Server，它保存了一张域名(Domain name)和与之相对应的IP地址 (IP address)的表，以解析消息的域名。

域名是Internet上某一台计算机或计算机组的名称，用于在数据传输时标识计算机的电子方位(有时也指地理位置)。域名是由一串用点分隔的名字组成的，通常包含组织名，而且始终包括2～3个字母的后缀，以指明组织的类型或该域所在的国家或地区。

把域名翻译成IP地址的软件称为域名系统，即DNS。它是一种管理名字的方法，即分不同的组来负责各子系统的名字。系统中的每一层叫作一个域，每个域用一个点分开。所谓域名服务器实际上就是装有域名系统的主机，它是一种能够实现名字解析的分层结构数据库。

当一个浏览者在浏览器地址框中输入某一个域名，或者从其他网站单击链接到这个域名，浏览器向这个用户的上网接入商发出域名请求，接入商的DNS服务器要查询域名数据库，看这个域名的DNS服务器是什么；然后到DNS服务器中抓取DNS记录，也就是获取这个域名指向哪一个IP地址；在获得这个IP信息后，接入商的服务器就去这个IP地址所对应的服务器上抓取网页内容，然后传送给发出请求的浏览器。

这个过程描述起来很复杂，但实际上不到一两秒钟就完成了。

16.4.2 前期准备工作

1. 建立虚拟机

建立两台虚拟机，PC1和PC2。

2. 配置虚拟机的IP地址

(1) 执行工具栏上的"编辑"|"虚拟网络编辑器"命令，打开"虚拟网络编辑器"对话框，如图16-1所示。

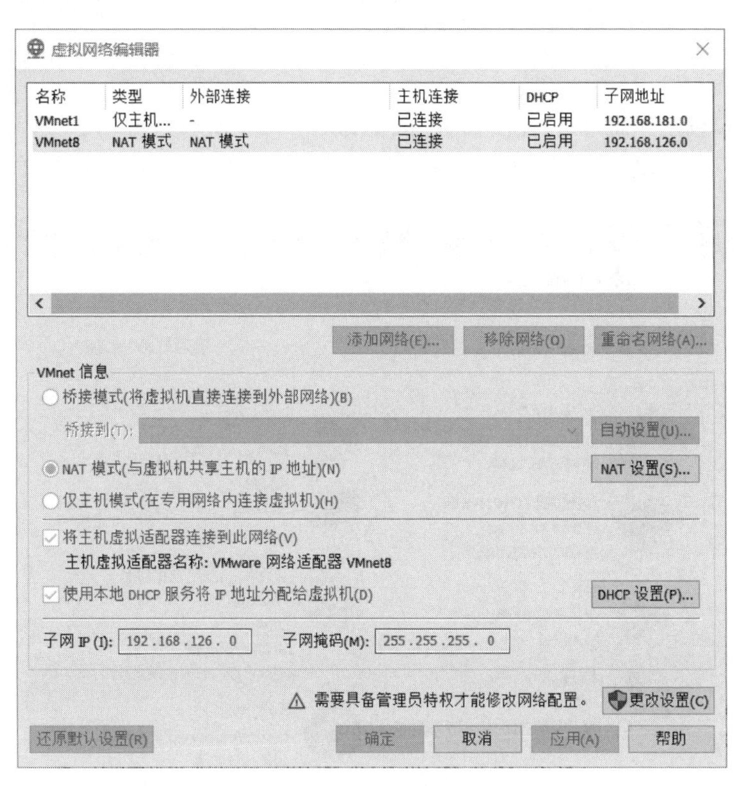

图16-1 虚拟网络编辑器

(2) 在虚拟网络编辑器界面上单击“NAT 设置”按钮,获取子网掩码 255.255.255.0 与网关 192.168.29.2,如图 16-2 所示,单击“取消”按钮,再在虚拟网络编辑器界面上单击“DHCP 设置”按钮,获取子网 IP 可用范围为 192.168.29.128～192.168.29.254,如图 16-3 所示。

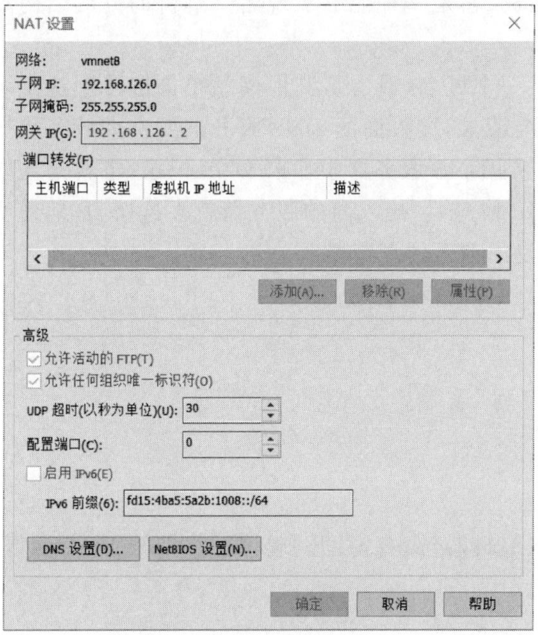

图 16-2　NAT 设置

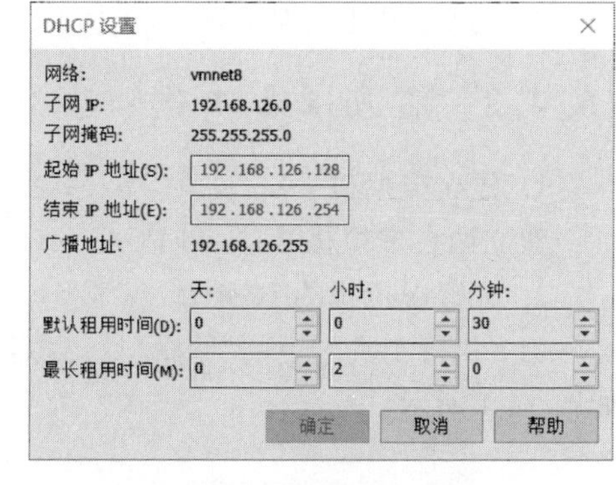

图 16-3　DHCP 设置

(3) 在虚拟机主界面单击“控制面板”图标,如图 16-4 所示。再单击“网络和 Internet”链接,如图 16-5 所示,单击“查看网络状态和任务”,弹出如图 16-6 所示的窗口,单击 Ethernet0。

图 16-4　控制面板

图 16-5　网络和 Internet

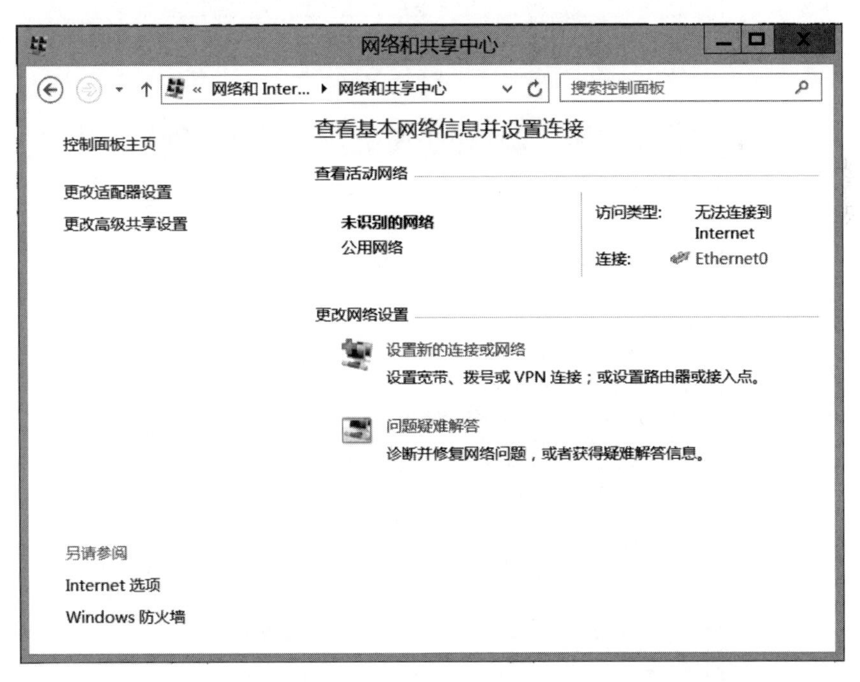

图 16-6　网络和共享中心

(4) 打开“Ethernet0 状态”对话框，单击“属性”按钮，如图 16-7 所示，打开“Ethernet0 属性”对话框，选中“Internet 协议版本 4(TCP/IPv4)”复选框，再单击“属性”按钮，如图 16-8 所示。

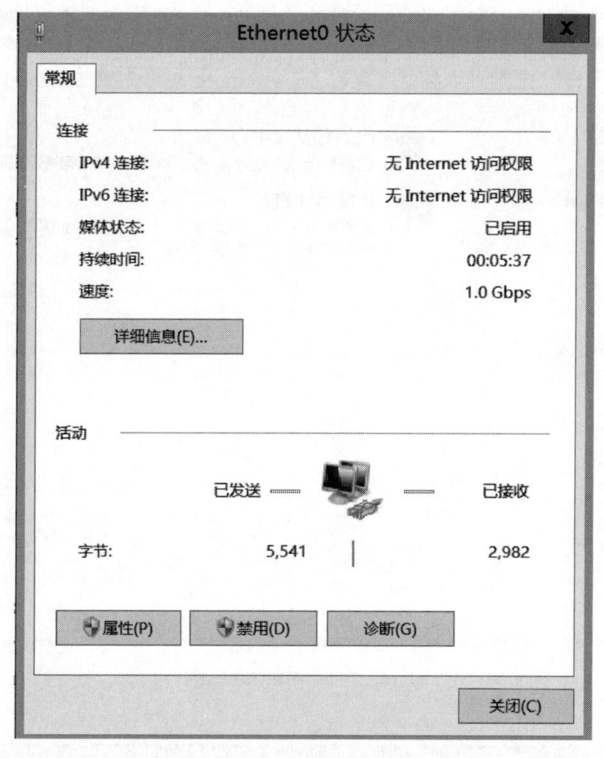

图 16-7 “Ethernet0 状态”对话框

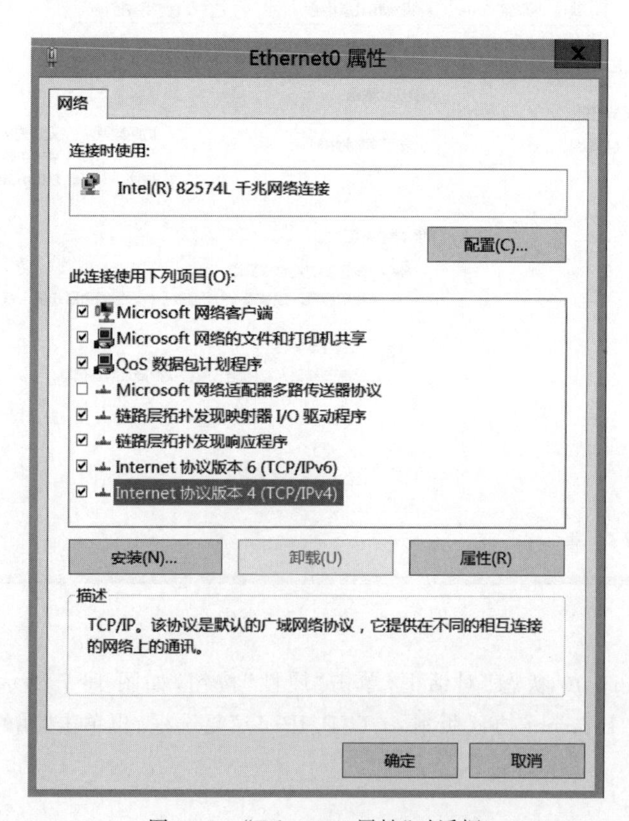

图 16-8 “Ethernet0 属性”对话框

(5) 打开“Internet 协议版本 4(TCP/IPv4)属性”对话框,选择“使用下面的 IP 地址”单选按钮,根据步骤(1)获得的信息填入 IP 地址、子网掩码、默认网关,选择“首选 DNS 服务器 IP 地址”单选按钮,图 16-9 为在主机 PC1 上需要输入的内容,图 16-10 为在客户机 PC2 上需要输入的内容,设置客户机的“首选 DNS 服务器”地址为 DNS 服务器主机 PC1 的 IP 地址。

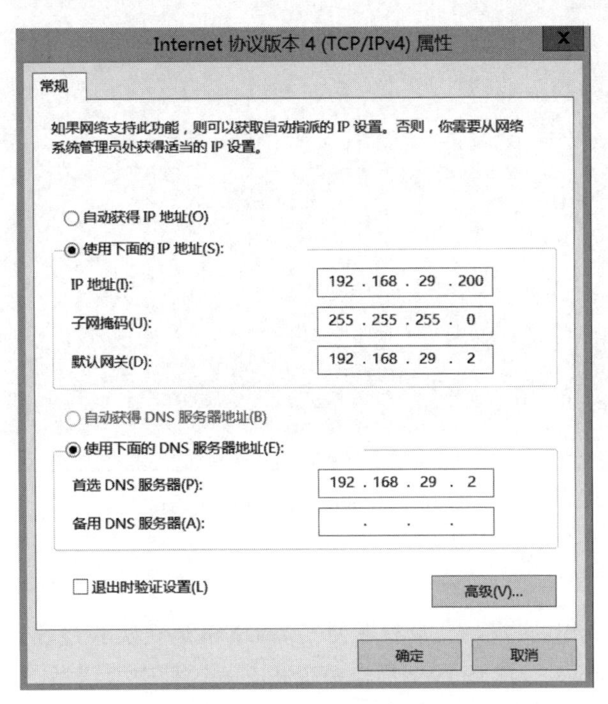

图 16-9　设置主机的 IP 地址

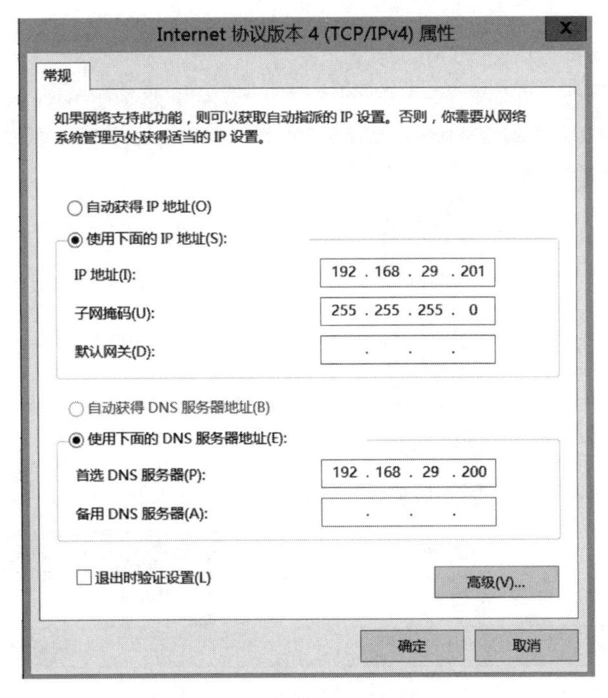

图 16-10　设置客户机的 IP 地址

(6) 在主机 PC1 上单击 Windows PowerShell,输入命令 ping www. baidu. com,启用网络服务,如图 16-11 所示。

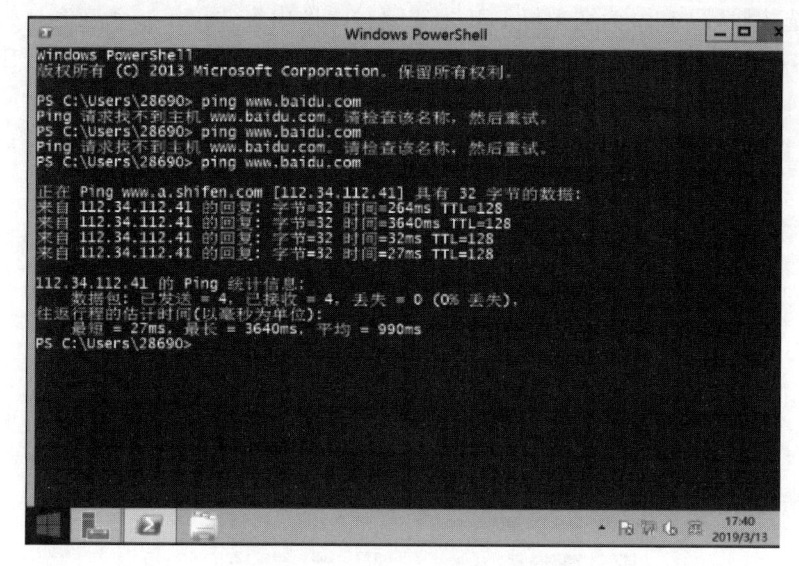

图 16-11　ping www. baidu. com

16.4.3　DNS 的安装

若在 16.4.2 节操作的过程中,没有顺便安装 DNS,那么实验过程中就需要再次手工安装 DNS。因为 Windows 2012 Server 操作系统在安装过程中,其默认设置不安装 DNS。

(1) 在主机 PC1 上,执行"开始"|"服务器管理"|"添加角色和功能"命令,如图 16-12 所示。

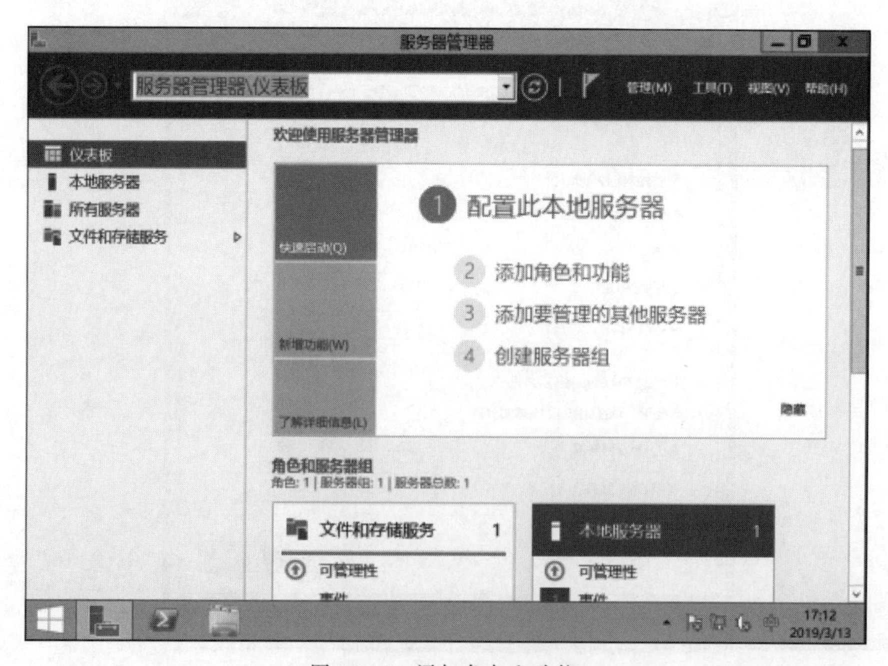

图 16-12　添加角色和功能

(2) 一直单击“下一步”按钮，直到服务器角色，如图 16-13 所示。

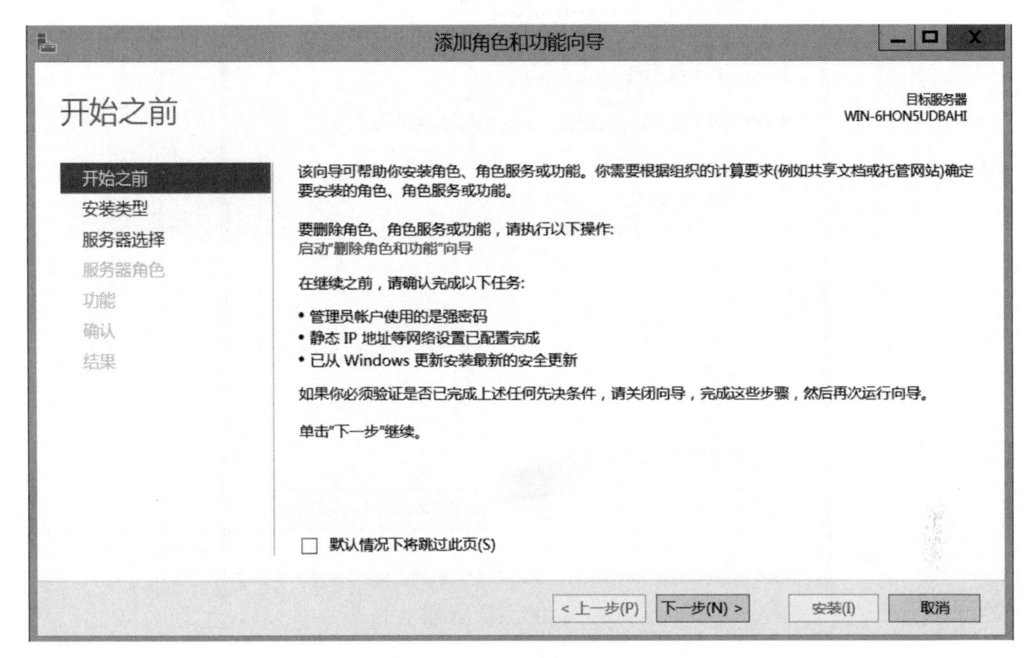

图 16-13　开始之前

(3) 在如图 16-14 所示窗口中选择“DNS 服务器”，弹出如图 16-15 所示的对话框，单击“添加功能”按钮。

图 16-14　选择“DNS 服务器”

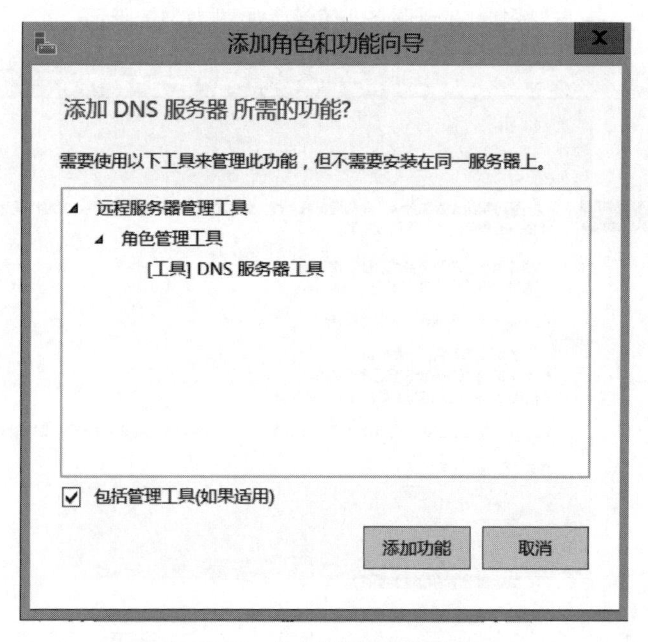

图 16-15 单击“添加功能”按钮

(4) 一直单击“下一步”按钮，直到确认，如图 16-16 所示，单击“安装”按钮。

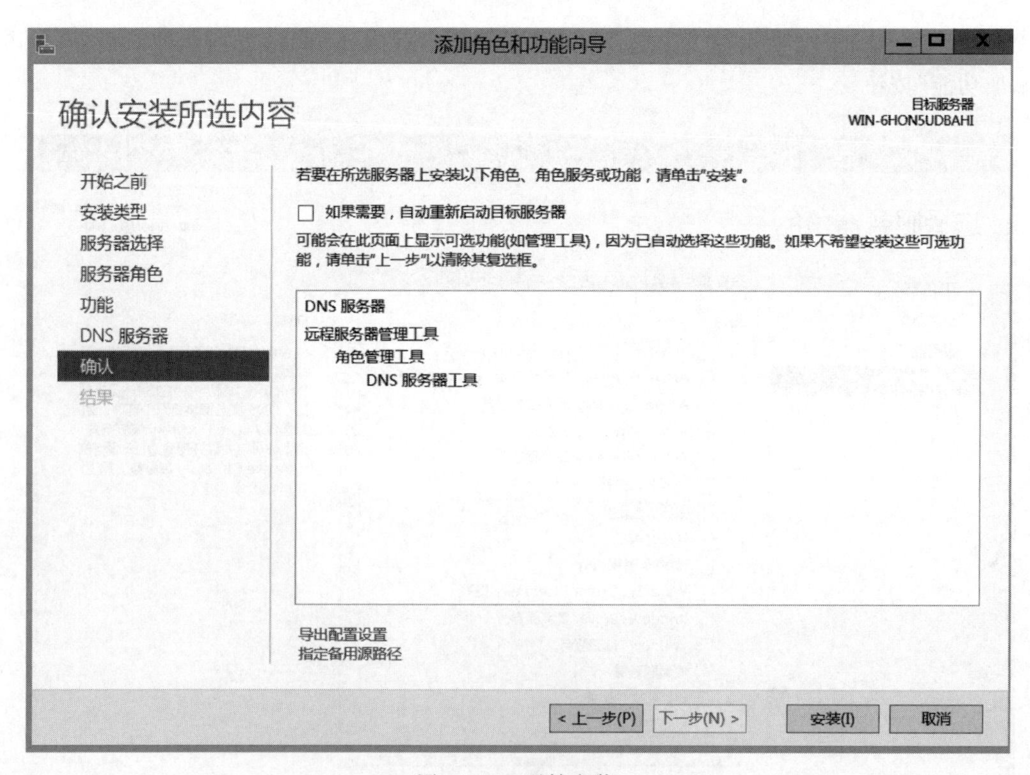

图 16-16 开始安装

(5) 安装成功后,左边出现 DNS,如图 16-17 所示。

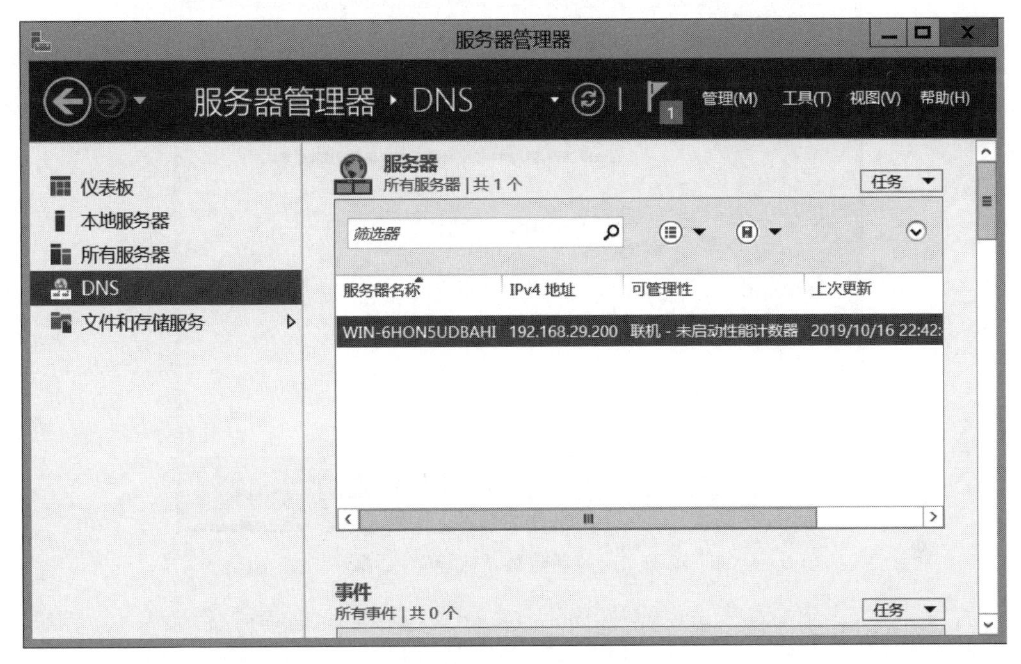

图 16-17 DNS 安装成功

1. 创建 bigdata 区域

(1) 执行"开始"|"服务器管理"| DNS 命令,右击 WIN-75BS6UQJ8HJ,打开"DNS 管理器"窗口,如图 16-18 所示。

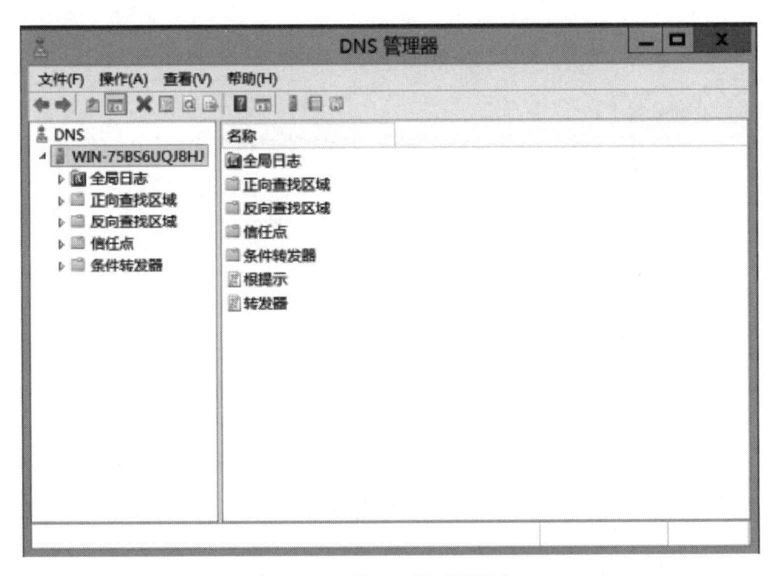

图 16-18 "DNS 管理器"窗口

(2) 右击"正向查找区域",在弹出的快捷菜单中选择"新建区域"命令,打开"新建区域向导"对话框,如图 16-19 所示,单击"下一步"按钮。

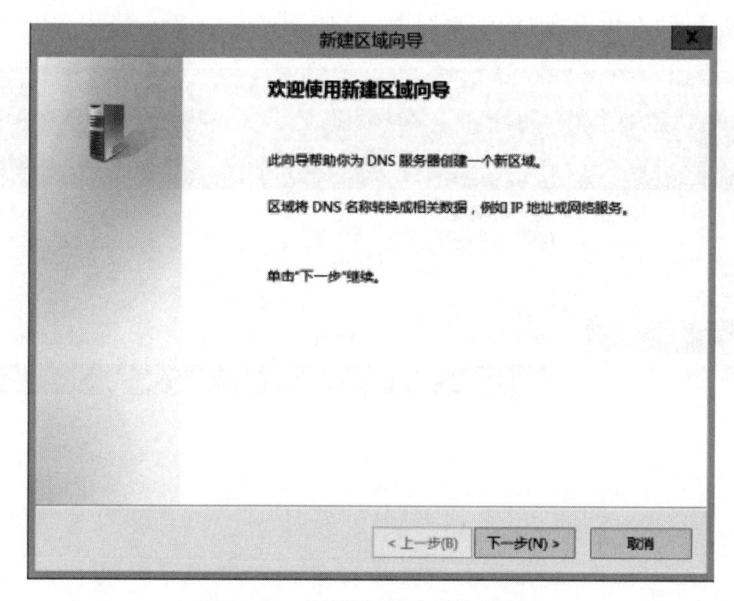

图 16-19 "新建区域向导"对话框

(3) 本 DNS 作为主域名服务器,如图 16-20 所示,单击"下一步"按钮。

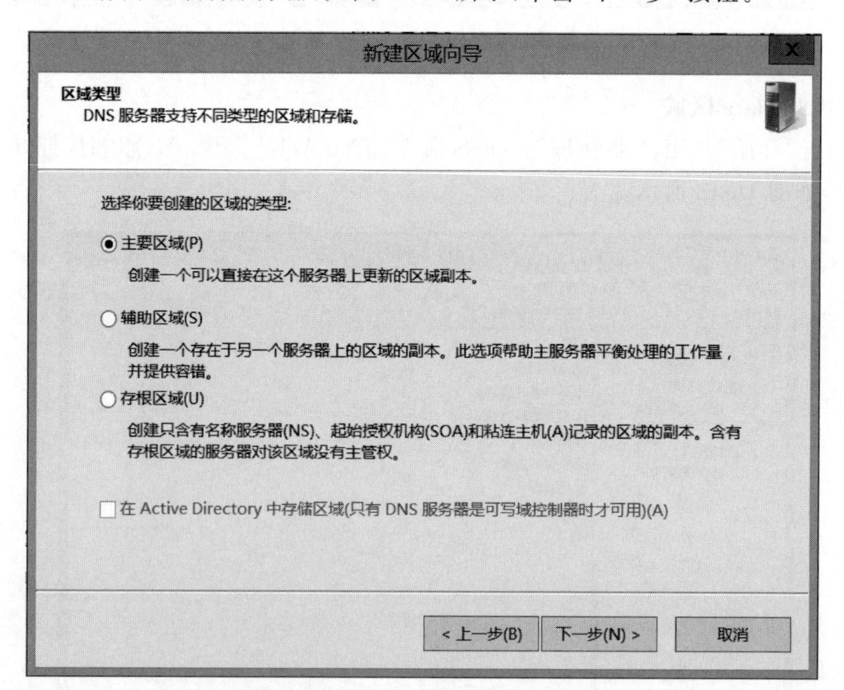

图 16-20 创建主区域

(4) 输入区域名称 bigdata,可以随意输入,如图 16-21 所示,单击"下一步"按钮。

(5) 创建新文件,文件名默认即可,如图 16-22 所示,单击"下一步"按钮。

(6) 选择"不允许动态更新"单选按钮,如图 16-23 所示,单击"下一步"按钮。

(7) 完成新建区域向导,如图 16-24 所示。

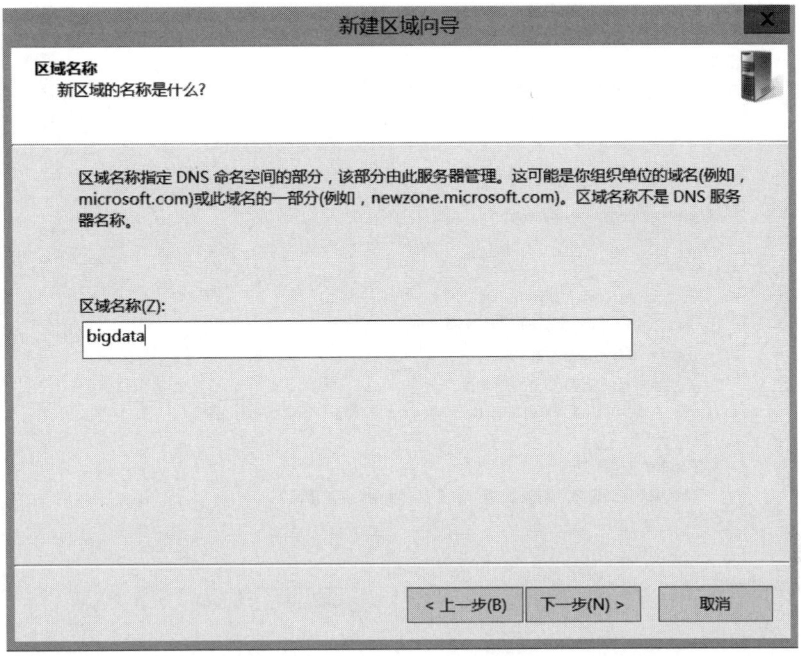

图 16-21　输入区域名称

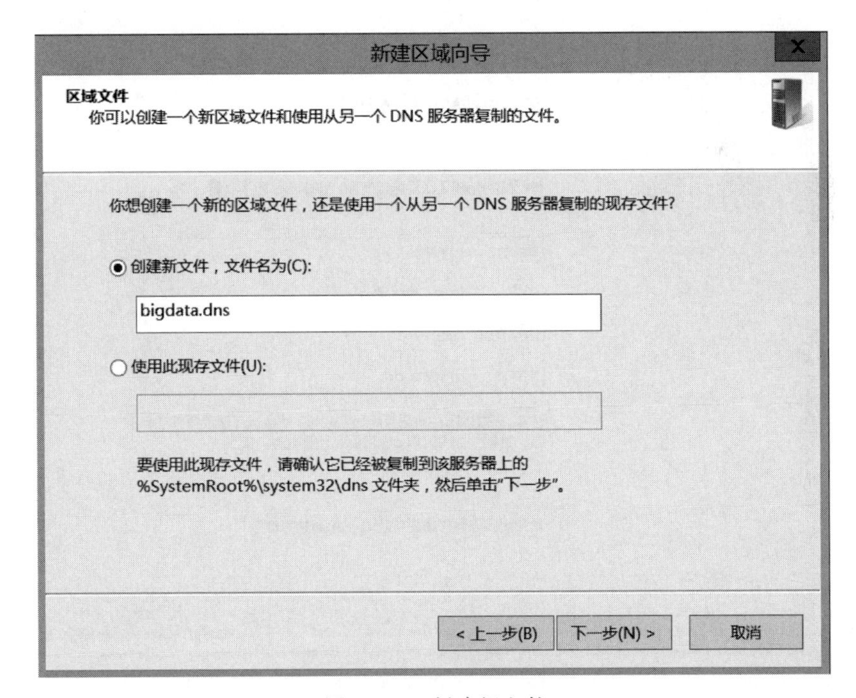

图 16-22　创建新文件

2. 创建记录

创建主机记录，即 A 记录，将主机名与 IP 地址联系起来。

(1) 右击 bigdata 域名，在弹出的快捷菜单中选择“新建主机”命令，在“新建主机”对话

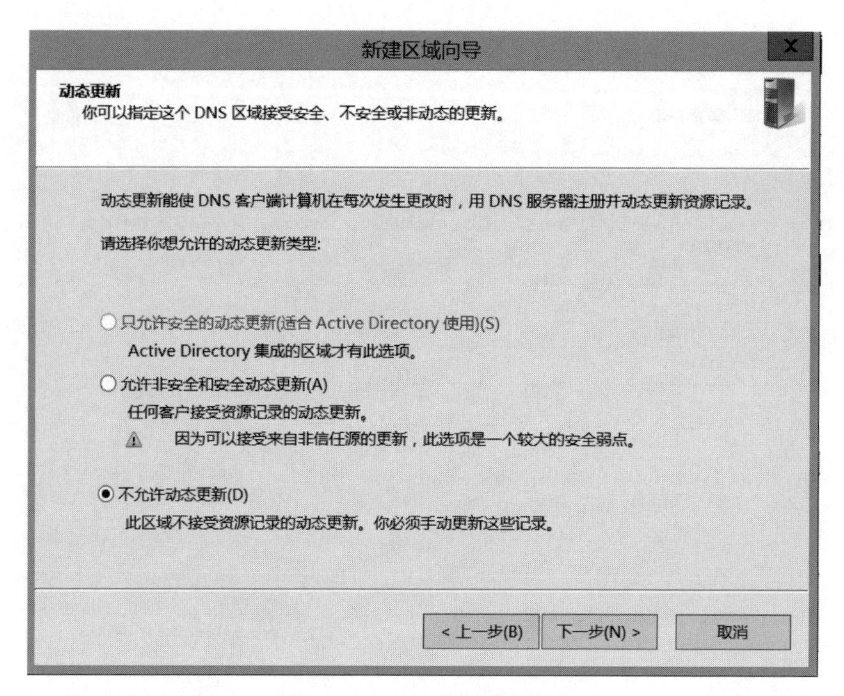

图 16-23　不允许动态更新

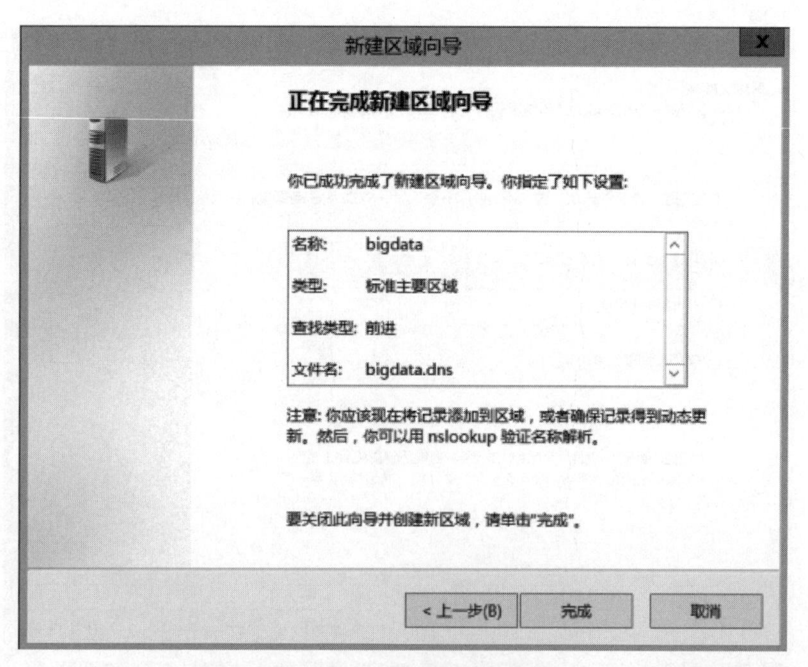

图 16-24　完成新建区域向导

框中输入名称 happy，域名可以自定义，IP 地址为 192.168.29.201，IP 地址填写客户机的 IP，如图 16-25 所示，然后单击“添加主机”按钮。

(2) 系统提示创建成功，单击“确定”按钮，如图 16-26 所示。

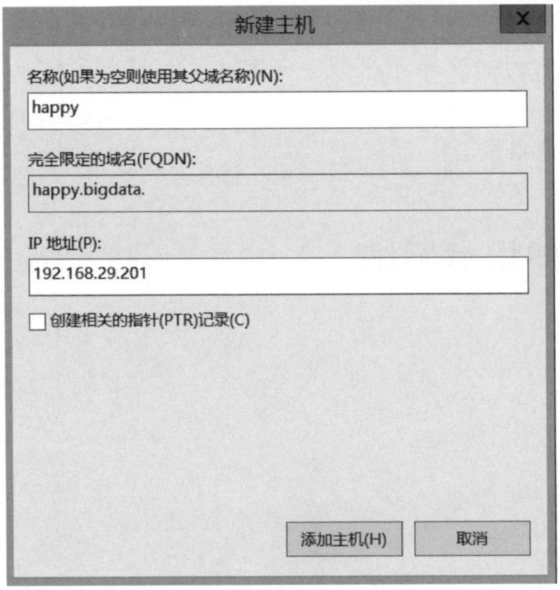

新建主机
名称(如果为空则使用其父域名称)(N):
happy
完全限定的域名(FQDN):
happy.bigdata.
IP 地址(P):
192.168.29.201
创建相关的指针(PTR)记录(C)
添加主机(H) 取消

图 16-25　创建 A 记录

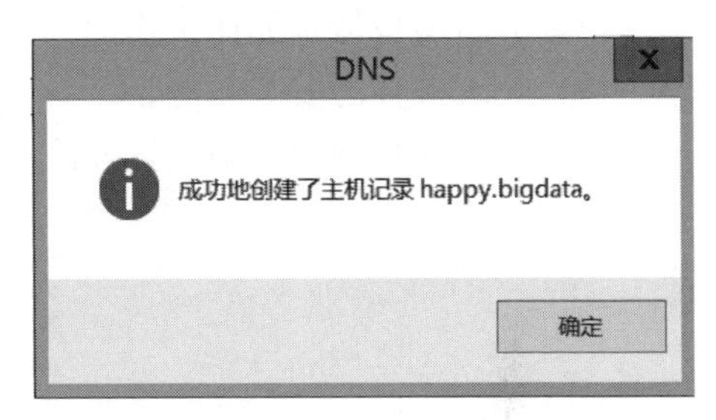

图 16-26　A 记录创建成功

16.4.4　DNS 的测试

在客户机 PC2 的 Windows Power Shell 上 ping happy. bigdata，如图 16-27 所示。

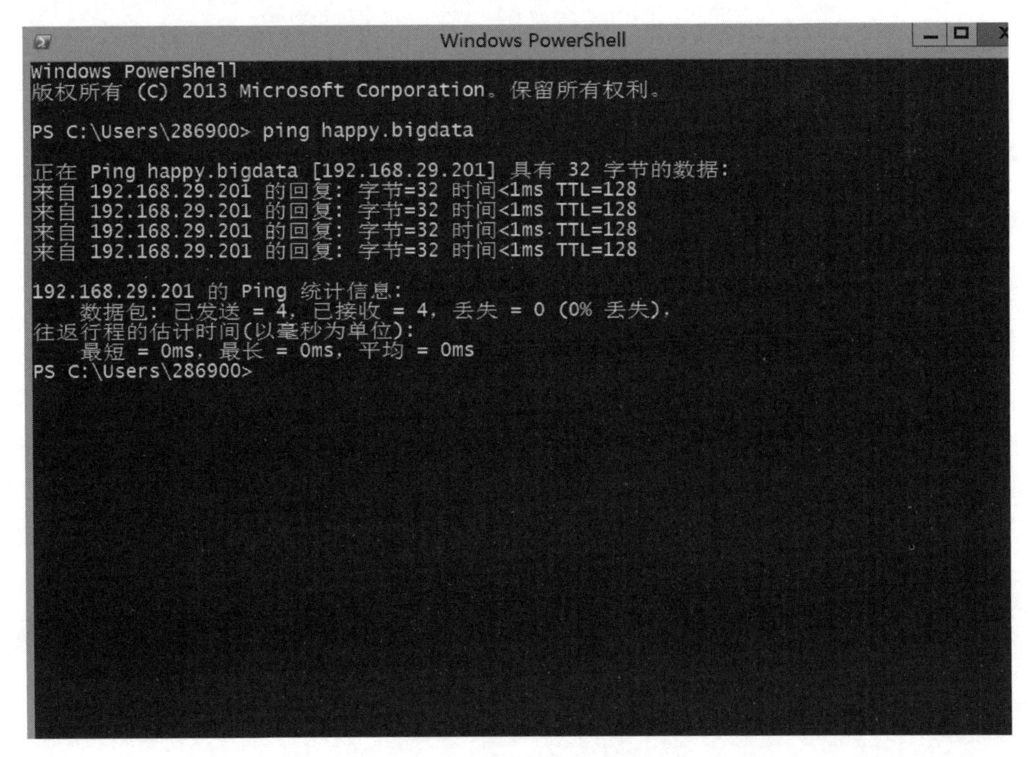

图 16-27　ping happy. bigdata

思考题：

(1) 若 DNS 服务器在某宽带路由器的内部局域网，那么宽带路由器外网的用户如何使用该 DNS 服务器呢？

(2) 是不是 DNS 服务器必须建立在虚拟机上？

16.5 知识点归纳

(1) DNS 服务器是如何工作的？

(2) DNS 服务的安装方法。

(3) DNS 服务器的正确配置方法。

实验 17 邮件服务器的配置与使用

电子邮件可以称得上20世纪最重要的发明之一。它的问世，让世界各地的人们可以更加方便快捷地交流。

电子邮件系统由邮件服务器和客户端两部分构成。其中，邮件服务器是该系统的核心。在本实验中，邮件服务器将显得不再神秘。本实验将引导大家自己动手配置一台邮件服务器，并通过该邮件服务器成功地向Internet上的电子邮箱发送邮件。

17.1 实验目的及要求

掌握在服务器版操作系统上配置邮件服务器的方法。

17.2 实验计划学时

本实验2学时完成。

17.3 实验器材

局域网中的计算机1台，VMware软件1套。

17.4 配置邮件服务器

声明：此软件仅供个人用于学习、研究，不得用于商业用途，如果喜欢，请向软件作者购买正版。

(1) 在虚拟系统上，执行"开始"|"服务器管理"|"添加角色与功能"命令，打开"添加角色和功能向导"窗口，如图17-1所示，单击"下一步"按钮。

(2) 选择"SMTP服务器"，将弹出"添加角色和功能向导"对话框，如图17-2所示，单击"添加功能"按钮，在弹出的对话框中再单击"下一步"按钮。

(3) 单击"安装"按钮，安装成功。

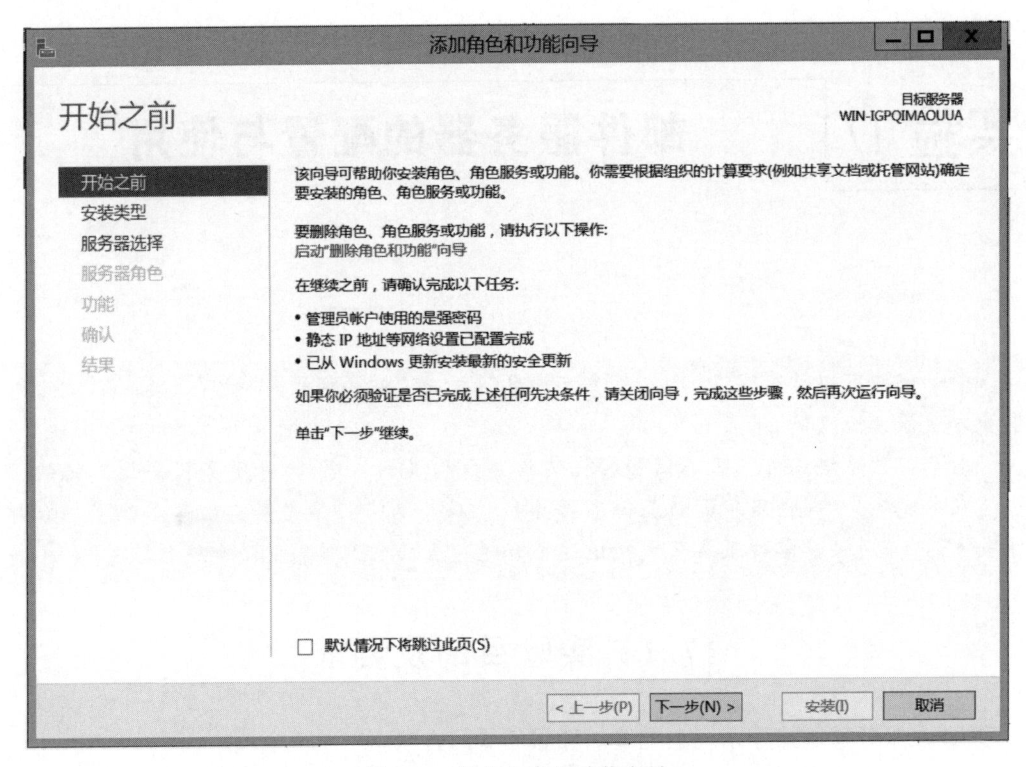

图 17-1　添加角色和功能向导

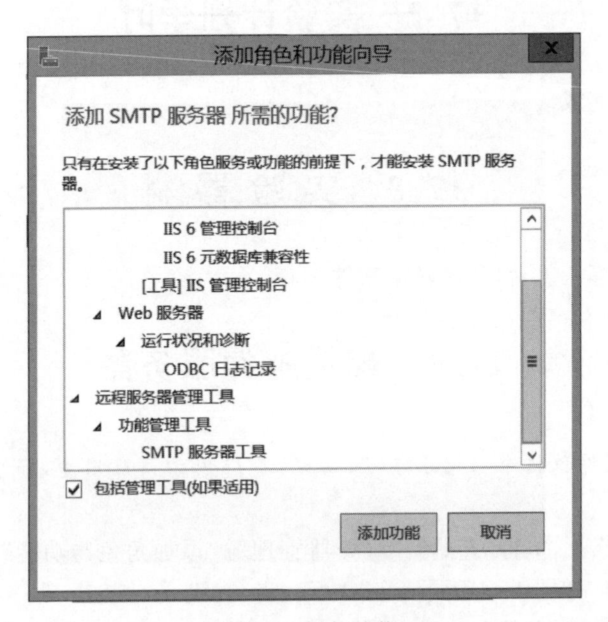

图 17-2　添加功能

(4) 在虚拟机的开始界面单击“放大镜”图标，如图 17-3 所示，输入 iis，选择“Internet Information Services(IIS)6.0 管理器”，如图 17-4 所示，弹出“用户账户控制”窗口，如图 17-5 所示，单击“是”按钮。

图 17-3　开始界面

图 17-4　搜索

(5) 在 Internet Information Services(IIS)6.0 管理器上，如图 17-6 所示，打开 WIN 目录，如图 17-7 所示，右击 SMTP Virtual Server 选项，选择“属性”选项。

(6) 选择“访问”|“中继”|“添加”选项，选择一台计算机，输入 IP 地址 127.0.0.1，如图 17-8 所示。单击“确定”按钮，关闭“中继限制”和 SMTP 窗口。

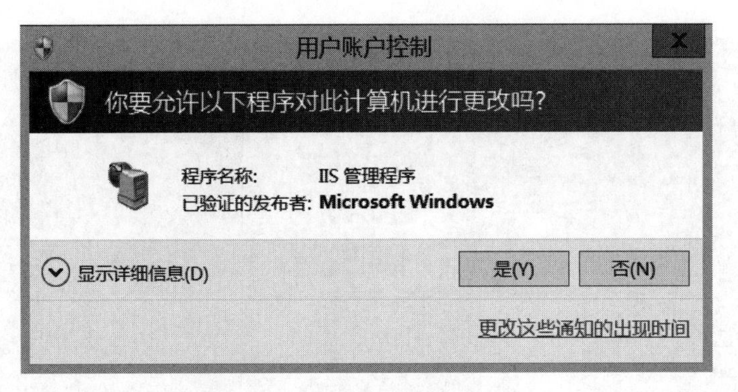

图 17-5 “用户账户控制”窗口

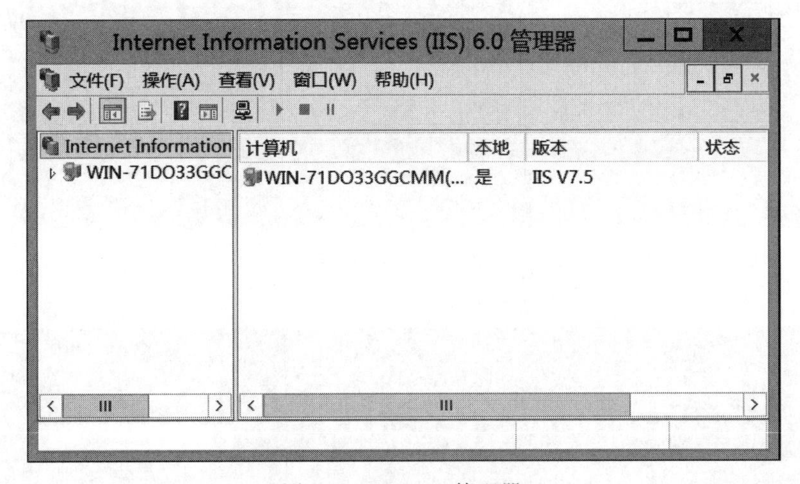

图 17-6 IIS 6.0 管理器

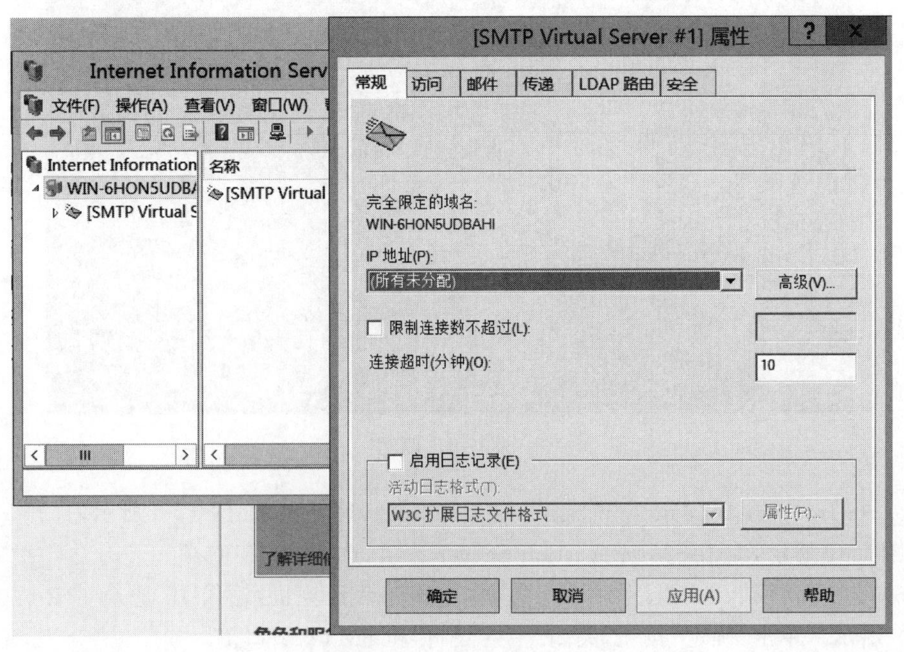

图 17-7 SMTP 属性

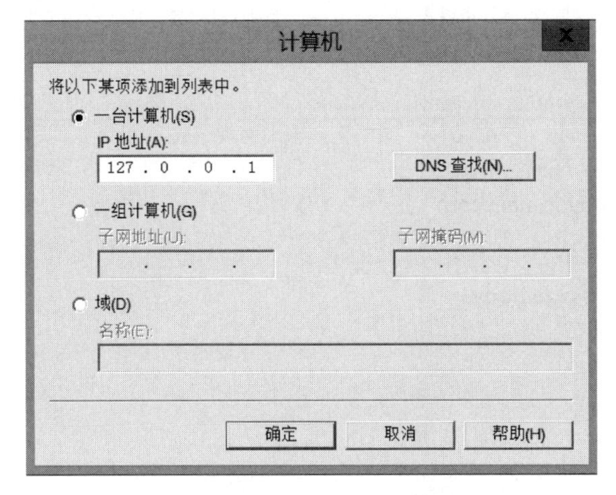

图 17-8　配置 SMTP 服务器

(7) 右击 SMTP，选择“停止”命令，再选择“启动”命令，如图 17-9 所示。

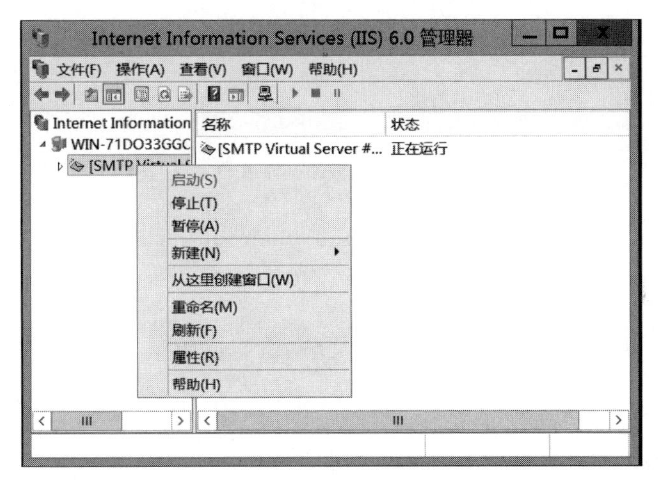

图 17-9　“停止”“启动”SMTP

(8) 打开虚拟机 C 盘中的文件 c:\inetpub\mailroot\Pickup，如图 17-10 所示。

图 17-10　打开文件夹

(9) 在计算机上新建文本文件,输入文件中的内容,To 后面为接收邮件的地址,如图 17-11 所示。

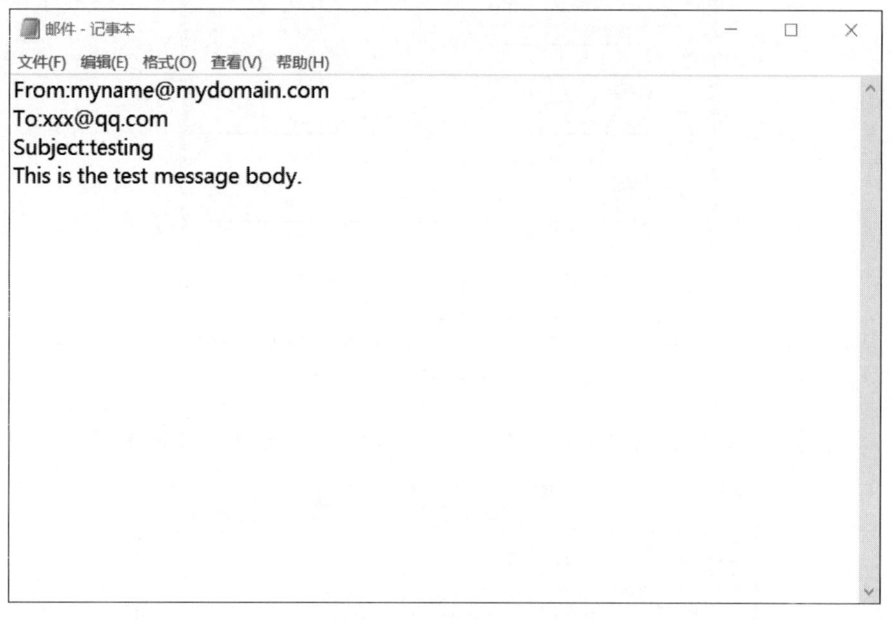

图 17-11 新建文本文件

(10) 将新建的文本文件夹拖入 c:\inetpub\mailroot\Pickup 文件夹,弹出"目标文件夹访问被拒绝"窗口,如图 17-12 所示,单击"继续"按钮。

图 17-12 "目标文件夹访问被拒绝"窗口

(11) 打开接收邮件的邮箱,就会发现已收到发出的邮件,如图 17-13 所示。

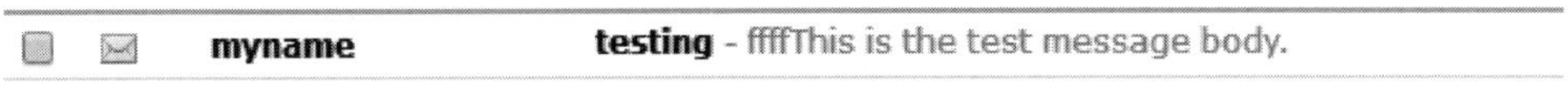

myname　testing - ffffThis is the test message body.

图 17-13　接收邮件

声明:请务必遵守我国法律法规,不得任意伪造他人邮件地址从事不法活动,否则由公安机关追究其法律责任!

思考题:

(1) 若没有 DNS,能不能搭建邮件服务器?

(2) 如果不用 IIS 自带的邮件服务器功能,如何搭建新的邮件服务器呢?

17.5　知识点归纳

(1) 邮件服务器如何配置?

(2) 发送电子邮件的指令格式。

专业篇

专业篇重点讲述的是三种常见专业交换机的基本配置方法。这些交换机均是校园网组网中的重要设备。与常见的普通交换机相比,能够编程控制甚至具有三层交换功能是这些交换机的最大特点。

本篇介绍由浅入深、循序渐进,对这些交换机的功能与配置逐步进行展示。当然,每种交换机的配置手册有数百页之多,限于篇幅,只能对一些基本操作和主要功能进行简单演示。

此外,本篇还简单介绍 Boson NetSim 和 Cisco Packet Tracer 两款仿真软件的使用。通过仿真软件,可以模拟出多台路由器、交换机等网络设备。这对于学习路由器、交换机的配置十分有用。

通过前面初、中、高三篇知识的铺垫和本篇的学习,可以发现,一位博学的、专业的应用型网络工程师正在成长、成熟!

实验18 uHammer1024E交换机的配置

交换机作为OSI的第二层设备，能否通过控制其端口，进而控制连接在该端口的计算机的网络连接状态？连接在同一交换机下的所有计算机能否不用路由器就能组建自己可控范围的高安全性的局域网？

对于第一个问题，常见的普通交换机显然不具有这个功能。它的每个端口的状态不能独立控制。对于第二个问题，可以采用配置子网掩码的方式来组建自己的局域网。然而这种方法安全性不高。但是，通过专业交换机，可以很好地解决这些问题。

18.1 实验目的及要求

掌握利用PC访问专业交换机uHammer1024E的方法，了解最基本的端口管理命令，能够通过配置交换机端口的方法组建VLAN。

18.2 实验计划学时

本实验2学时完成。

18.3 实验器材

uHammer1024E型交换机1台，RJ-45串口电缆1根，计算机4台及直通线若干。

18.4 实验内容

18.4.1 认识uHammer1024E交换机

uHammer1024E快速以太网交换机是港湾网络有限公司推出的一款性能卓越功能多样的工作组级交换机，提供中小密度的局域网端口，以满足中小企业各个分支机构和部门建网的要求。另外，它也可以为智能小区或写字楼接入提供安全的网络访问和灵活的网络管理。

uHammer1024E是一款专业交换机，具有地址表操作功能，它的每个端口都具有可控性，可以很方便地任意组建自己的虚拟局域网(VLAN)。

18.4.2 交换机的访问

(1) 将 RJ-45 串口电缆一端连接到交换机 RJ-45 插槽,另一端连接至 PC 的串口。

(2) 执行“开始”|“程序”|“附件”|“通讯”|“超级终端”命令,打开“连接描述”对话框,输入新建连接的名称,如 uHammer1024E,如图 18-1 所示,单击“确定”按钮。

(3) 打开“连接到”对话框,在“连接时使用”下拉列表中选择 COM1 选项,如图 18-2 所示,然后单击“确定”按钮。

图 18-1 “连接描述”对话框

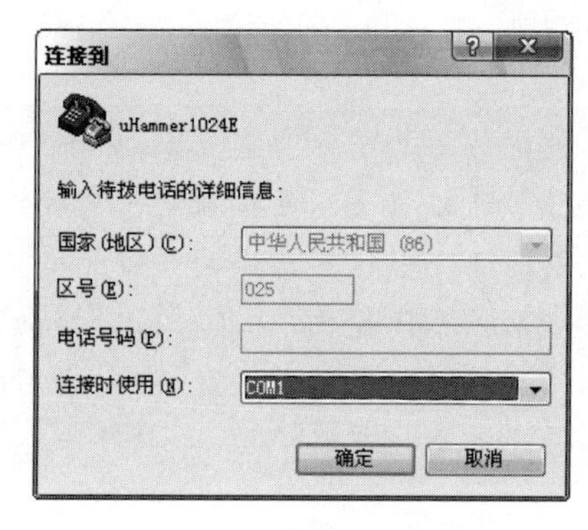

图 18-2 “连接到”对话框

(4) 在“COM1 属性”对话框中对 COM1 进行端口设置。此处单击“还原为默认值”按钮即可,如图 18-3 所示。然后单击“确定”按钮。

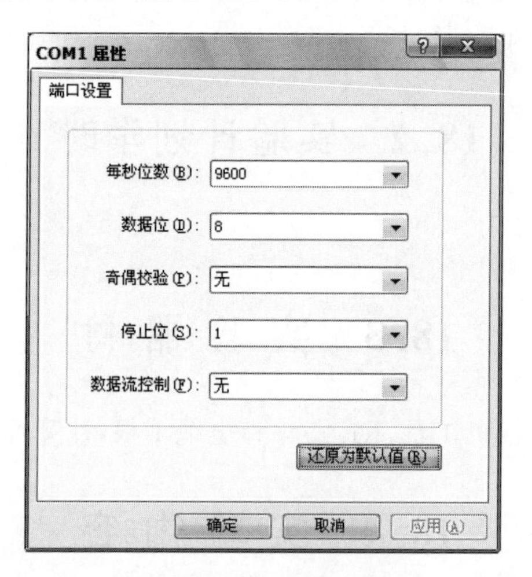

图 18-3 COM1 端口设置

(5) 打开交换机背后的电源,交换机通电,开始自检。自检结束后,超级终端命令窗口出现欢迎界面,如图 18-4 所示。

(6) 按回车键,系统提示登录。用户名为 admin,密码为 harbour,其他均为系统默认值。

成功登录之后,出现 uHammer1024E(Config)# 命令提示符。uHammer1024E 表示当前交换机的名字,Config 表示当前状态为配置模式。用户输入的命令都在#号提示符之后,命令不区分大小写。

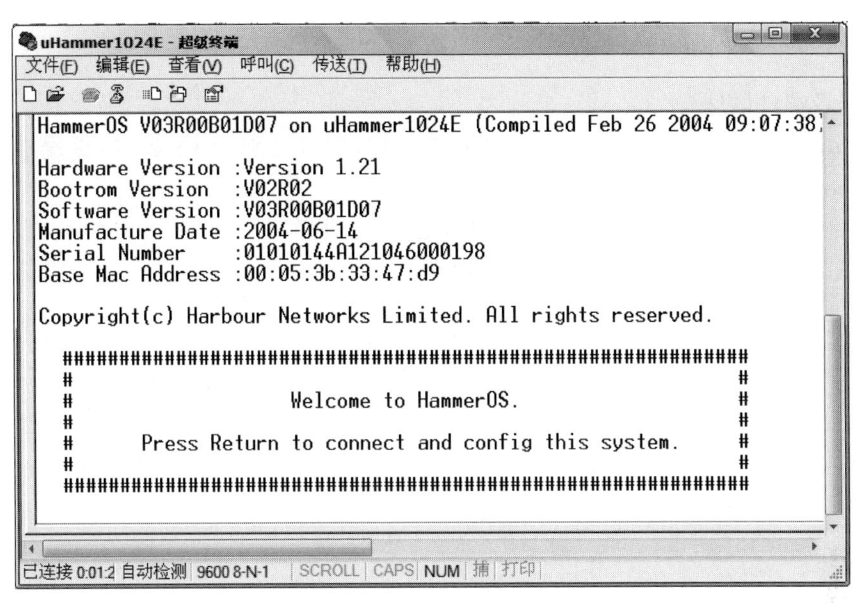

图 18-4　交换机自检后的欢迎界面

18.4.3　系统配置

1. 查看系统信息

输入命令 show sys-info，将显示当前系统信息，如图 18-5 所示。

2. 设置空间等待时间

空闲等待时间(Idle Time)默认值为 300s，表示用户若 300s 没有对系统进行操作，那么该用户将被自动注销，下次使用时需要再次输入用户名和密码。

输入命令 idle_time 2000，将空闲等待时间设置为 2000s。

3. 设置交换机名称

将交换机默认名称 uHammer1024E 修改为 myhammerswitch_1。

输入命令 hostname myhammerswitch_1。

经过前面的设置之后，再次用 show sys-info 命令查看系统信息，如图 18-6 所示。注意前后两次对比。

```
uHammer1024E(Config)#show sys-info
Local User          : admin
Local Password      : harbour
Uplink Port         : 1
Idle Time           : 300
H.Link Status       : Running
H.Link User         : user
H.Link Password     : user
H.Link DeviceName   : 00053b3347d9
```

图 18-5　查看系统信息

```
myhammerswitch_1#show sys-info
Local User          : admin
Local Password      : harbour
Uplink Port         : 1
Idle Time           :2000
H.Link Status       : Running
H.Link User         : user
H.Link Password     : user
H.Link DeviceName   : 00053b3347d9
```

图 18-6　再次查看系统信息

18.4.4 端口设置

1. 查看端口信息

uHammer1024E 交换机共有 24 个 RJ-45 端口,编号分别为 1～24,查看端口信息命令为 show port [Port list]。

输入命令 show port 3,显示 3 号端口配置信息,如图 18-7 所示。其中端口状态(Port state)为 Enabled,表示此端口能够进行数据交换。

```
----------------------- Port3 -----------------------
Link state          :Up             Port state       :Enabled
AutoNegotiation     :Enabled        Speed            :100BaseTX
Duplex              :Full           FlowControl      :Disabled
Auto－capability    :100Mbps
```

图 18-7　显示 3 号端口状态

2. 端口的启用与禁用

禁用端口命令：config port [Port list] disable。

启用端口命令：config port [Port list] enable。

(1) 将当前使用计算机定义为 PC1,IP 地址为 192.168.1.2/24,接交换机 2 号端口；再将另外一台计算机定义为 PC2,IP 地址为 192.168.1.3/24,接交换机 3 号端口。

(2) 在 PC1 上打开 cmd 命令窗口,ping PC2 的 IP 地址,发现可以 ping 通,表明 PC1 和 PC2 连接正常。

(3) 在 PC1 上,通过超级终端输入交换机配置命令 config port 3 disable,将 Port 3 禁用。

(4) 再次重复步骤(2),发现 PC1 无法 ping 通 PC2。

(5) 在 PC1 上,通过超级终端输入交换机配置命令 config port 3 enable,将 Port 3 启用。

(6) 重复步骤(2),发现 PC1 又能够 ping 通 PC2。

以上操作表明,专业交换机的端口具有可控性,便于进行网络管理。而常见的家用交换机无此功能。此外,感兴趣的读者还可以对端口传输速率、传输模式等进行配置,具体操作可查相关手册。

18.4.5 虚拟局域网(VLAN)相关配置

1. 查看本交换机的所有 VLAN

输入命令 show vlan,该命令将显示本交换机所有的 VLAN 信息。

2. 创建一个新的 VLAN

输入命令 create vlan market,该命令创建一个名称为 market 的 VLAN。

3. 给指定 VLAN 分配端口

输入命令 config vlan market add port 1,2,3,4。该命令给 market 分配 4 个端口,分别是端口 1、2、3、4。

4. 删除 VLAN 中的部分端口

输入命令 config vlan market delete port 4。该命令删除 market 中的 4 号端口，那么 market 中就只剩下 3 个端口了，即 1～3 端口。

5. 删除指定名称的 VLAN

输入命令 delete vlan market。该命令删除名称为 market 的 VLAN。

18.4.6 VLAN 特性综合实验

(1) 输入命令 delete vlan，删除本机所有 VLAN。此时，24 个端口将同处 1 个名称为 default 的 VLAN 中。

(2) 2 号端口接 PC1，IP 地址为 192.168.1.2/24；3 号端口接 PC2，IP 地址为 192.168.1.3/24；8 号端口接 PC3，IP 地址为 192.168.1.8/24；9 号端口接 PC4，IP 地址为 192.168.1.9/24。

(3) 用 ping 命令进行测试，发现上述 4 台计算机可以相互 ping 通，表明这 4 台计算机处于同一个局域网。

(4) 输入命令 create vlan market，创建名称为 market 的 VLAN。

输入命令 create vlan personnel，创建名称为 personnel 的 VLAN。

(5) 输入命令 config vlan market add port 2,3，将端口 2 和 3 添加到 market 下。

输入命令 config vlan personnel add port 8,9，将端口 8 和 9 添加到 personnel 下。

(6) 用 ping 命令测试，发现 PC1 和 PC2 能相互 ping 通，PC3 和 PC4 能相互 ping 通，但是 PC1 和 PC2 均无法 ping 通 PC3 和 PC4，而 PC3 和 PC4 也不能 ping 通 PC1 和 PC2。

(7) 输入命令 show vlan，查看交换机所有 VLAN，如图 18-8 所示。

```
myHammerSwich_1(Config)#show vlan
VLAN  : default
Ports  : 1(U),4,5,6,7,10,11,12,13,14,15,16,17,18,19,20,21,22,23,24,25(NC),26(NC)
MAC   : 00:05:3b:33:47:d9
VLAN  : market
Ports  : 2,3
MAC   : 00:05:3b:33:47:d9
VLAN  : personnel
Ports  : 8,9
MAC   : 00:05:3b:33:47:d9
```

图 18-8　显示交换机所有 VLAN 信息

通过专业交换机配置 VLAN 非常简捷方便，同一个 VLAN 内的所有 PC 就像在同一个局域网一样，可以直接相互通信和资源共享；不同 VLAN 内的 PC 无法直接通信(即使 IP 地址均为 192.168.1.X/24)。这就在最大程度上保障了 VLAN 内用户数据的安全性。

思考题：

(1) 本实验为什么可以用 ping 命令来检测两台机器是否在同一个局域网？你可以 ping 通 www.baidu.com，难道你的计算机和百度的 Web 服务器也在同一个局域网吗？

(2) 既然不同 VLAN 内的计算机无法通信，那么怎么才能够使它们之间可以相互通信？

18.5 知识点归纳

(1) 如何查看交换机系统信息、修改空闲等待时间和交换机名称？

(2) 如何查看端口配置情况？如何启用和禁用某一端口？

(3) VLAN 的相关配置命令。

实验19 FlexHammer24 交换机的配置

在实验18中曾提到,同一个VLAN内的计算机之间是可以相互通信的,不同VLAN的计算机之间无法做到相互通信。假如要求不同VLAN的计算机必须能够通信,那么应该如何操作呢?

答案很简单,那就是需要在不同VLAN之间增加路由。uHammer1024E是工作在OSI第二层的交换机,不具有路由功能。本次实验,我们将使用具有路由功能的三层交换机。

19.1 实验目的及要求

了解访问FlexHammer24交换机的方法,掌握其VLAN配置方法,掌握VLAN之间的路由以及SuperVLAN的配置。

19.2 实验计划学时

本实验2学时完成。

19.3 实验器材

FlexHammer24型交换机1台,RJ-45串口电缆1根,计算机4台及直通线若干。

19.4 实验内容

19.4.1 认识FlexHammer24交换机

FlexHammer24是北京港湾网络有限公司基于成熟的以太网ASIC技术和自主研发的HammerOS操作系统,在充分吸取业界三层交换技术成果的基础上开发的智能多层交换机。在具备传统三层交换机容量大、高速转发性能优点的同时,FlexHammer24增加了完善的运营、管理等电信级特性,能提供IEEE 802.1x认证手段和计费、带宽控制、地址防假冒和SuperVlan等功能,支持PPPoE、Web认证,从而满足电信级以太网接入的要求。

19.4.2 访问交换机的方式

1. 通过超级终端访问

通过超级终端访问 FlexHammer24 交换机与实验 18 中访问 uHammer1024E 的方法相同,本实验将不再赘述。当交换机通电自检后,超级终端上就会出现如图 19-1 所示欢迎界面。

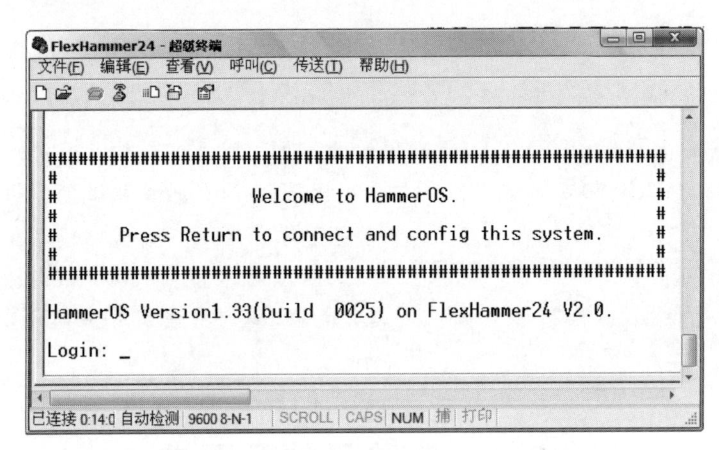

图 19-1 FlexHammer24 交换机欢迎界面

(1) 输入用户名 admin。

(2) 输入默认密码 harbour,交换机进入普通模式。普通模式只能查看相关信息,无法对交换机进行配置。

(3) 输入命令 enable,准备进入配置模式。

(4) 输入配置模式用户名 admin。

(5) 输入配置模式默认密码 harbour,登录成功。

2. 通过 Web 访问

若要通过 Web 方式对交换机进行访问,首先必须对交换机内名为 default 的 VLAN 配置一个 IP 地址,接下来才可以在 IE 中输入 IP 地址来访问。

(1) 重复本节 1 中的操作,进入配置模式。

(2) 输入命令 service webserver enable,开启 Web 服务。

(3) 输入命令 show services,查看 Web 服务是否开启。

(4) 输入命令 config vlan default ipaddress 192.168.1.100/24,将 default 的 IP 地址设置为 192.168.1.100。

(4) 将 1 台 PC 的网卡和交换机的任意端口用直通线相连。

(5) 打开 IE,在地址栏输入 http://192.168.1.100,即可对交换机进行 Web 管理,如图 19-2 所示。

3. 通过 telnet 访问

FlexHammer24 交换机支持 telnet 访问方式。和 Web 访问一样,必须首先对交换机内名为 default 的 VLAN 配置一个 IP 地址。

(1) 重复本节 1 中的操作,进入配置模式。

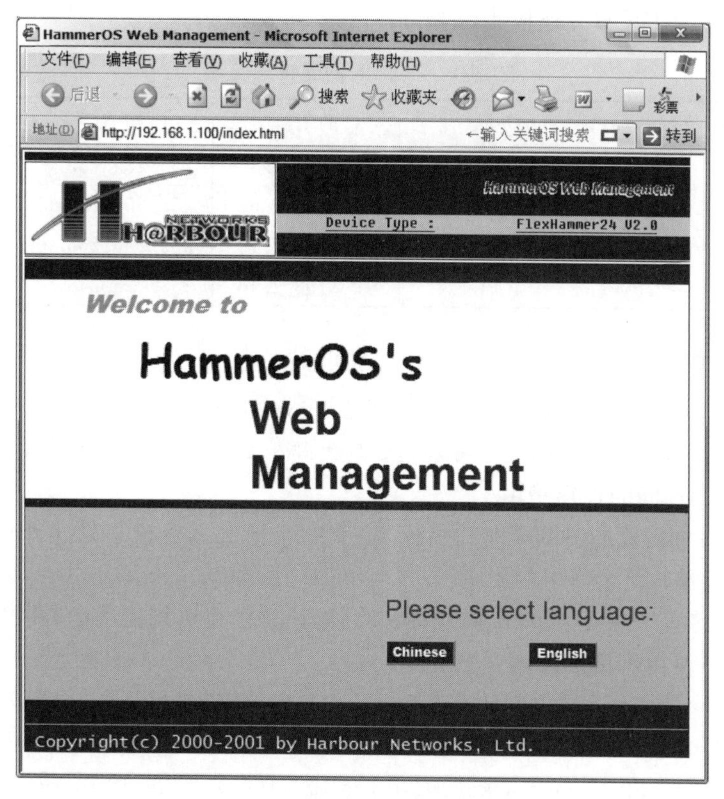

图 19-2　交换机 Web 管理的首页

(2) 输入命令 service telnet enable，开启 telnet 服务。

(3) 输入命令 show services，查看 telnet 服务是否开启。

(4) 输入命令 config vlan default ipaddress 192.168.1.100/24，将 default 的 IP 地址设置为 192.168.1.100。

(5) 将 1 台 PC 的网卡和交换机的任意端口用直通线相连。

(6) 打开 PC 的命令提示符窗口，输入命令 telnet 192.168.1.100，输入用户名和密码后即可对交换机进行配置，如图 19-3 所示。

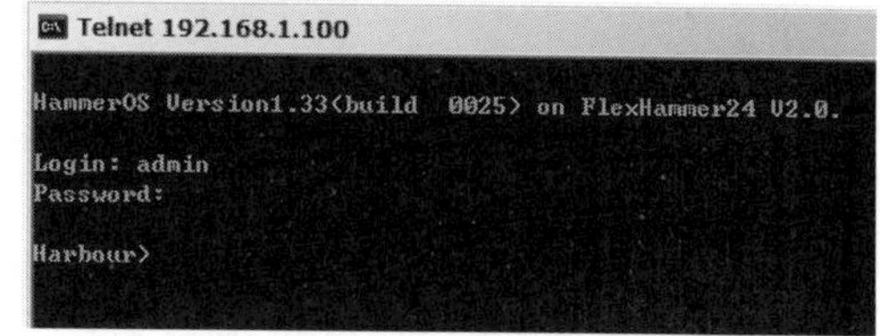

图 19-3　通过 telnet 访问交换机

19.4.3　交换机的 VLAN 配置

1. 创建 VLAN

(1) 输入命令 create vlan market，创建 1 个名称为 market 的 VLAN。

(2) 输入命令 config vlan market add port 15-16 untagged，给 market 分配两个端口，分别是 15 号和 16 号，端口类型为 untagged。

(3) 输入命令 create vlan personnel，再创建 1 个名称为 personnel 的 VLAN。

(4) 输入命令 config vlan personnel add port 5-6 untagged，给 personnel 分配两个端口，分别是 5 号和 6 号，端口类型为 untagged。

(5) 按照表19-1设置并连接4台PC。

表19-1　4台PC的连接与设置

VLAN	交换机端口	PC	PC的IP地址	子网掩码	默认网关
personnel	5	PC1	192.168.1.5	255.255.255.0	192.168.1.1
	6	PC2	192.168.1.6	255.255.255.0	192.168.1.1
market	15	PC3	192.168.1.15	255.255.255.0	192.168.1.1
	16	PC4	192.168.1.16	255.255.255.0	192.168.1.1

(6) 4台计算机尝试互ping和通过网上邻居互访。

提示： *同一VLAN内的计算机可以相互ping通，也可以通过网上邻居互访。不同VLAN内的计算机无法ping通，也不可以通过网上邻居互访。这是由VLAN性质所决定的。*

2. 配置VLAN间的直连路由

VLAN是一种高效的组网策略，它将一个大的广播域划分成了若干小的广播域，有效地避免了广播风暴对整个网络的影响。

但是，经过前面的配置，发现不同VLAN内的计算机无法相互通信，其根本原因是各个VLAN之间没有可以利用的路由。

下面来配置不同VLAN之间的直连路由。VLAN能够被路由的前提是各个VLAN需要配置不同网段的IP地址。这个IP地址既是该VLAN的路由地址，也是网关地址。

(1) 输入命令config vlan market ipaddress 192.168.2.1/24，给market配置的IP地址为192.168.2.1/24。

(2) 输入命令config vlan personnel ipaddress 192.168.3.1/24，给personnel配置的IP地址为192.168.3.1/24。

(3) 输入命令show vlan market，查看market的信息，如图19-4所示。

(4) 输入命令show vlan personnel，查看personnel的信息，如图19-5所示。

```
VLAN ID          : 2046
Name             : market
VLAN Type        : Normal
IP Address       : 192.168.2.1/24
Mac address      : 00:05:3b:04:41:40
Tagged Ports     :
Untagged Ports   : 15 16
```

图19-4　market详细信息

```
VLAN ID          : 2045
Name             : personnel
VLAN Type        : Normal
IP Address       : 192.168.3.1/24
Mac address      : 00:05:3b:04:41:40
Tagged Ports     :
Untagged Ports   : 5 6
```

图19-5　personnel详细信息

(5) 输入命令show ip route，查看路由表信息，如图19-6所示。在路由表中，发现已经存在了两条直连路由。这是由于给VLAN分配了IP地址后，交换机就自动创建了相关的直连路由。若没有这两条直连路由，可以手动创建这两条直连路由。创建直连路由的命令如下：

```
ip route 192.168.2.1/24 vlan market
ip route 192.168.3.1/24 vlan personnel
```

```
Harbour(config) #  show ip route
Codes: C-connected, S-static, R-RIP, O-OSPF, B-BGP, D-EIGRP,
          >-Selected route,  * -Selected nexthop
C>*  192.168.2.1/24 is directly connected, market
C>*  192.168.3.1/24 is directly connected, personnel
```

图 19-6　路由表详细信息

(6) 按照表 19-2,重新设置 4 台 PC 的 IP 地址。

表 19-2　重新设置 4 台 PC 的 IP 地址

VLAN	交换机端口	PC	PC 的 IP 地址	子 网 掩 码	默 认 网 关
personnel	5	PC1	192.168.3.5	255.255.255.0	192.168.3.1
	6	PC2	192.168.3.6	255.255.255.0	192.168.3.1
market	15	PC3	192.168.2.15	255.255.255.0	192.168.2.1
	16	PC4	192.168.2.16	255.255.255.0	192.168.2.1

(7) 互连测试。

通过网上邻居,发现 PC1 和 PC2 在一个局域网,PC3 和 PC4 在一个局域网。

在 PC3 上 ping PC1 的 IP 地址,结果可以 ping 通,TTL 减少 1,如图 19-7 所示,这表明经过一次路由,通过网上邻居无法访问 PC1。在 PC3 上运行 tracert 命令,查看 PC3 到 PC1 的路由,结果如图 19-8 所示。

```
命令提示符
C:\Documents and Settings\Administrator>ping 192.168.3.5

Pinging 192.168.3.5 with 32 bytes of data:

Reply from 192.168.3.5: bytes=32 time=3ms TTL=127
Reply from 192.168.3.5: bytes=32 time<1ms TTL=127
Reply from 192.168.3.5: bytes=32 time<1ms TTL=127
Reply from 192.168.3.5: bytes=32 time<1ms TTL=127

Ping statistics for 192.168.3.5:
    Packets: Sent = 4, Received = 4, Lost = 0 (0% loss),
Approximate round trip times in milli-seconds:
    Minimum = 0ms, Maximum = 3ms, Average = 0ms
```

图 19-7　在 PC3 上执行 ping 192.168.3.5 的结果

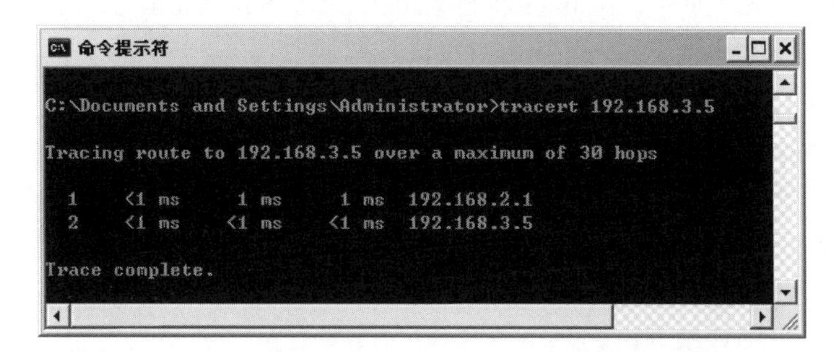

图 19-8　在 PC3 上执行 tracert 192.168.3.5 的结果

其余测试,请读者自行完成。结果表明:在交换机上创建 VLAN 之间的直连路由,结果是成功的。不同 VLAN 间的计算机成功实现互访。

19.4.4 超级虚拟局域网设置

1. 认识超网

通过 VLAN 之间的直连路由,可以使各个 VLAN 之间的计算机自由通信。但是这也随之带来一个问题:每一个 VLAN 不管有多少台计算机,都需要一个独立的网段。若 VLAN 较多,必然造成大量的 IP 地址浪费。

超网(SuperVLAN)可以带来的好处是帮助供应商提高 IP 地址的利用率,通过聚合可以使所有在同一子网上的客户(终端用户)通过统一的路由去使用不同的广播域。给超网分配一个子网地址,指定超网的路由地址,其他剩余的地址可以分配给各个主机使用。好像它们只是在同一个大的子网,然后把这个大的子网任意分成若干个"子网"。这些主机的子网掩码完全相同。超网下面只包含子网,不能指定主机。由于各个子网(sub_VLAN)不需要真正的子网网段,有效提高了 IP 的利用率。这样的子网可以分配足够小,而且可以方便扩展,无须重新定义子网的大小。出于安全目的,可以阻止子网间计算机的相互直接访问,要相互通信需通过路由(因为所有子网的路由都是超网的路由地址)。如果不使用超网,每个子网需要设置一个路由地址,而且要分配一个子网地址,结果必然有很多地址被空闲。例如,网络的总容量只需要 3 个 C 类地址的子网,可能不得不申请使用一个 B 类的地址,而 B 类地址数量又很少,因此会造成地址空间的紧张,浪费资源。

2. 创建超网

本实验将创建一个名为 mysuper 的 SuperVLAN,然后将 19.4.3 节中创建的两个 VLAN 作为 mysuper 的子网添加进来,再进行测试。

(1) 输入命令 create vlan mysuper,创建一个 VLAN,名字为 mysuper。

(2) 输入命令 config vlan mysuper ipaddress 192.168.4.1/24,给 mysuper 指定一个路由地址。

(3) 由于 SuperVLAN 的子网不能有 IP 地址,所以必须将 market 和 personnel 的 IP 地址删除。

输入命令 no vlan market ipaddress,删除 market 的 IP 地址。

输入命令 no vlan personnel ipaddress,删除 personnel 的 IP 地址。

(4) 输入命令 config vlan mysuper add subvlan market,将 market 作为 mysuper 的子网添加到 mysuper 下。此时,mysuper 将自动由 VLAN 升级为 SuperVLAN。

(5) 输入命令 config vlan personnel add subvlan personnel,将 personnel 作为 mysuper 的子网添加到 mysuper 下。

(6) 输入命令 show vlan mysuper,显示 mysuper 的详细信息,如图 19-9 所示。注意,其中的 VLAN Type 由 Normal 变为了 Super-VLAN,Sub-vlan 也都详细列出。

```
VLAN ID          : 2044
Name             : mysuper
VLAN Type        : Super-VLAN
IP Address       : 192.168.4.1/24
Mac address      : 00:05:3b:04:41:40
Sub-vlan list    : market
                   personnel
```

图 19-9 mysuper 详细信息

(7) 输入命令 config proxyarp supervlan

mysuper enable，开启 SuperVLAN 的 PROXYARP 功能。开启此功能后，各个子网内 ARP 协议无法解析的包将都被转发到 SuperVLAN 的路由地址，即 192.168.4.1，然后再由路由地址转发到目标子网或外网。其路由地址在这里充当着代理网关的作用。

(8) 按照表 19-3 的方案，再次修改 4 台 PC 的 IP 地址。

表 19-3 超网内各 PC 的 IP 地址分配方案

SuperVLAN	subVLAN	交换机端口	PC	PC 的 IP 地址	子网掩码	默认网关
mysuper	personnel	5	PC1	192.168.4.5	255.255.255.0	192.168.4.1
		6	PC2	192.168.4.6	255.255.255.0	192.168.4.1
	market	15	PC3	192.168.4.15	255.255.255.0	192.168.4.1
		16	PC4	192.168.4.16	255.255.255.0	192.168.4.1

(9) 互连测试。

通过 4 台 PC 的网上邻居互访情况，可以判断出 PC1 和 PC2 在同一个局域网，PC3 和 PC4 在同一个局域网。

在 PC3 的"命令提示符"窗口执行 ping 命令来 ping PC1 的 IP 地址，发现可以 ping 通，结果如图 19-10 所示，表明 PC3 和 PC1 之间存在路由。而 TTL 值减少 1，表明只经过一次路由。

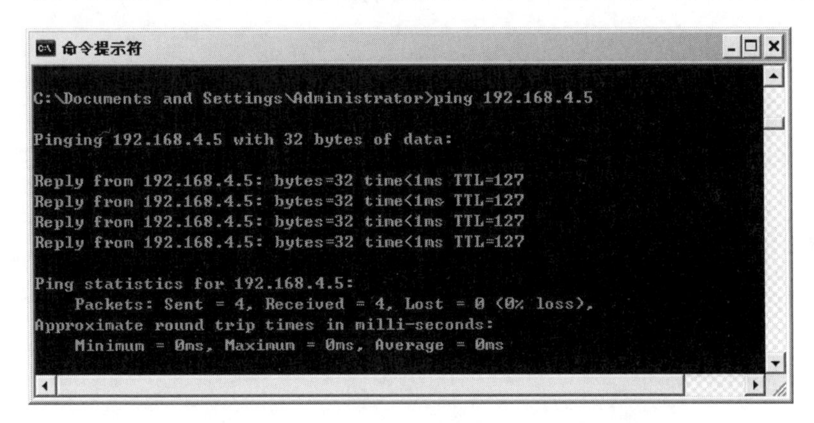

图 19-10 在 PC3 上执行 ping 192.168.4.5 的结果

在 PC3 的"命令提示符"窗口执行 tracert 命令 tracert 192.168.4.5 和 tracert 192.168.4.16，结果分别如图 19-11 和图 19-12 所示。对比两次执行的结果可以发现，两个子网间的路由地址其实就是之前设置的 SuperVLAN 的 IP 地址。

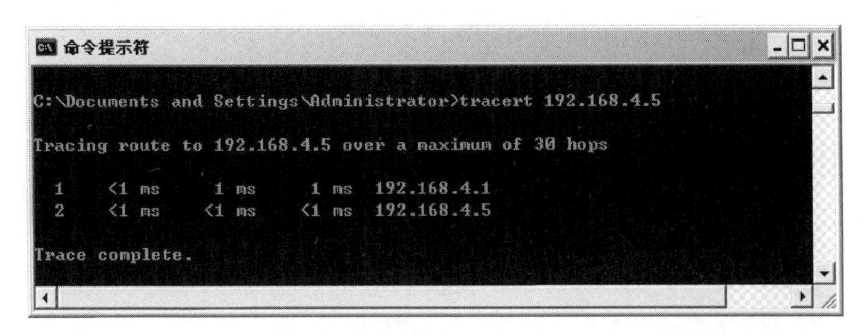

图 19-11 在 PC3 上执行 tracert 192.168.4.5 的结果

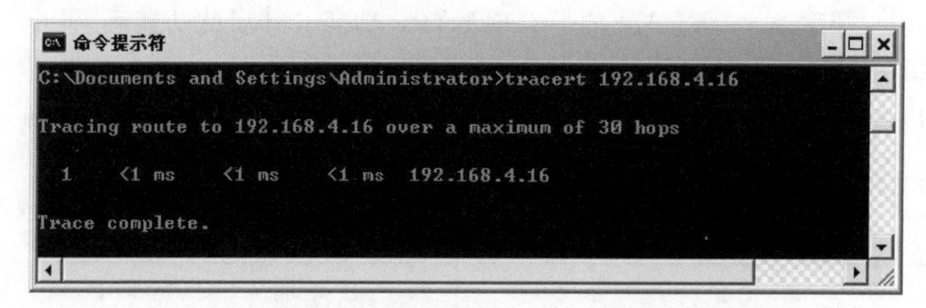

图 19-12　在 PC3 上执行 tracert 192.168.4.16 的结果

思考题：

(1) 19.4.3 节 1 中，表 19-1 中的默认网关能否省略？省略后，是否影响实验结果？

(2) 19.4.3 节 2 中，表 19-2 中的默认网关能否省略？省略后，是否影响实验结果？

(3) 不同 VLAN 内的计算机之间可以通过直连路由通信，也可以通过组建 SuperVLAN 来通信。请问这两种通信方式分别有什么优点和缺点？

19.5　知识点归纳

(1) 如何在 FlexHammer24 下创建 VLAN、分配端口？

(2) 如何创建 VLAN 之间的直连路由？

(3) 如何组建 SuperVLAN，并保证其不同子网的计算机之间可以相互通信？

实验 20　SSR2000 路由式交换机的配置

随着技术的进步，原本工作在OSI第二层的交换机与工作在第三层的路由器之间的界限越来越模糊。越来越多的交换机拥有了路由功能。从某种意义上说，它就是一台路由器。

路由器在组网过程中扮演着不可缺少的重要角色。路由器除了可以实现路由功能外，还能进行NAT网络地址转换，有效地保护内网的IP不被外网发现。

20.1　实验目的及要求

掌握SSR2000路由式交换机最基本的路由配置方法，掌握利用SSR2000进行网络地址转换的方法。

20.2　实验计划学时

本实验2学时完成。

20.3　实验器材

SSR2000路由式交换机1台，串口电缆1根，计算机2台及直通线若干。

20.4　实验内容

20.4.1　认识SSR2000路由式交换机

SSR2000是Smart Switch Router系列中面向小规模主干网、工作组和桌面应用的产品，可提供32个10/100Base-TX/FX交换端口或16个10/100 Base-TX与4个1000 Base-LX/SX端口，它与SSR其他产品一样，支持10/100/1000M以太网交换和PPP、帧中继广域网连接，支持第2～4层IP和IPX路由，能交换第4层应用信息流，提供网络应用层数据传输控制、NAT、QoS(品质保证)、网络安全及网络传输的账目处理等功能。

20.4.2　了解网络地址转换

网络地址转换(NAT)，是通过将专用网络地址(如企业内部网Intranet)转换为公用地址(如互联网 Internet),从而对外隐藏了内部管理的 IP 地址。这样,通过在内部使用非注册的 IP 地址,将它们转换为一小部分外部注册的 IP 地址,从而减少了 IP 地址注册的费用并节省了目前越来越缺乏的地址空间(即 IPv4)。同时,这也隐藏了内部网络结构,从而降低了内部网络受到攻击的风险。

NAT 功能通常被集成到路由器、防火墙、单独的 NAT 设备中。NAT 设备(或软件)维护一个状态表,用来把内部网络的私有 IP 地址映射到外部网络的合法 IP 地址上去。每个包在 NAT 设备(或软件)中都被翻译成正确的 IP 地址发往下一级。与普通路由器不同的是,NAT 设备实际上对包头进行修改,将内部网络的源地址变为 NAT 设备自己的外部网络地址,而普通路由器仅在将数据包转发到目的地前读取源地址和目的地址。

NAT 分为三种类型：静态 NAT(static NAT)、NAT 池(pooled NAT)和端口 NAT(PAT)。

其中,静态 NAT 将内部网络中的每个主机永久映射成外部网络中的某个合法的地址,而 NAT 池则是在外部网络中定义了一系列的合法地址,采用动态分配的方法映射到内部网络,端口 NAT 则是把内部地址映射到外部网络的一个 IP 地址的不同端口上。

20.4.3 访问 SSR2000

(1) 将串口电缆一端连接到 SSR2000,另一端连接至 PC 的串口。

(2) 执行“开始”|“程序”|“附件”|“通讯”|“超级终端”命令,在弹出的“连接描述”对话框中输入新建连接的名称,如 SSR2000,单击“确定”按钮。

(3) 选择 COM1 连接,单击“确定”按钮。

(4) 对 COM1 进行端口设置。此处单击“还原为默认值”按钮即可,然后单击“确定”按钮。

(5) 交换机通电,开始自检。自检结束后,超级终端命令窗口出现激活控制电缆的提示符,如图 20-1 所示,按回车键激活控制电缆。

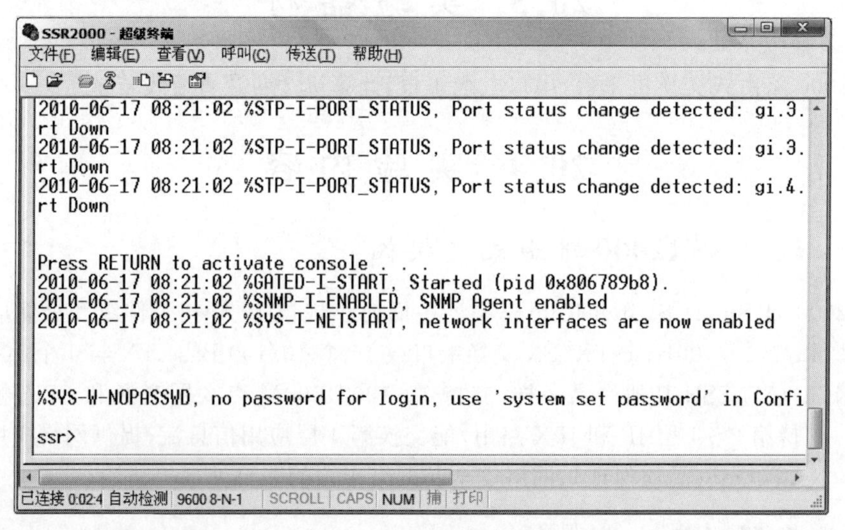

图 20-1 自检结束后界面

20.4.4 SSR2000 命令模式切换

CLI(命令行接口)提供了进入交换机的三种访问模式,每一种模式提供一组相关的命令。

1. User 模式

当登录 SSR 以后,自动地进入 User 模式。用户可用的命令是在 Enable 模式下可用命令的一部分。一般来说,用户命令允许显示基本的信息和使用基本的功能,如 ping。

User 模式的命令提示符由 SSR 的名字和一个">"组成,如"SSR >"。

2. Enable 模式

Enable 模式提供比 User 模式更多的功能。在 Enable 模式中能显示出关键的特性,包括路由配置、访问控制列表和 SNMP 统计。从 User 模式进入 Enable 模式,输入命令 enable,当出现提示时,输入密码。如果没有配置密码,会出现一个警告信息,建议配置密码。

注意:切忌不要给交换机设置密码。

Enable 模式的命令提示符由 SSR 的名字和一个"#"组成,如"SSR #"。

(1) 输入命令 enable,进入 Enable 模式。

(2) 输入命令 exit,返回到 User 模式。

3. Configure 模式

Configure 模式提供了能配置所有 SSR 特性和功能的能力,包括路由配置、访问控制列表和生成树。

(1) 在 Enable 模式下,输入命令 config,进入 Configure 模式。

(2) 输入命令 exit,返回到 Enable 模式。

(3) 再次输入命令 exit,返回到 User 模式。

20.4.5 SSR2000 的端口表示

端口指的是在 SSR2000 中安装在线性卡上的一个物理连接。图 20-2 是在槽卡上 10BASE-T/100BASE-TX 的 8 个端口。

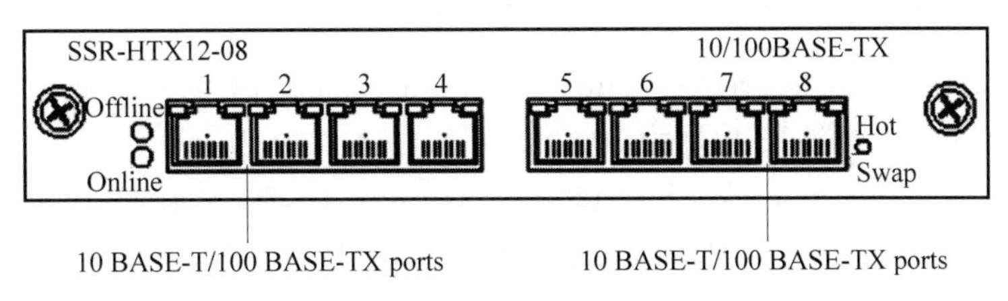

图 20-2 10BASE-T/100BASE-TX 类型的端口

在命令行中,每个 SSR2000 端口表示为如下的方式:

```
<type>.<slot-number>.<port-number>
```

说明:

<type>指线性槽卡的种类。

at ATM line card

et 10 Base-X/100 Base-X 以太网线性卡

gi 1000 Base-X Gigabit 以太网线性卡

hs Dual HSSI WAN 线性卡

se Serial WAN 线性卡

so Packet-over-SONET 线性卡

<slot-number> 由 SSR 上安装的模块和线性卡所安装的物理插槽来决定。在 SSR2000 上,槽位的数字打印在每个槽位的边上。

<port-number>是线性卡上分配给连接器的数字。数字范围和所分配的端口数随线性卡的不同而不同。

例如,et. 2. 8 是指位于第 2 槽位的以太网线性卡的第 8 个端口; gi. 3. 2 是指位于第 3 槽的千兆以太网线性卡的第 2 个端口。

这有一些简便的方法,通过指明端口的数字范围来指定一些端口。例如:

et. (1-3). (1-8)指后面所示的所有端口: et. 1. 1～et. 1. 8、et. 2. 1～et. 2. 8 和 et. 3. 1～et. 3. 8;

et. (1,3). (1-8)指后面所示的所有端口: et. 1. 1～et. 1. 8 和 et. 3. 1～et. 3. 8;

et. (1-3). (1,8)指后面所示的所有端口: et. 1. 1～et. 1. 8、et. 2. 1～et. 2. 8 和 et. 3. 1～et. 3. 8。

20.4.6 创建基于 IP 的 VLAN

(1) 进入 Config 模式。

(2) 输入命令 vlan create market ip,创建一个名字为 market 的基于 IP 的 VLAN。

(3) 输入命令 vlan add ports et. 1. (1-3) to market,将插槽 1 的 1-3 号端口分配给该 VLAN。

(4) 输入命令 exit,进入 Enable 模式。

(5) 输入命令 vlan show,显示 VLAN 信息。

20.4.7 给物理端口和 VLAN 创建 IP 接口

(1) 输入命令 interface create ip int1 address-netmask 10. 2. 0. 0/255. 255. 0. 0 port et. 1. 4,给端口 et. 1. 4 配置 IP 地址为 10. 2. 0. 0/16,接口名字为 int1。

(2) 输入命令 interface create ip int2 address-mask 10. 20. 3. 42/24 vlan market,给名字为 market 的 VLAN 分配 IP 地址,并创建 IP 接口,接口名字为 int2。

20.4.8 静态路由配置及路由再分配

经典实例模拟如下。

图 20-3 所示网络拓扑结构图,其中图中的路由器 R1 就是 SSR2000 路由式交换机。试配置其静态路由表,并将配置后的路由表重新分配到 RIP 路由协议。

1. 创建 R1 的各个 IP 接口

(1) 进入 Config 模式。

(2) 输入命令 interface create ip to-r2 address-netmask 120. 190. 1. 1/16 port et. 2. 2。

(3) 输入命令 interface create ip to-r3 address-netmask 130. 1. 1. 1/16 port et. 2. 3。

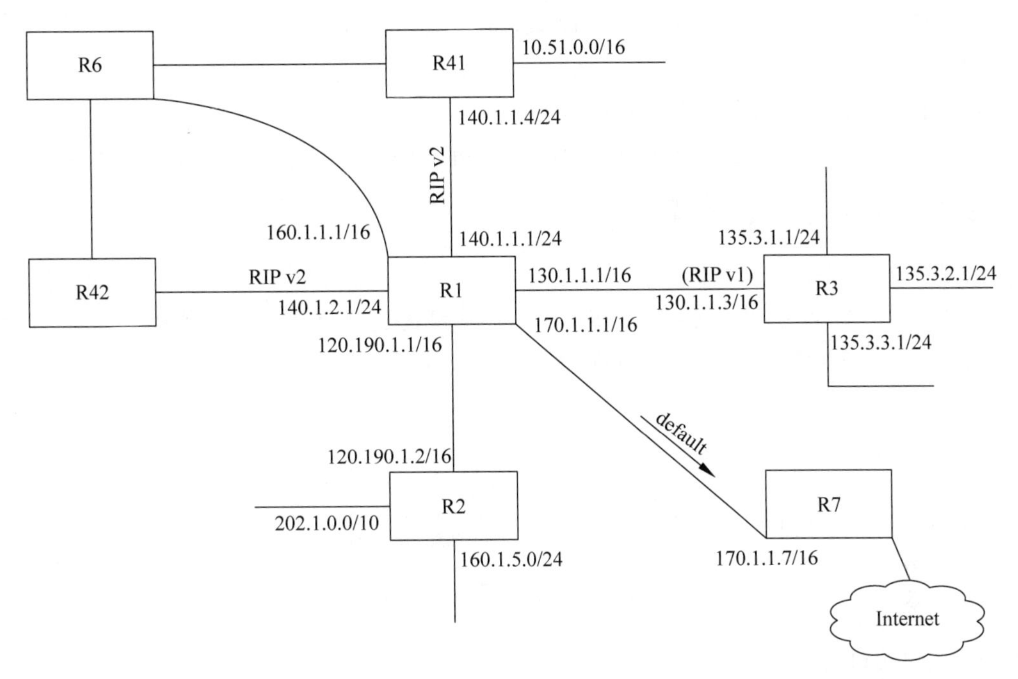

图 20-3　案例中的网络拓扑结构图

(4) 输入命令 interface create ip to-r41 address-netmask 140.1.1.1/24 port et.2.4。

(5) 输入命令 interface create ip to-r42 address-netmask 140.1.2.1/24 port et.2.5。

(6) 输入命令 interface create ip to-r6 address-netmask 160.1.1.1/16 port et.2.6。

(7) 输入命令 interface create ip to-r7 address-netmask 170.1.1.1/16 port et.2.7。

2. 创建默认路由

输入命令 ip add route default gateway 170.1.1.7。

3. 创建到 135.3.0.0/24 网络的静态路由

(1) 输入命令 ip add route 135.3.1.0/24 gateway 130.1.1.3。

(2) 输入命令 ip add route 135.3.2.0/24 gateway 130.1.1.3。

(3) 输入命令 ip add route 135.3.3.0/24 gateway 130.1.1.3。

4. 创建到其余网络的静态路由

(1) 输入命令 ip add route 202.1.0.0/16 gateway 120.190.1.2。

(2) 输入命令 ip add route 160.1.5.0/24 gateway 120.190.1.2。

(3) 输入命令 ip add route 10.51.0.0/16 gateway 140.1.1.4。

5. RIP 与接口配置

(1) 输入命令 rip start。

(2) 输入命令 rip set default-metric 2。

(3) 输入命令 rip add interface to-r41。

(4) 输入命令 rip add interface to-r42。

(5) 输入命令 rip add interface to-r6。

(6) 输入命令 rip set interface to-r41 version 2 type multicast。

(7) 输入命令 rip set interface to-r42 version 2 type multicast。

(8) 输入命令 rip set interface to-r6 version 2 type multicast。

6. 输出所有的静态路由到所有的 RIP 接口

输入命令 ip-router policy redistribute from-proto static to-proto rip network all。

20.4.9 静态 NAT 配置

经典实例模拟与测试如下。

在图 20-4 中,所用路由器为 SSR2000,现需要配置 NAT 服务,使内网的 IP 地址 10.1.1.2/24 在进行外网访问时,被转换为 192.50.20.2。

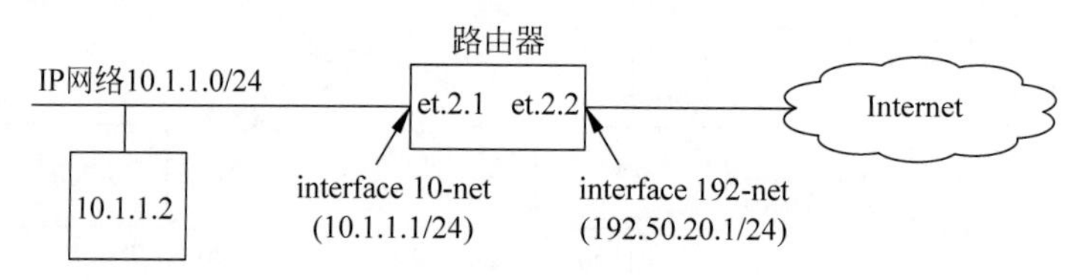

图 20-4 NAT 模拟示意图

1. 创建接口

(1) 进入 Config 模式。

(2) 输入命令 interface create ip 10-net address-netmask 10.1.1.1/24 port et.2.1。

(3) 输入命令 interface create ip 192-net address-netmask 192.50.20.1/24 port et.2.2。

2. 定义接口角色

(1) 输入命令 nat set interface 10-net inside。

(2) 输入命令 nat set interface 192-net outside。

3. 定义 NAT 规则

(1) 输入命令 nat create static protocol ip local-ip 10.1.1.2 global-ip 192.50.20.2。

(2) 输入命令 exit,返回到 Enable 模式。

(3) 系统提示是否激活配置,输入 yes 即可。

4. 查看设置

在 Enable 模式下,输入命令 nat show translation all,将显示所有的转换项目,如图 20-5 所示。

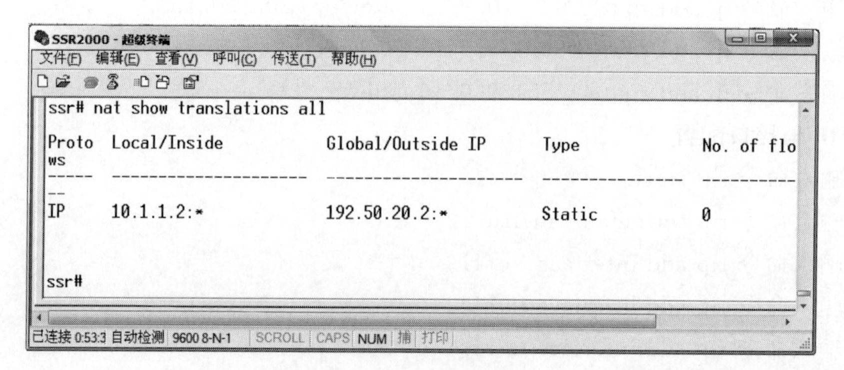

图 20-5 NAT 转换项目

6. **转换效果测试**

(1) 将 PC1 端口 et.2.2 上，设置其 IP 地址为 192.50.20.3/24，默认网关为 192.50.20.1。

(2) 在 PC1 上执行“开始”|“控制面板”|“管理工具”|“服务”命令，找到 Telnet 服务，并将其开启，如图 20-6 所示。

(3) PC1 关闭防火墙。

(4) 将 PC2 连接在 et.2.1 端口上，设置其 IP 地址为 10.1.1.2/24，默认网关为 10.1.1.1。

(5) 在 PC2 上打开“命令提示符”窗口，输入命令 telnet 192.50.20.3。

(6) 在 PC1 上打开“命令提示符”窗口，输入命令 netstat -a -n，查看系统连接情况，如图 20-7 所示。

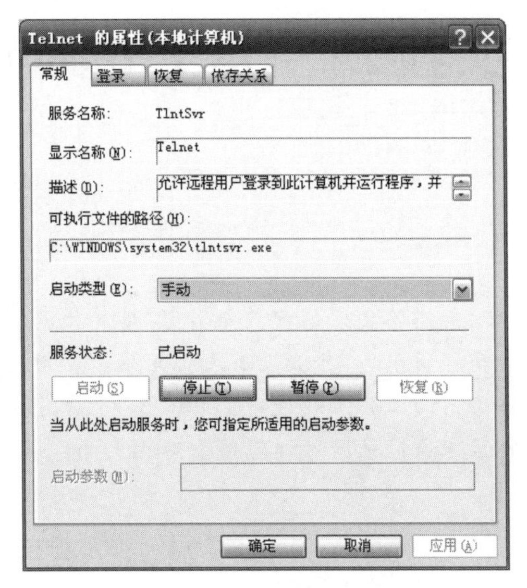

图 20-6　启动 Telnet 服务

观察图 20-7，发现当前计算机(PC1)的 23 号端口，即 Telnet 服务端口被一个 IP 为 192.50.20.2 的 TCP 连接占用着。而实际连接在该端口的计算机为 PC2，其 IP 地址为 10.1.1.2。由于 NAT 服务器的转换，导致 10.1.1.2 在对外访问时，无法显示真实 IP 地址。测试结果表明，静态 NAT 配置成功。

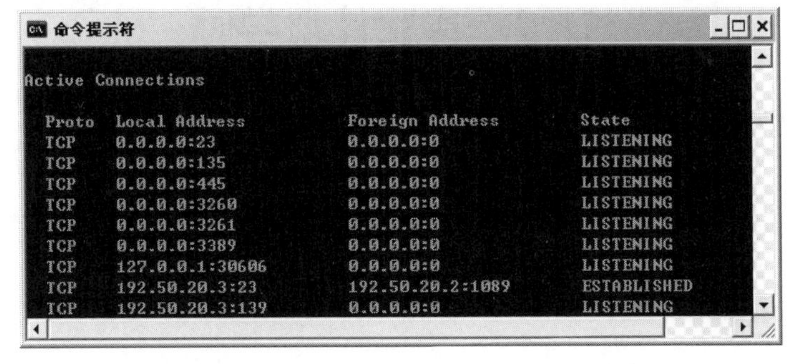

图 20-7　在 PC1 上运行 netstat -a -n 的结果

思考题：

NAT 与实验 4 中 Proxy 型的代理有什么异同?

20.5　知识点归纳

(1) SSR2000 的三种命令模式之间如何相互切换?

(2) 在 SSR2000 上如何配置 VLAN?

(3) 静态路由表的配置方法。

(4) 静态 NAT 配置方法。

实验21　基于 Boson NetSim 的路由器仿真

静态路由表的配置是学习“计算机网络”的课程中必不可少的一个环节。但是由于实验条件所限，实验室没有足够的路由器供大家练习。为了解决这个矛盾，可以通过软件对路由器的工作原理进行仿真。Boson NetSim 能够仿真出常见型号的思科路由器的工作特性。通过该软件学习静态路由表的配置，可以达到事半功倍的效果。

21.1　实验目的及要求

掌握 Boson NetSim 软件的基本操作，能够通过该软件画出网络拓扑结构图，并能够配置简单网络的静态路由表。

21.2　实验计划学时

本实验 2 学时完成。

21.3　实验器材

PC 1 台(Windows 10 系统)，Boson NetSim 5.31 版软件 1 套。

21.4　实验内容

21.4.1　Boson NetSim 的安装

(1) 执行“实验 21”| bosonnetsim | boson netsim 5.31.exe 程序，进行软件安装。在软件的安装过程中，所有过程均按照其默认设置，即可顺利将试用版安装完毕。

(2) 执行“开始”|“程序”| Boson Sofeware | Boson NetSim | Boson NetSim 命令，第一次启动该软件。

首次启动时，软件本身会对操作系统进行分析检测，检测其必需的组件是否安装。若所需组建全部安装，则会出现图 21-1 所示分析页面，告知用户可以继续进行；否则，用户需要安装所缺组件。

(3) 单击 Continue 按钮，就可以启动 Boson NetSim 软件。在图 21-2 中，单击 Register

Demo Now 按钮，进行软件注册。注册完毕后，即可正常使用。

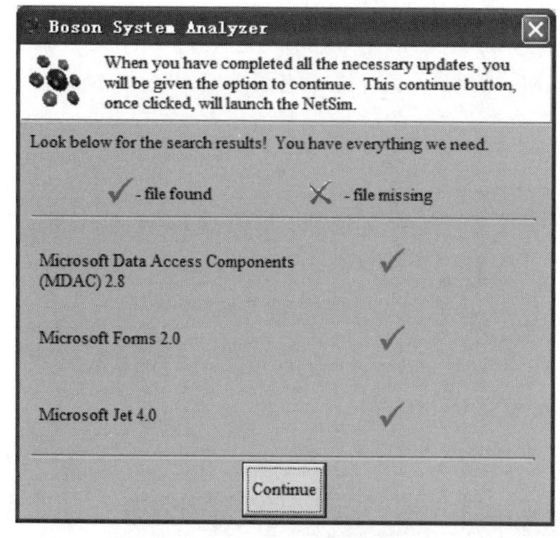

图 21-1　系统检测分析

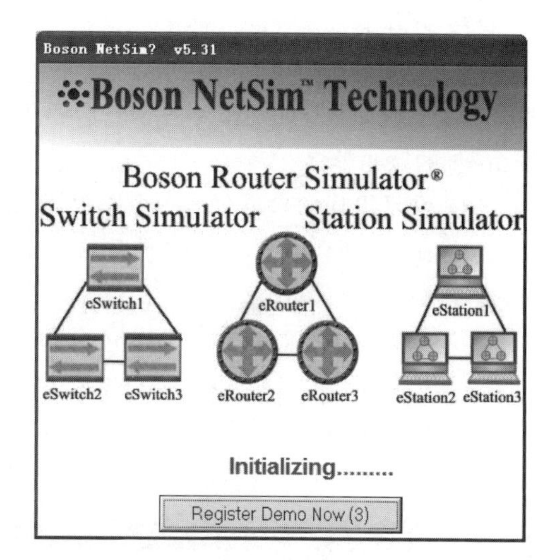

图 21-2　系统提示注册

声明：此软件仅供个人用于学习、研究，不得用于商业用途，如果喜欢，请向软件作者购买正版。

21.4.2　Boson NetSim 组件功能简介

（1）Boson Network Designer 是用来绘制网络拓扑图的。在路由器模拟过程中，可以先通过此组件绘制网络拓扑图，然后再对各个路由器、交换机进行配置。

（2）Boson NetSim 是用来配置路由器的主要工作界面。但是其功能不仅仅局限于配置路由器，还可以配置拓扑图中的交换机和 PC。

21.4.3　绘制网络拓扑结构图

本实验中将要使用的网络拓扑图草稿已经画出，如图 21-3 所示，各主要参数已经在图中注明。在配置静态路由表之前，需要用 Boson Network Designer 重新绘制该图。

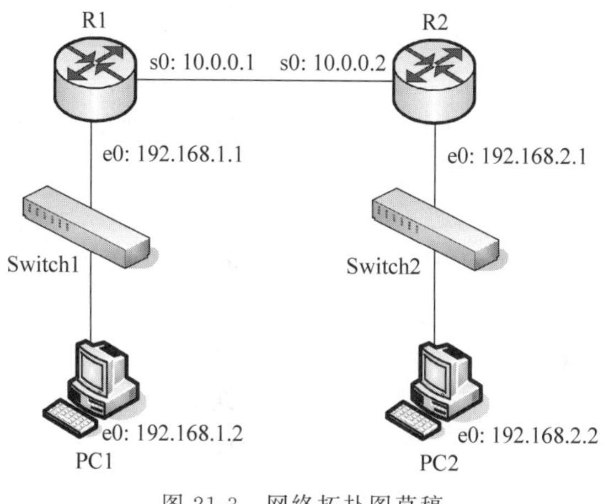

图 21-3　网络拓扑图草稿

1. 添加设备

(1) 打开 Boson Network Designer 工作界面,准备绘制网络拓扑图。

(2) 在 Available Routers 列表中,单击型号为 805 的路由器,将其拖动到工作区。路由器名称设置为 Use Default Name,然后单击 Apply 按钮。这时,工作区就有了一个名称为 Router1 的路由器。

(3) 重复步骤(2),再添加一个路由器 Router2。

(4) 在 Available Switches 列表中,单击型号为 1912 的交换机,将其拖动到工作区,名称为其默认的 Switch1。

(5) 重复步骤(4),再添加一个交换机 Switch2。

(6) 在 Other Devices 列表中,单击 PC,将其拖动到工作区,名称为其默认的 PC1。

(7) 重复步骤(6),再添加一个 PC,名称为其默认的 PC2。

添加完毕,工作区将会有 6 个设备,如图 21-4 所示。

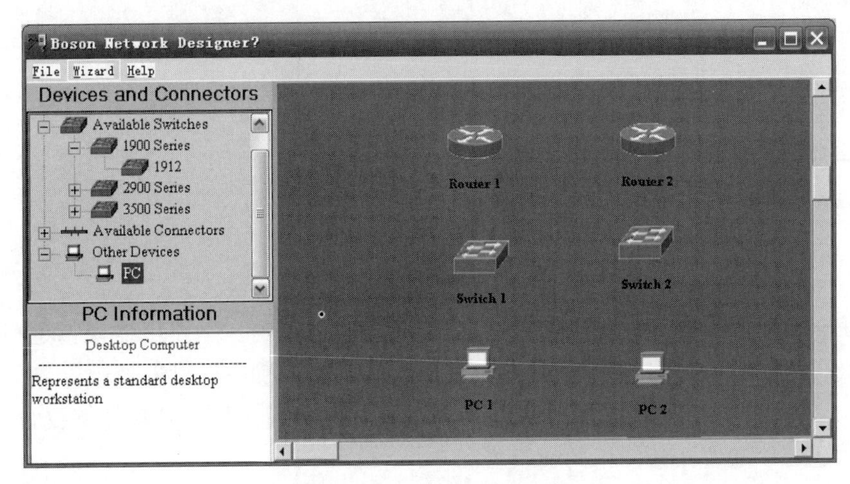

图 21-4 工作区的所有设备

2. 连接设备

(1) 在 Router1 图标上右击,在弹出的快捷菜单中选择 Add Connection to | Serial 0 命令,表示要在 Serial 0 上进行连接。

(2) 在 Select Serial Connection Type 对话框中选择第一个单选按钮,表示通过点对点串口电缆进行连接,如图 21-5 所示,然后单击 Next 按钮。

(3) 在 New Connection 对话框中,单击即将连接到的设备及其接口。实验要求 Router1 的 Serial 0 连接到 Router2 的 Serial 0,如图 21-6 所示,然后单击 Finish 按钮。

(4) 设定串口电缆的 DCE 端。DCE 端需要在路由器中设置其时钟频率。这里就以 Router2 的 Serial 0 为 DCE 端,如图 21-7 所示,然后单击 OK 按钮。

此时,Router1 和 Router2 之间已经被连接起来了。

(5) 重复上述操作,将 Router1 的 Ethernet 0 与 Switch 1 的 Ethernet 0/1 进行连接;将 Switch1 的 Ethernet 0/2 与 PC1 的 Ethernet 0 进行连接;将 Router2 的 Ethernet 0 与 Switch2 的 Ethernet 0/1 进行连接;将 Switch2 的 Ethernet 0/2 与 PC2 的 Ethernet 0 进行连接,连接完毕的网络拓扑图如图 21-8 所示。

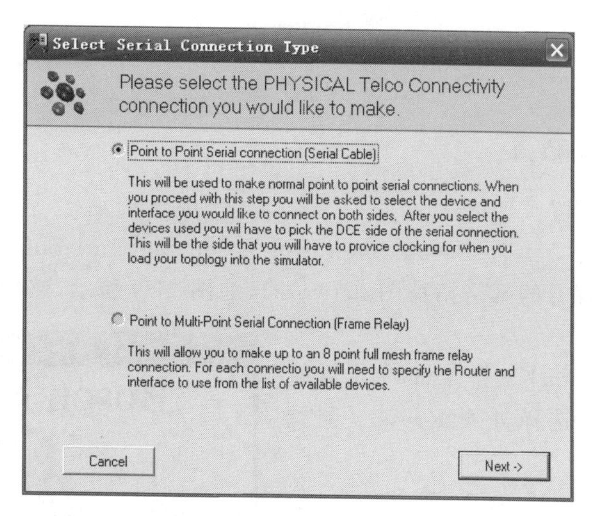

图 21-5 选择串口电缆连接

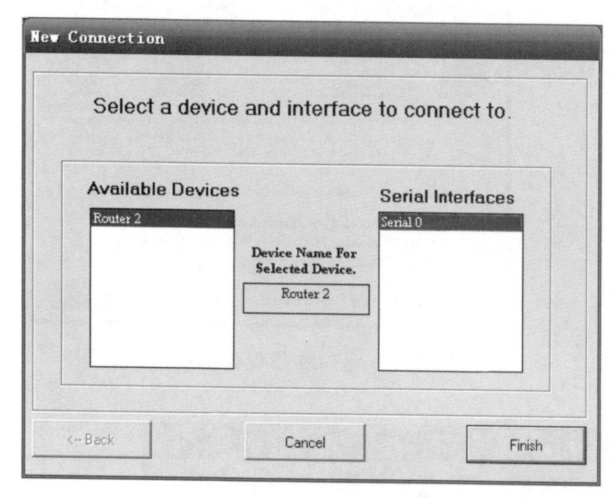

图 21-6 选择被连接对象

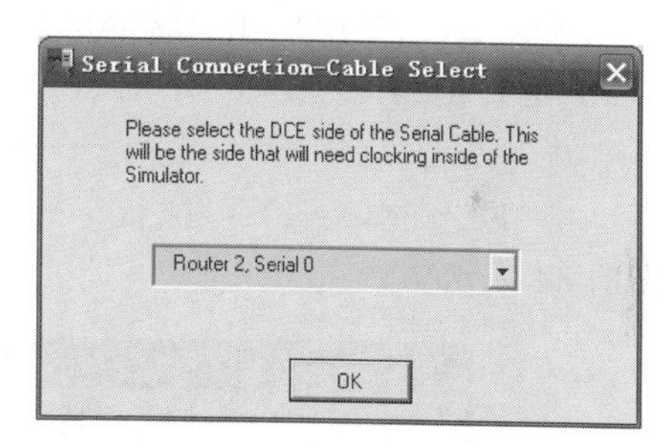

图 21-7 设定 DCE 端

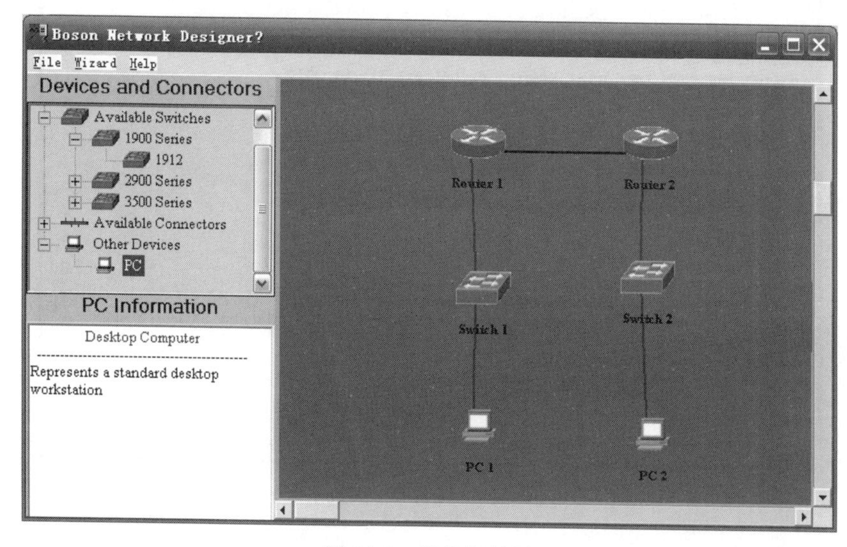

图 21-8 网络拓扑图

(6) 在菜单栏执行 File | Save 命令,将此图保存为 network1. top,然后关闭 Boson Network Designer 窗口。

21.4.4 路由器配置

1. 路由器接口配置

(1) 执行"开始"|"程序"| Boson Sofeware | Boson NetSim | Boson NetSim 命令,在启动时,选择装载刚刚保存的网络拓扑图 network1,如图 21-9 所示,然后单击 Next 按钮,装载 network1 即可。

(2) 在 Control Panel 工作界面,单击导航栏的 eRouters 按钮,选择进入 Router1 配置界面。

(3) 进入 Router1 后,执行下列命令,如图 21-10 所示。

提示:在命令提示符">"或"#"后面的字符是用户手动输入的命令,其余信息为执行该命令后,系统反馈信息。

该命令的主要作用如下:①设定路由器的名字为 R1;②设定 R1 的 eth 0 的 IP 为 192.168.1.1/24;③设定 R1 的 se 0 的 IP 为 10.0.0.1/8。

(4) 进入 Router2 后,执行下列命令,如图 21-11 所示。

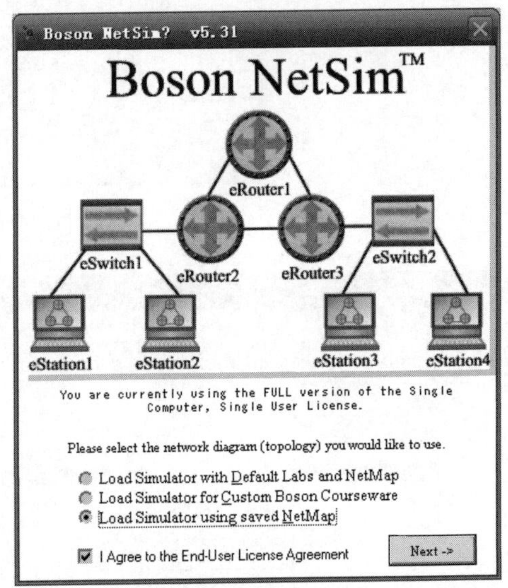

图 21-9 选择装载现存的网络拓扑图

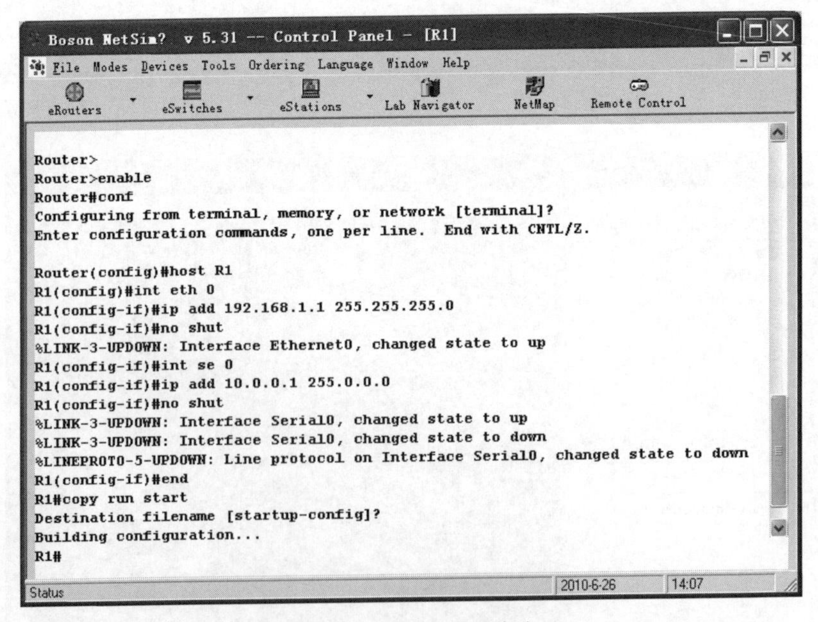

图 21-10 Router1 的命令

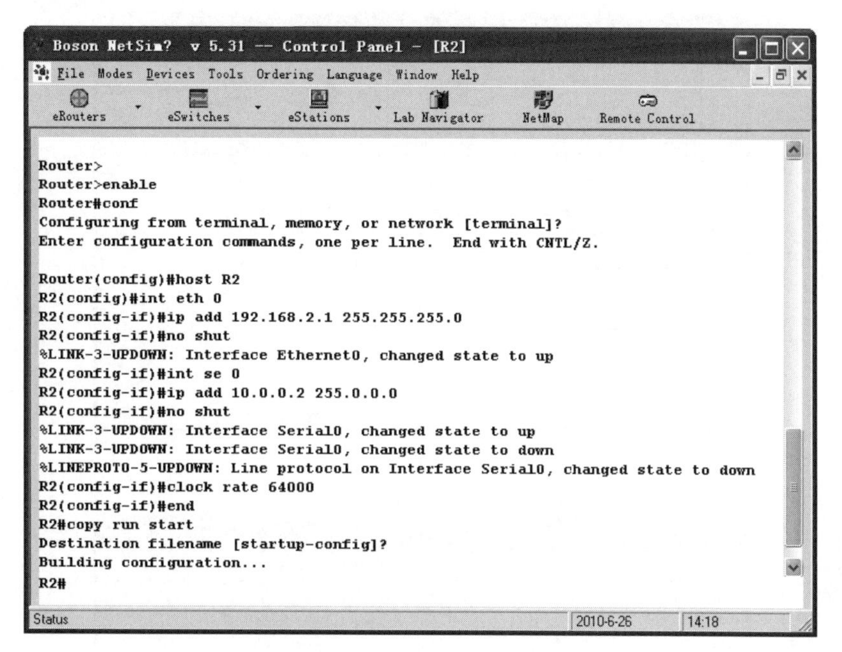

图 21-11　Router2 的命令

提示：和图 21-10 一样，在命令提示符“>”或“#”后面的字符是用户手动输入的命令，其余信息为执行该命令后，系统反馈信息。

该命令的主要作用如下：①设定路由器的名字为 R2；②设定 R2 的 eth 0 的 IP 为 192.168.2.1/24；③设定 R2 的 se 0 的 IP 为 10.0.0.2/8；④设定 DCE 时钟频率为 64000Hz。

2. PC 参数配置

（1）在 Control Panel 工作界面，单击导航栏的 eStations 按钮，选择进入 PC1。

（2）由于 PC 均是 Windows 98 的系统，所以，需输入命令 winipcfg，配置命令。

（3）配置 PC1 的 IP 地址为 192.168.1.2/24，默认网关为 192.168.1.1，如图 21-12 所示，然后单击 OK 按钮。

（4）用上述同样的方法，将 PC2 的 IP 设置为 192.168.2.2/24，默认网关为 192.168.2.1。

3. 静态路由表配置

（1）进入 Router1 的配置界面，输入的命令如图 21-13 所示。

该命令行的主要作用是在 Router1 上创建一条到 192.168.2.0/24 网络的静态路由，其“下一跳”为 Router2 的 se 0 口，地址为 10.0.0.2。

（2）进入 Router2 的配置界面，输入的命令如图 21-14 所示。

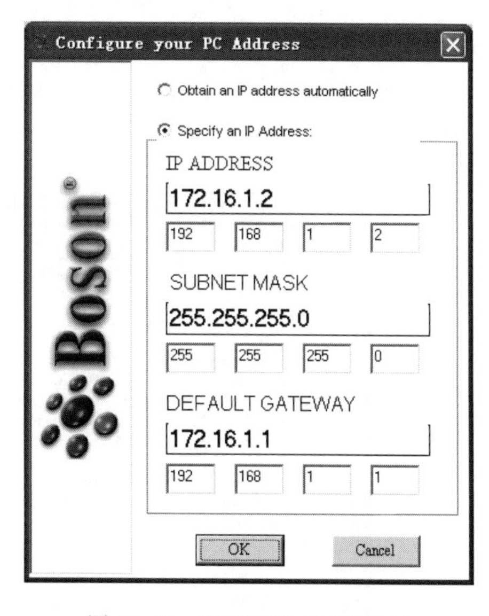

图 21-12　配置 PC1 的 IP 地址

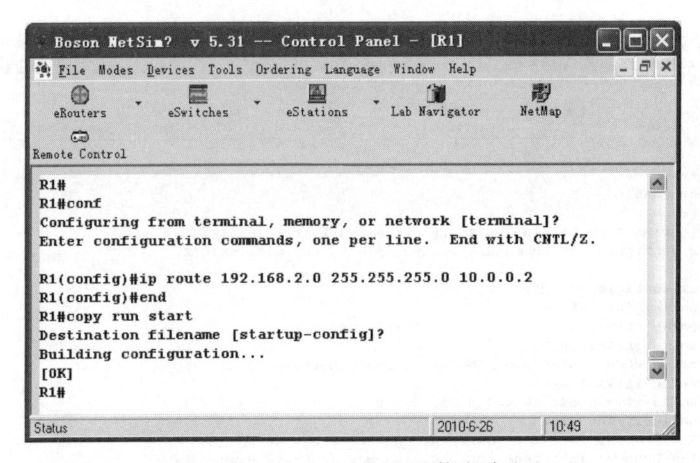

图 21-13 Router1 上配置静态路由

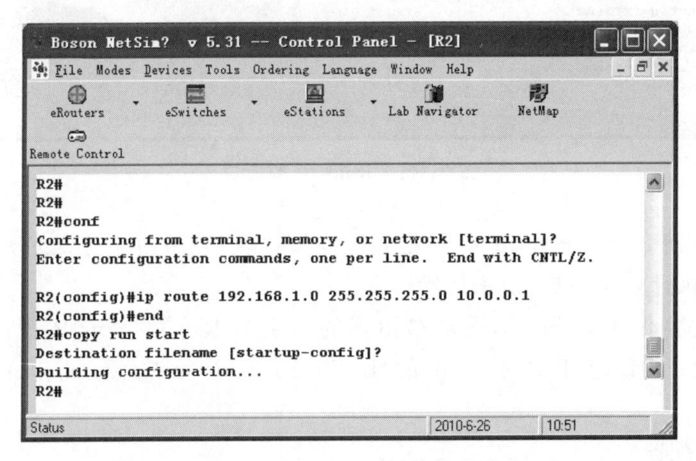

图 21-14 Router2 上创建静态路由

该命令行的主要作用是在 Router2 上创建一条到 192.168.1.0/24 网络的静态路由，其"下一跳"为 Router1 的 se 0 口，地址为 10.0.0.1。

(3) 配置完毕，在 Router1 上使用命令 show ip route，查看 Router1 的路由表，结果如图 21-15 所示。其含义为 Router1 上有三条路由，两条直连路由，分别是其连接的两个网

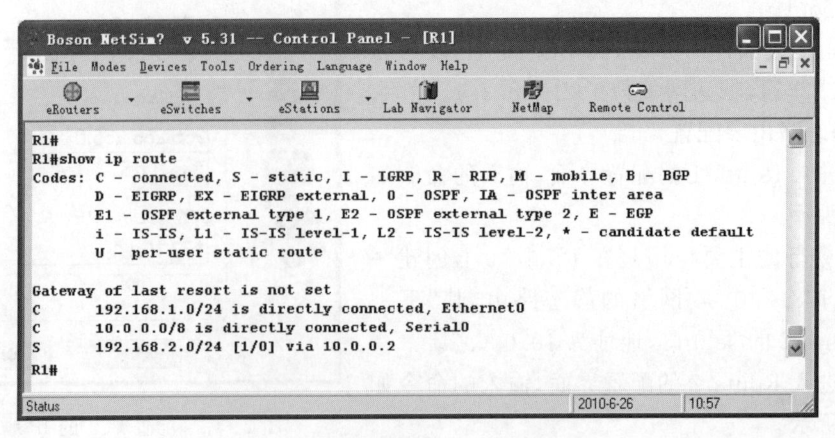

图 21-15 查看 Router1 的路由表

络；一条静态路由，就是指向 192.168.2.0/24 这个网络的路由。

(4) 在 Router2 上使用命令 show ip route，查看 Router2 的路由表，检验静态路由是否创建成功。

4. 测试路由表

(1) PC1 上输入命令 ping 192.168.2.2，结果如图 21-16 所示，表示 PC1 可以 ping 通 PC2。

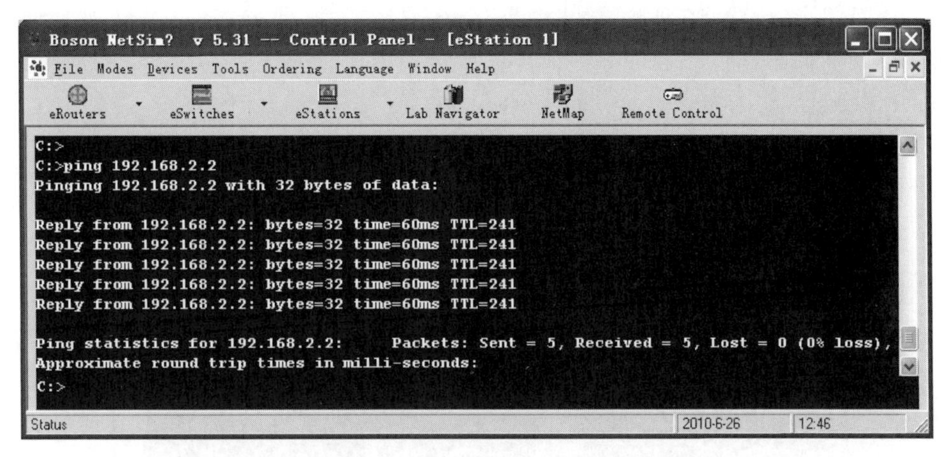

图 21-16　在 PC1 上执行 ping 192.168.2.2 结果

(2) PC1 上输入命令 tracert 192.168.2.2，查看 PC1 到 PC2 的路由，如图 21-17 所示。数据先被发送的 192.168.1.1，然后被转发到 10.0.0.2，最后到达 192.168.2.2，说明手工创建的静态路由能够正常工作。

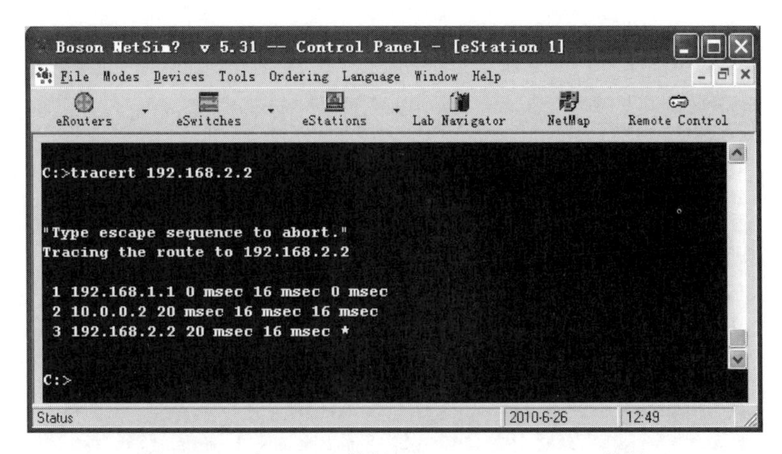

图 21-17　在 PC1 上执行 tracert 192.168.2.2 结果

(3) 在 PC2 上输入命令 ping 192.168.1.2 和 tracert 192.168.1.2，查看结果。

5. 默认路由的配置与测试

在 Router2 上创建一条默认路由，默认路由指向 Router1 的 se 0，然后在 Router1 上创建一个回环接口，并进行测试。

(1) 进入 Router2 的配置窗口，输入命令 conf，进入配置模式。

(2) 删除原有静态路由,输入命令 no ip route 192.168.1.0 255.255.255.0 10.0.0.1。

(3) 创建默认路由,输入命令 ip route 0.0.0.0 0.0.0.0 10.0.0.1,然后回车,输入命令 end。

(4) 保存配置,输入命令 copy run start。

(5) 进入 Router1 的配置窗口,输入命令 conf,进入配置模式。

(6) 进入回环接口配置模式,输入命令 int lo 0。

(7) 给回环接口配置 IP 地址,输入命令 ip add 172.24.1.1 255.255.0.0,然后回车,输入命令 no shut,回车,输入命令 end。

(8) 保存配置,输入命令 copy run start。

(9) 在 PC2 上输入命令 ping 172.24.1.1 和 tracert 172.24.1.1,查看结果,如图 21-18 和图 21-19 所示。说明默认路由能够正常工作。

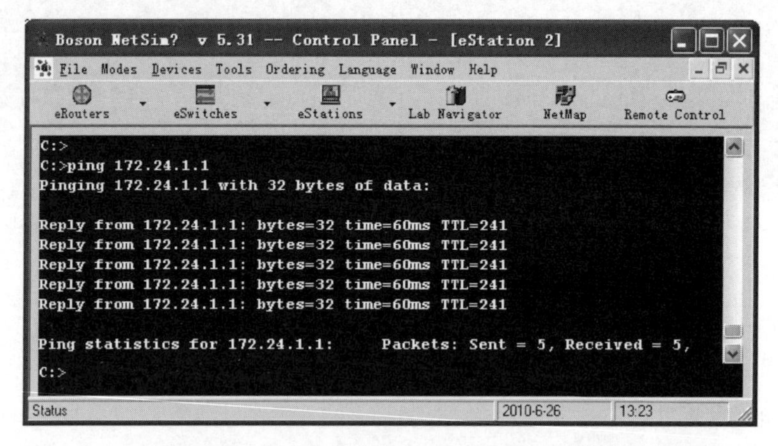

图 21-18 在 PC2 上执行 ping 172.24.1.1 结果

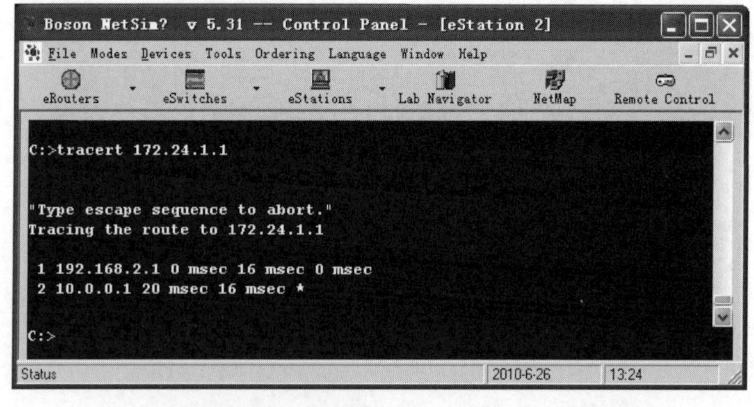

图 21-19 在 PC2 上执行 tracert 172.24.1.1 结果

思考题:

(1) 如何将多条静态路由进行合并?

(2) 在真实环境中,若无法 ping 通某个主机,是否能说明静态路由存在故障?

21.5 知识点归纳

(1) 网络拓扑图的绘制方法。

(2) 静态路由表的配置与测试方法。

(3) 默认路由的配置与测试方法。

实验22 基于 Cisco Packer Tracer 的 VLAN 划分与聚合

VLAN 即 Virtual Local Area Network 的英文缩写，中文为虚拟局域网。利用 VLAN 技术能够把一组设备和用户在不受物理限制的情况下逻辑上组合起来，其之间的通信就像它们同处在一个网段上，故名为“虚拟局域网”。而 VLAN 的划分与聚合则是 VLAN 技术中最重要的技术之一。

22.1 实验目的及要求

掌握 Cisco Packet Tracer 软件的基本操作，能够通过该软件画出网络拓扑结构图，并能够划分简单网络的 VLAN。

22.2 实验计划学时

完成本实验需要 2 学时。

22.3 实验器材

PC 1 台，Cisco Packet Tracer 6.0/6.1 版软件 1 套。

22.4 实验内容

22.4.1 Cisco Packet Tracer 的安装

(1) 在附页提供的网站上下载并运行[eimhe.com]Cisco Packet Tracer v6.1 for Windows 文件，进行安装，所有过程均按照其默认设置即可顺利将试用版安装完毕。

(2) 把 Chinese.ptl 汉化文件复制到安装目录的 Language 文件夹下。

(3) 打开该软件，选择 Options|Preference 选项，则会弹出如图 22-1 所示的对话框，在 Interface 选项卡中选择 Chinese.ptl 选项，单击 Change Language 按钮，保存重启该软件即可使用汉化版。

声明：此软件仅供个人用于学习、研究，不得用于商业用途，如果喜欢，请向软件作

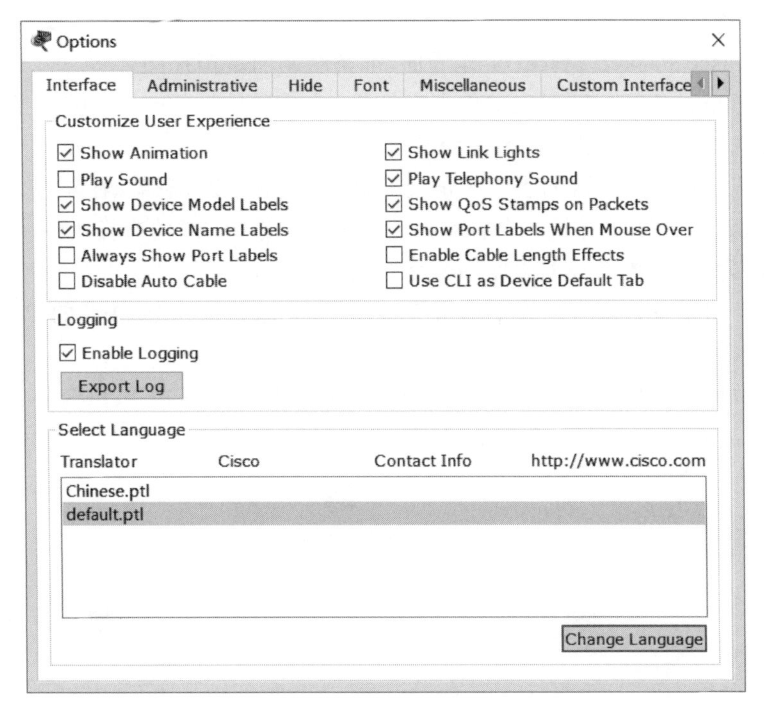

图 22-1　Preference 相关设置

者购买正版。

提示：主视图用来绘制网络拓扑图。在实验过程中，可以先通过此组建绘制网络拓扑图，然后再对各个交换机、PC 进行配置。左下角设备管理区用来调用需要用到的设备，可以通过拖曳等方式将其拉入主视图进行网络拓扑图的绘制。单击器件进入器件配置界面，可以通过此界面对单个交换机、PC 进行配置。

22.4.2　绘制网络拓扑结构图

本实验中将要使用的网络拓扑图草稿已经画出，如图 22-2 所示，各个主要参数已经在图中注明。在配置交换机、PC 之前，需要用 Cisco Packet Tracer 重新绘制该图。

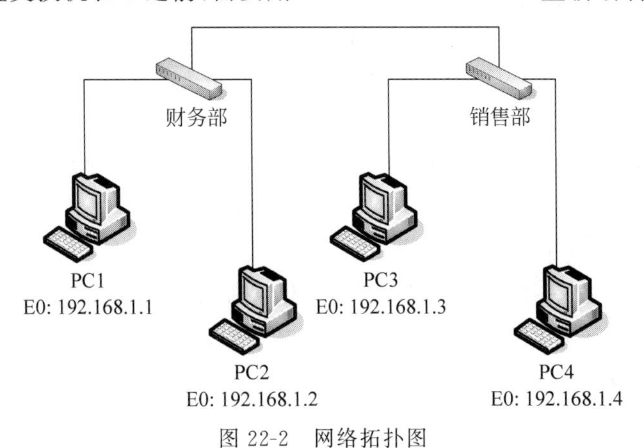

图 22-2　网络拓扑图

1. 添加设备

(1) 打开 Cisco Packet Tracer 工作界面,准备绘制网络拓扑图。

(2) 在左下角设备管理区列表中单击交换机,选择型号为 2950-24 的交换机,将其加入工作区。这时,工作区就有了一个名称为 Switch0 的交换机。

(3) 在左下角设备管理区列表中单击交换机,选择型号为 3560-24PS 的交换机,将其加入工作区。这时,工作区就有了一个名称为 Multilayer Switch0 的交换机。

(4) 重复本操作步骤(2),再添加一个交换机 Switch1。

(5) 在左下角设备管理区列表中单击终端设备,选择型号为 PC-PT 的 PC,将其加入工作区,名称为 PC0。

(6) 重复本操作步骤(4),再添加三个 PC,名称分别为 PC1、PC2、PC3。

添加完毕,工作区将会有 7 个设备,如图 22-3 所示。

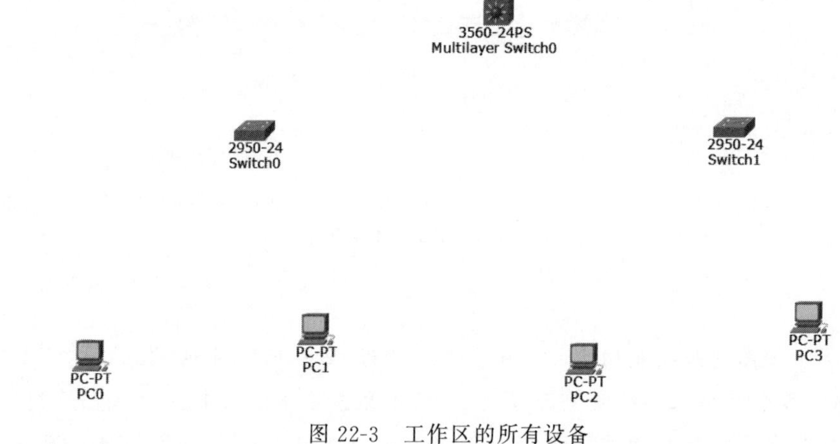

图 22-3 工作区的所有设备

2. 连接设备

(1) 在左下角设备管理区列表中单击线缆,选择需要用到的电缆。

(2) 单击工作区 PC0,选择 FastEthernet0 串口进行连接,然后单击 Switch0,选择 FastEthernet0/1 串口连接电缆,如图 22-4 所示。若指示灯变绿,则表明电缆已联通;若指示灯变黄,则表明设备正在连接;若指示灯变红,则表明所选电缆或串口出错。

(3) 重复上述操作,将 Switch0 的 FastEthernet0/2 与 PC1 的 FastEthernet0 进行连接;将 Switch1 的 FastEthernet0/1 与 PC2 的 FastEthernet0 进行连接;将 Switch1 的 FastEthernet0/2 与 PC3 的 FastEthernet0 进行连接。

(4) 将 Switch0 的 FastEthernet0/3 与 Multilayer Switch0 的 FastEthernet0/1 进行连接。将 Switch1 的 FastEthernet0/3 与 Multilayer Switch0 的 FastEthernet0/2 进行连接。连接完毕的网络拓扑图如图 22-5 所示。

提示:不同设备连接需要用直通线,同种设备连接需要用交叉线;巧妙利用 Fast Forward Time 按钮,加速设备加载缓冲的时间。

3. VLAN 的划分

1) PC 的 IP 地址配置

(1) 单击 PC0,在弹出窗口中选择 Desktop 选项卡,在弹出的页面中选择 IP

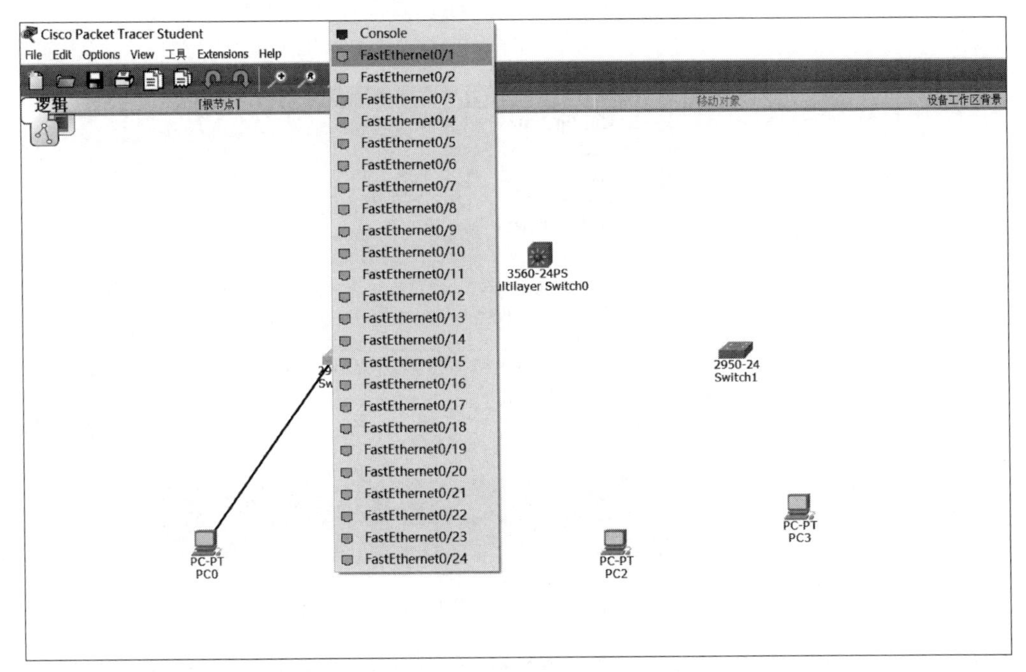

图 22-4 选择串口连接电缆

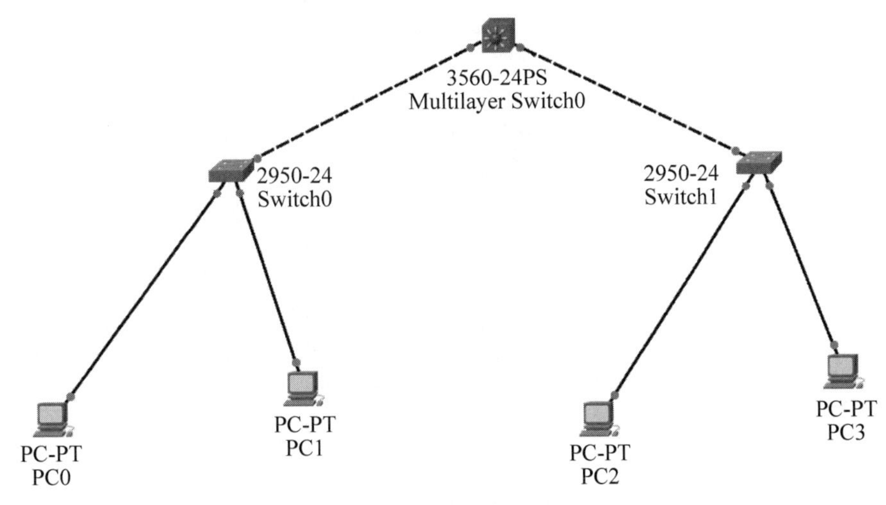

图 22-5 网络拓扑图

Configuration，在 IP Address 文本框中输入 192.168.1.1，在 Subnet Mask 文本框中输入 255.255.255.0，如图 22-6 所示。

(2) 重复操作步骤(1)，依次为 PC1、PC2、PC3 分配 IP 地址，分别为 192.168.2.1、192.168.1.2、192.168.2.2。

2) 为 PC 划分 VLAN

(1) 单击 Switch0，在弹出窗口中选择 Config 选项卡，选择“交换配置”|“VLAN 数据库”，在“VLAN 号”文本框中输入 10，在“VLAN 名称”文本框中输入 VLAN10，单击增加。

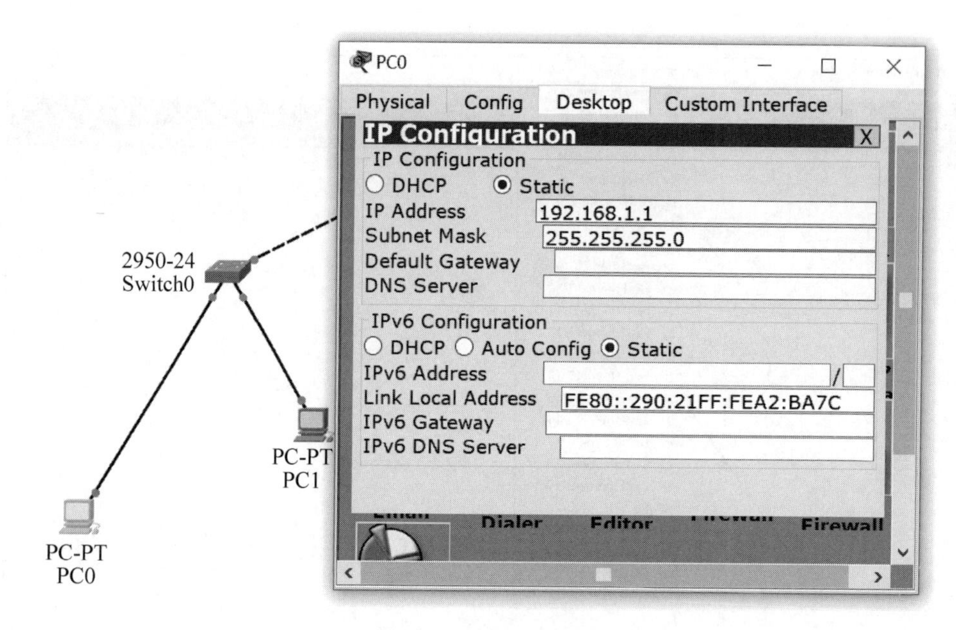

图 22-6　为 PC0 分配 IP

继续在"VLAN 号"文本框中输入 20,在"VLAN 名称"文本框中输入 VLAN20,单击增加,如图 22-7 和图 22-8 所示。

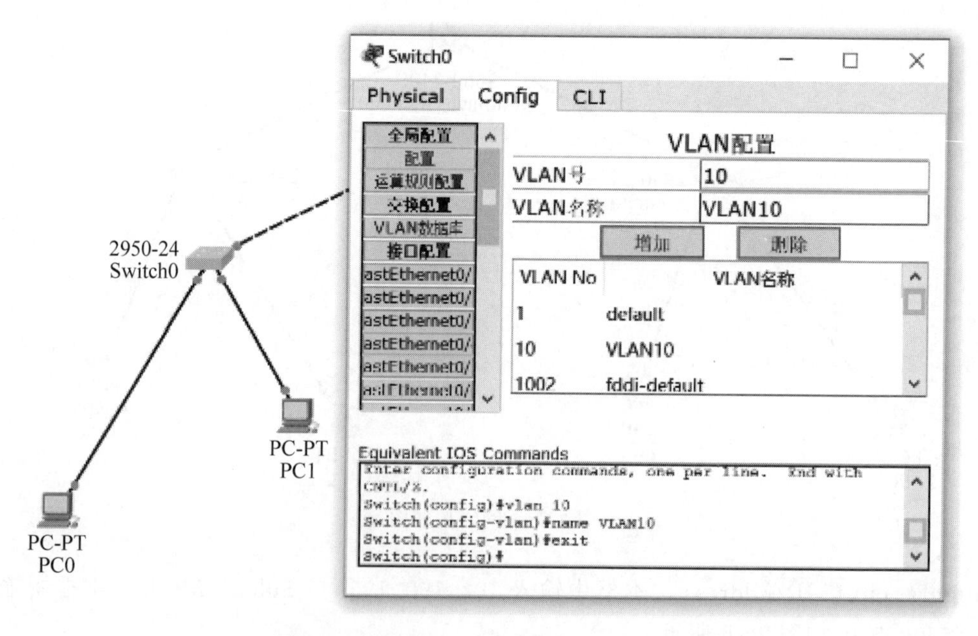

图 22-7　在 VLAN 数据库中添加 VLAN 10

(2) 重复操作步骤(1),在 Multilayer Switch0 的 VLAN 数据库中添加 VLAN 10 与 VLAN 20。

(3) 在接口配置中选择接口 FastEthernet0/1,在 VLAN 文本框中输入 10,如图 22-9 所示。

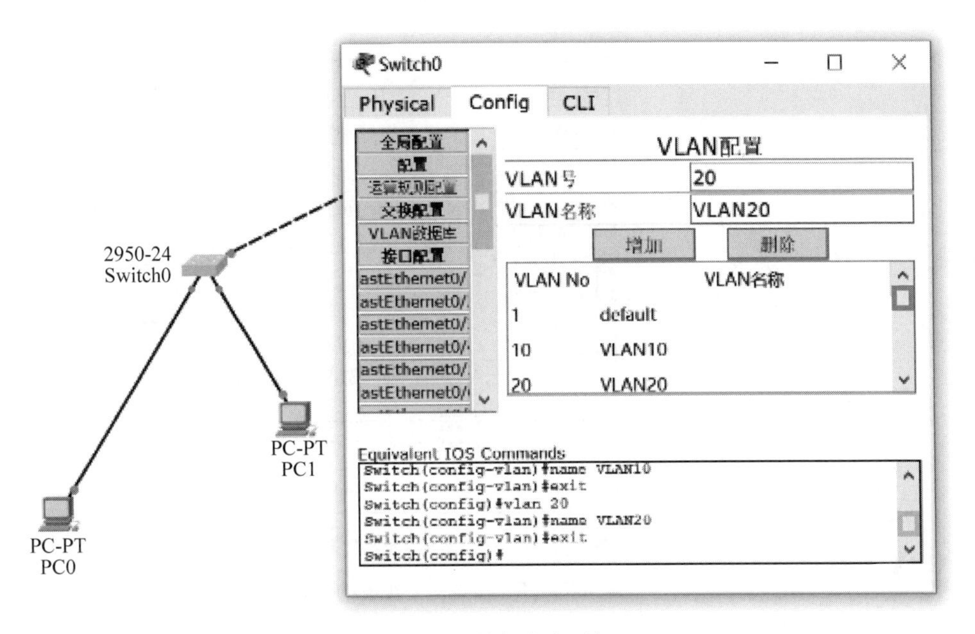

图 22-8　在 VLAN 数据库中添加 VLAN 20

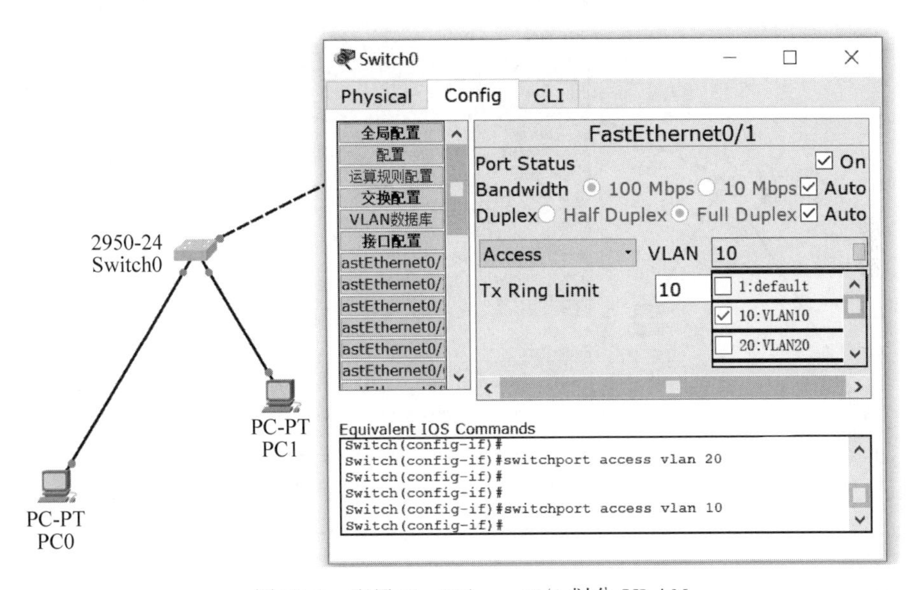

图 22-9　配置 FastEthernet0/1 划分 VLAN

(4) 在接口配置中选择接口 FastEthernet0/2，在 VLAN 文本框中输入 20，如图 22-10 所示。

(5) 在接口配置中选择接口 FastEthernet0/3，在 VLAN 文本框左方选择 Trunk 选项，如图 22-11 所示。

(6) 重复上述操作，为 Switch1 进行配置。

(7) 单击 Multilayer Switch0，在弹出的窗口中选择 Config 选项卡，在接口配置中选择接口 FastEthernet0/1，在 VLAN 文本框左方选择 Trunk 选项。重复上述操作，配置接口

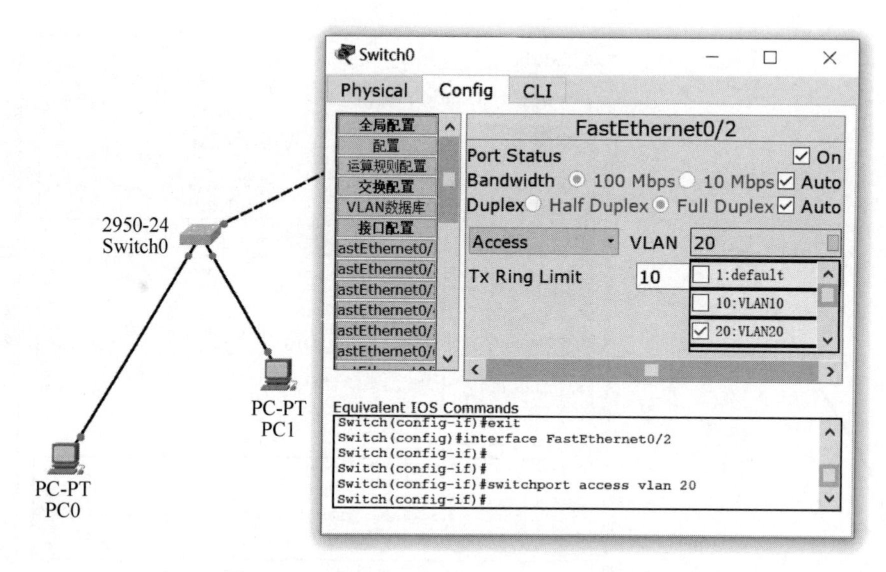

图 22-10　配置 FastEthernet0/2 对应的 VLAN

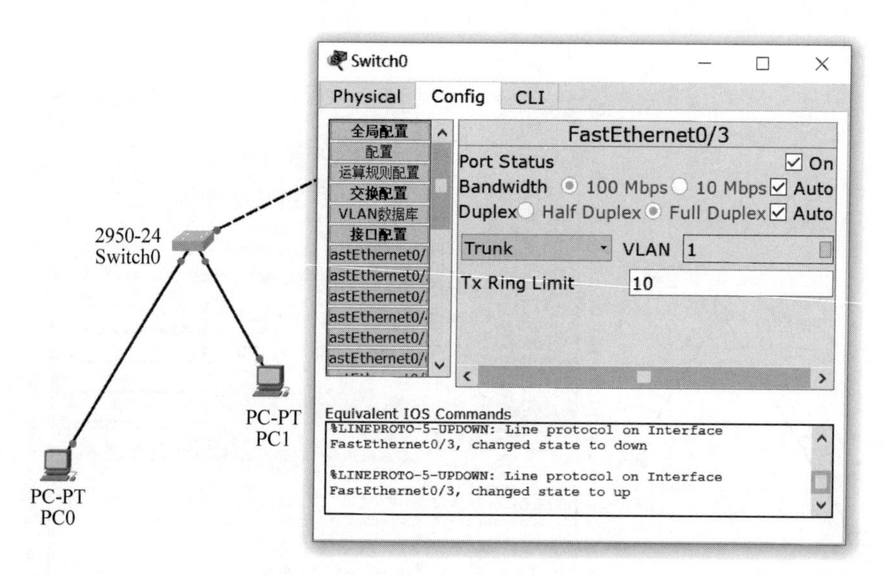

图 22-11　FastEthernet0/3 设置为 Trunk 模式

FastEthernet0/2，如图 22-12 所示。

3）配置三层交换机

（1）单击 Multilayer Switch0，在弹出的窗口中选择 CLI 选项卡，在光标下输入 enable 命令进入特权模式，按回车键结束。继续输入 config terminal 命令进入全局配置模式，如图 22-13 所示。

（2）在全局配置模式下，输入 interface vlan 10 命令进入 VLAN 10 的接口配置模式，在接口配置模式下输入 ip address 192.168.1.3 255.255.255.0，即设置 VLAN 10 的交换机虚拟接口的 IP 地址为 192.168.1.3。输入 no shutdown 命令开启该端口。输入 exit 命令退出 VLAN 10 的接口配置模式。

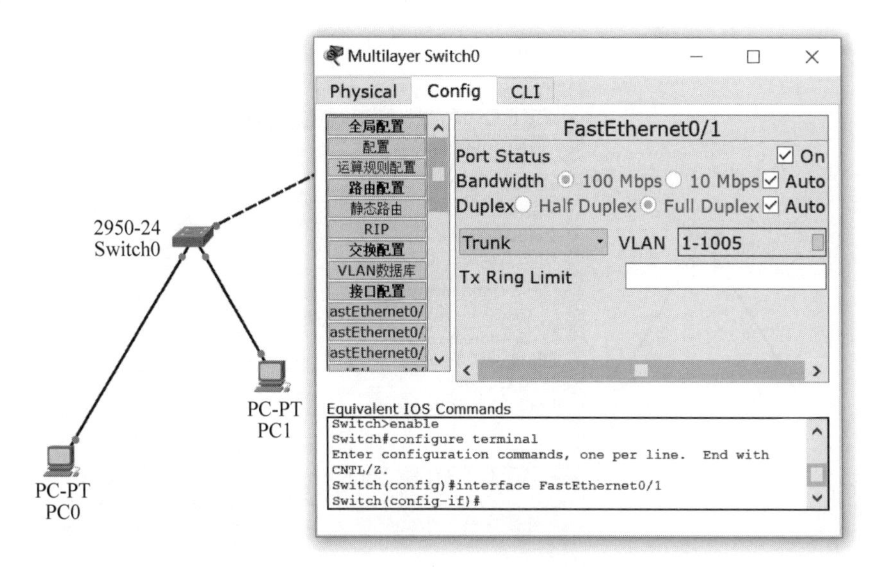

图 22-12　为 Multilayer Switch0 设置 Trunk 模式

(3) 重复上述操作，配置 VLAN 20 的交换机虚拟接口的 IP 地址为 192.168.2.3。开启端口。

(4) 在全局配置模式下输入 ip routing 命令开启 Multilayer Switch0 的路由功能，如图 22-13 所示。

```
Switch>en
Switch#conf t
Enter configuration commands, one per line.  End with CNTL/Z.
Switch(config)#int vlan 10
Switch(config-if)#ip ad
Switch(config-if)#ip address 192.168.1.3 255.255.255.0
Switch(config-if)#no
Switch(config-if)#no sh
Switch(config-if)#no shutdown
Switch(config-if)#ex
Switch(config)#int vlan 20
Switch(config-if)#ip ad
Switch(config-if)#ip address 192.168.2.3 255.255.255.0
Switch(config-if)#no sh
Switch(config-if)#no shutdown
Switch(config-if)#ex
Switch(config)#ip routing
Switch(config)#ex
Switch#
```

图 22-13　三层交换机 Multilayer Switch0 完整配置代码

提示：图中代码出现的 int、en、conf t 等均为代码缩写。

4) 配置 PC 的网关

(1) 单击 PC0，在弹出的窗口中选择 Desktop 选项卡，选择 IP Configuration，在 Default Gateway 文本框中输入 192.168.1.3，即将 VLAN 10 的虚拟接口的 IP 地址作为网关地址，如图 22-14 所示。

(2) 单击 PC1，在弹出的窗口中选择 Desktop 选项卡，选择 IP Configuration，在 Default Gateway 文本框中输入 192.168.2.3，即将 VLAN 20 的虚拟接口的 IP 地址作为网关地址，如图 22-15 所示。

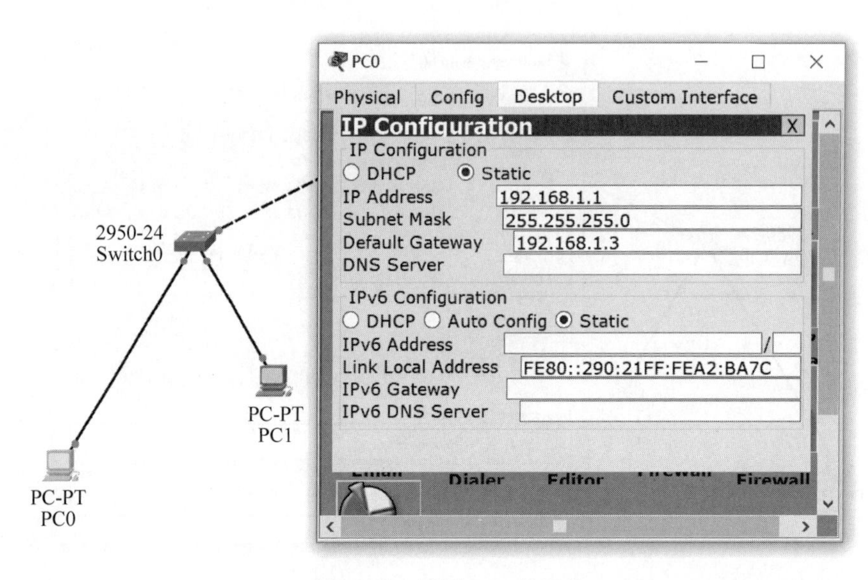

图 22-14　配置 PC0 的网关

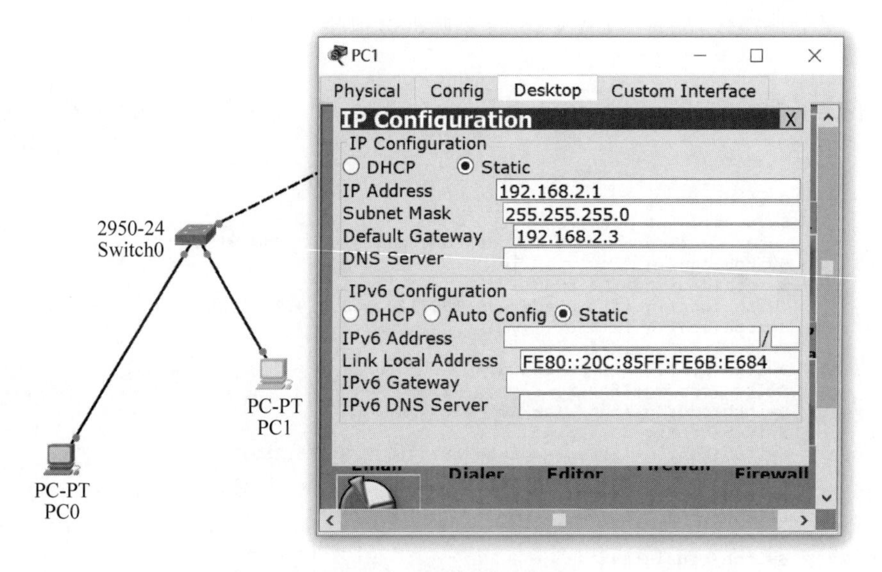

图 22-15　配置 PC1 的网关

(3) 重复上述操作,将 PC2、PC3 的网关配置成相对应 VLAN 的虚拟接口 IP 地址。

5) 测试 VLAN

(1) 选择工作区右侧工具栏的“信封”,依次单击 PC0 与 PC1,测试两者之间能否正常通信。单击工作区下方的“切换到 PDU 列表窗口”查看通信是否成功。

(2) 使用该工具依次测试 PC0 与 PC2、PC3 之间的通信状况。

(3) 重复上述操作,测试 PC1 与 PC2、PC3 之间的通信状况,如图 22-16 所示。

提示: 由于三层交换机的路由表中还没有 PC 的路由信息而导致第一次测试失败,多测试几次即可。

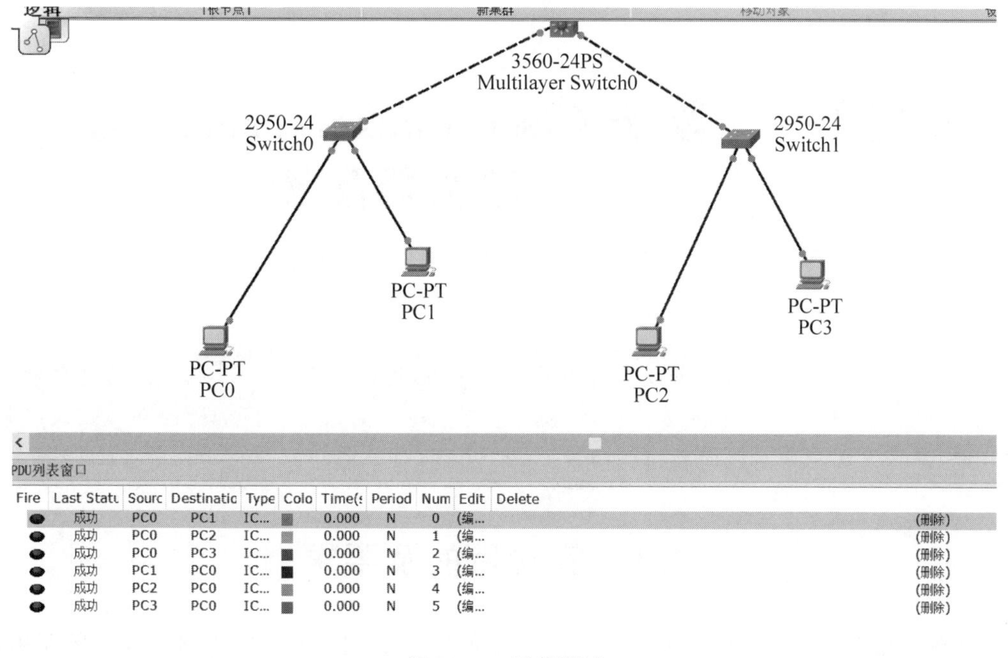

图 22-16　通信测试

思考题：

（1）如何证明两台计算机在同一个 VLAN 或不同 VLAN？

（2）划分 VLAN 有什么作用？

22.5　知识点归纳

（1）网络拓扑图绘制方法。

（2）PC 中 IP 地址的配置方法。

（3）VLAN 网络的连通性测试方法。

实验23 基于 Cisco Packet Tracer 的路由器配置

路由器是网络拓扑结构中最常用的器件之一，通过路由器可以实现不同网络之间的数据转发，实现子网之间的互连。本次实验通过 Cisco Packet Tracer 软件平台深入了解路由器是如何实现子网之间的通信的。

23.1 实验目的及要求

熟练利用 Cisco Packet Tracer 画出简单的网络结构拓扑图，并能够进行简单的路由器配置。

23.2 实验计划学时

完成本实验需要 2 学时。

23.3 实 验 器 材

计算机 1 台，Cisco Packet Tracer 6.1 版软件 1 套。

23.4 实 验 内 容

23.4.1 绘制网络拓扑图

本实验中将要使用的网络拓扑图已经画出，如图 23-1 所示，各主要参数已经在图中注明。在进行相关设备配置之前，需要用 Cisco Packet Tracer 重新绘制该图。

1. 添加设备

(1) 打开 Cisco Packet Tracer 工作界面，准备绘制网络拓扑图。

(2) 在左下角设备管理区列表中单击路由器，选择型号为 1841 的路由器，将其加入工作区。这时，工作区就有了一个名称为 Router0 的路由器。

(3) 重复步骤(2)，再添加一个路由器 Router1。

(4) 在左下角设备管理区列表中单击交换机，选择型号为 2950-54 的交换机，将其加入工作区。在工作区中添加一个名称为 Switch0 的交换机。

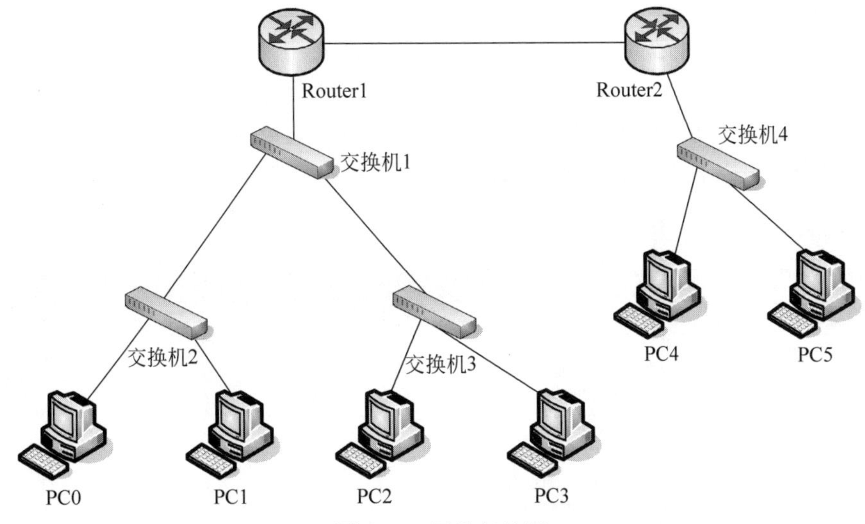

图 23-1　网络拓扑图

(5) 重复步骤(4)，再添加三个交换机：Switch1、Switch2 和 Switch3。

(6) 在左下角设备管理区列表中单击终端设备，选择型号为 PC-PT 的 PC，将其加入工作区。名称为 PC0。

(7) 重复步骤(6)，再添加五个 PC，名称分别为 PC1、PC2、PC3、PC4 和 PC5。

添加完毕，工作区将会有 12 个设备，如图 23-2 所示。

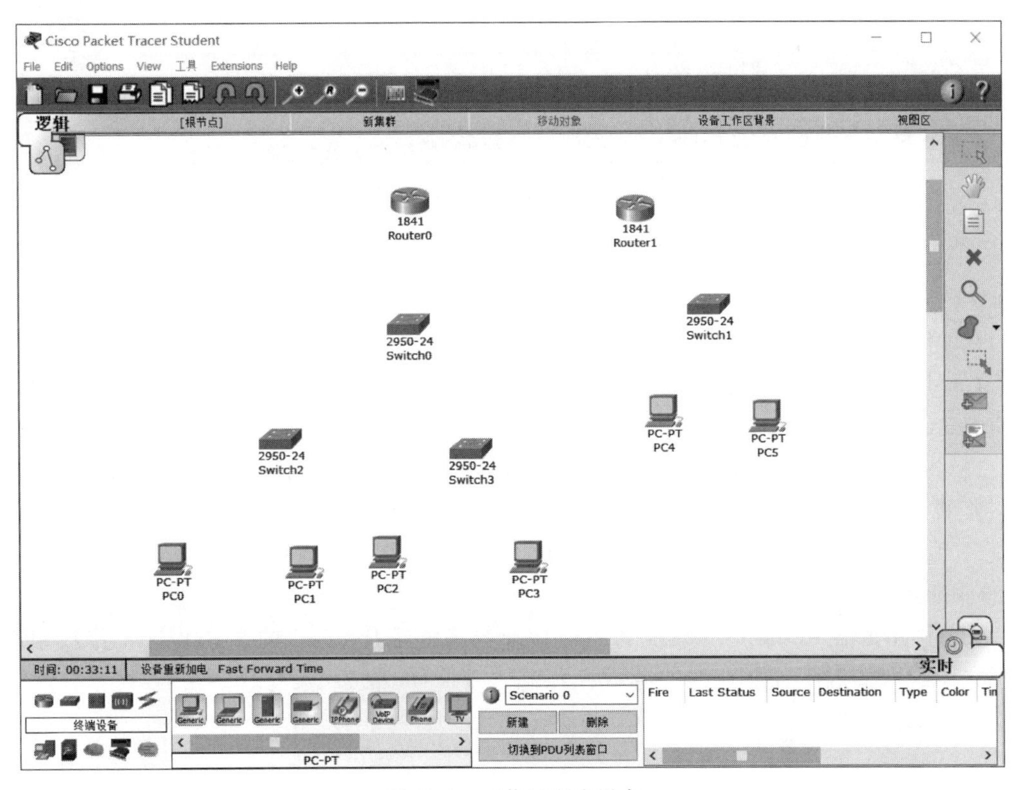

图 23-2　工作区所有设备

2. 连接设备

(1) 在左下角设备管理区列表中单击线缆,选择需要用到的电缆。

(2) 单击工作区 PC0,选择 FastEthernet0 串口进行连接,然后单击 Switch1,选择 FastEthernet0/2 串口连接电缆,如图 23-3 所示。若指示灯变绿,则表明电缆已连通;若指示灯变黄,则表明设备正在连接;若指示灯变红,则说明所选电缆或串口出错。

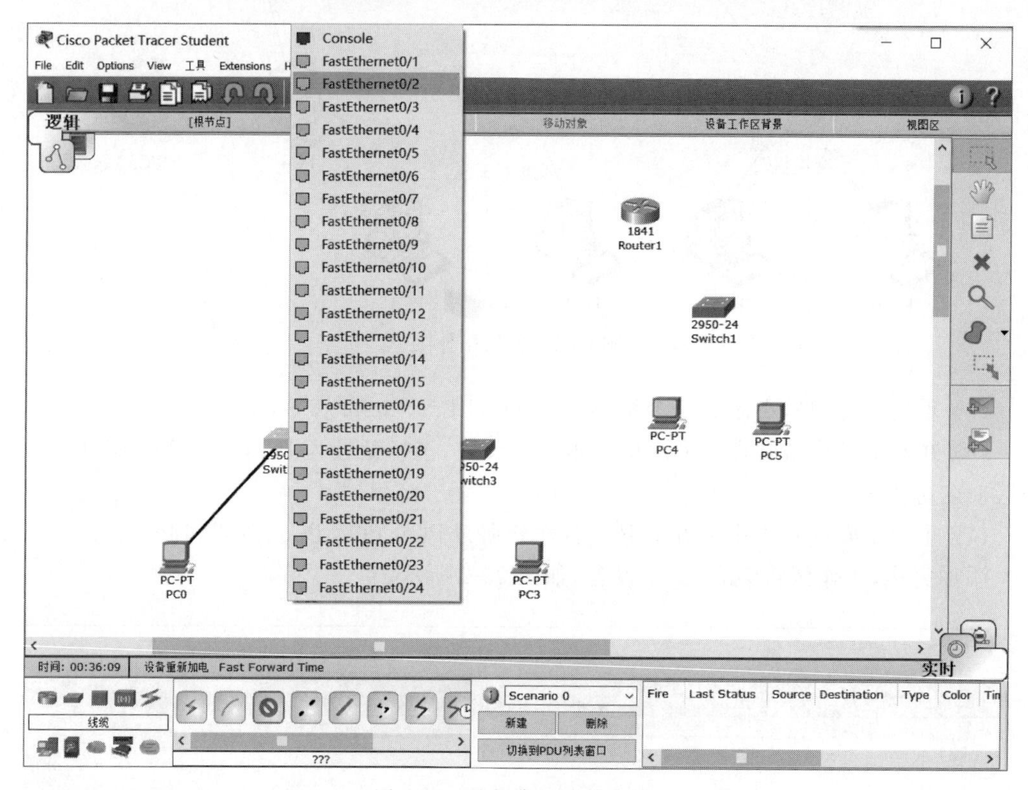

图 23-3 选择串口连接电缆

(3) 重复上述操作将 Switch1 与 PC1 连接,将 Switch2 与 PC2、PC3 连接,将 Switch3 与 PC4、PC5 连接。

(4) 用同样的方法,将 Switch0 与 Switch1、Switch2 连接。

(5) 用同样的方法,将路由器 Router0 与交换机 Switch0 连接,将路由器 Router1 与交换机 Switch3 连接。

(6) 单击路由器 Router0,打开路由器配置界面。在路由器物理结构图中找到服务器电源将其断电,如图 23-4 所示。

(7) 在左侧配件栏内选择 WIC-2T 配件,将其拖入路由器空白槽内,并将电源打开,如图 23-5 所示。

(8) 将路由器 Router0 的 Serial0/0/0 串口与路由器 Router1 的 Serial0/1/0 串口相连,连接完毕的网络拓扑图如图 23-6 所示。

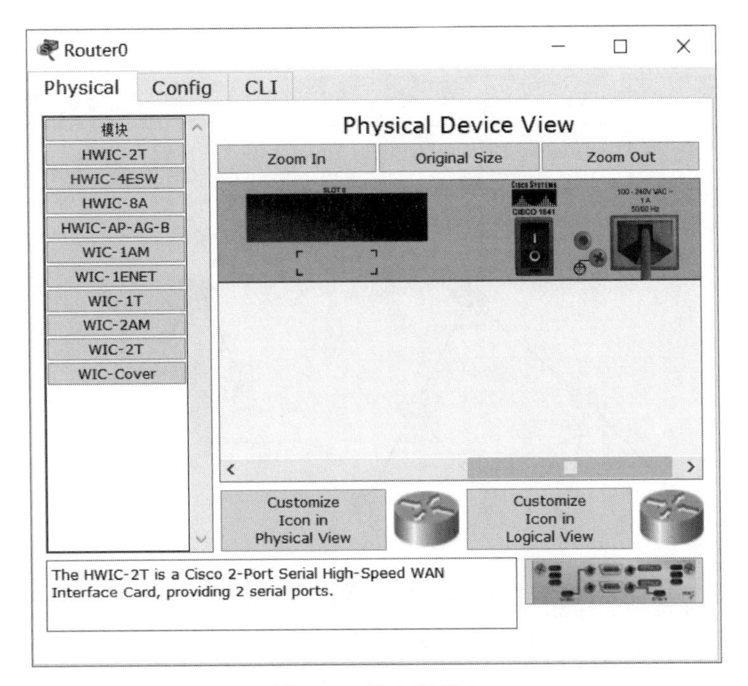

图 23-4　路由器断电

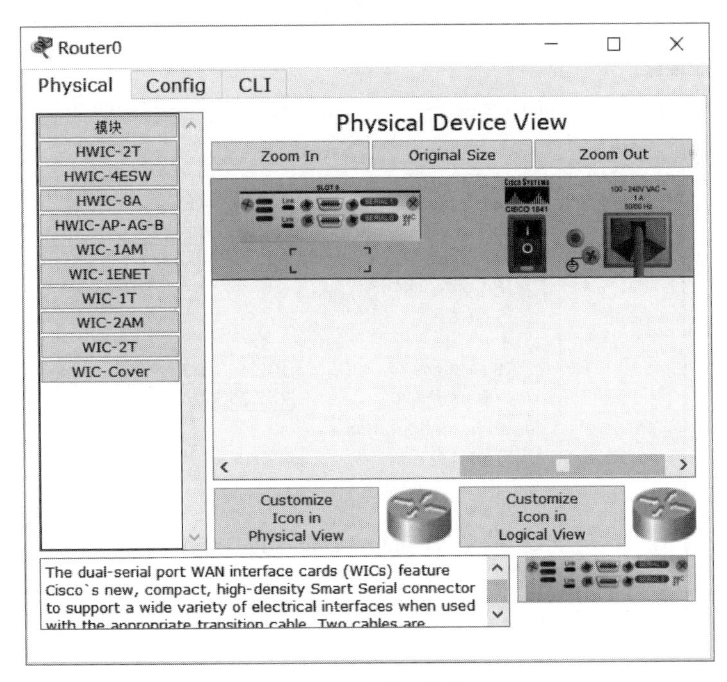

图 23-5　添加配件

23.4.2　网络配置

1. IP 地址配置

(1) 单击 PC0，在弹出的窗口中选择 Config 选项卡，选择接口 FastEthernet0，在 IP Address 栏输入 192.168.1.2，如图 23-7 所示。

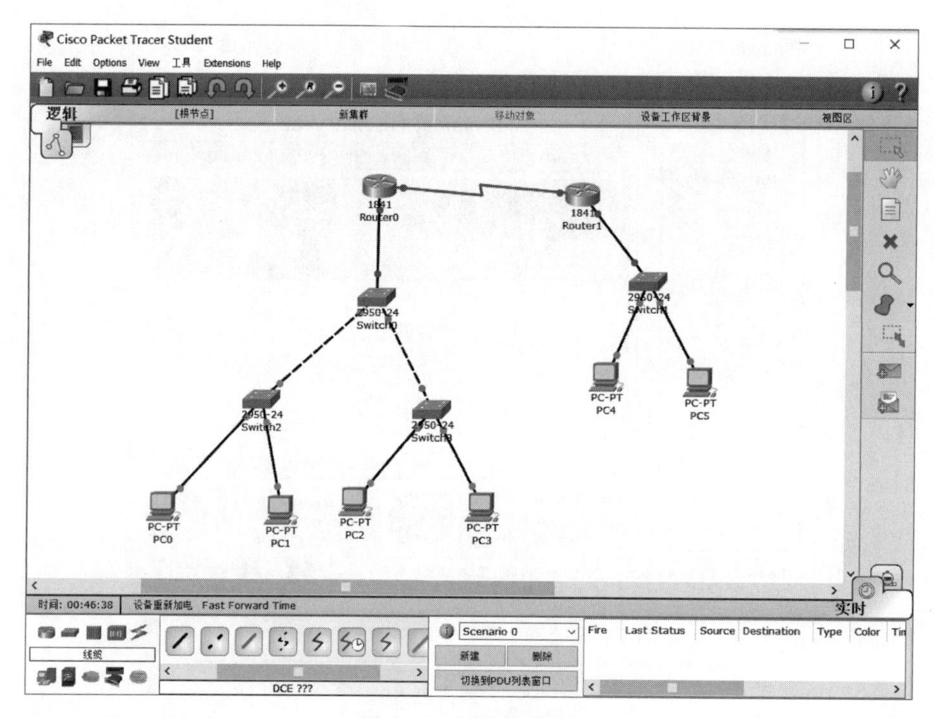

图 23-6　网络拓扑图

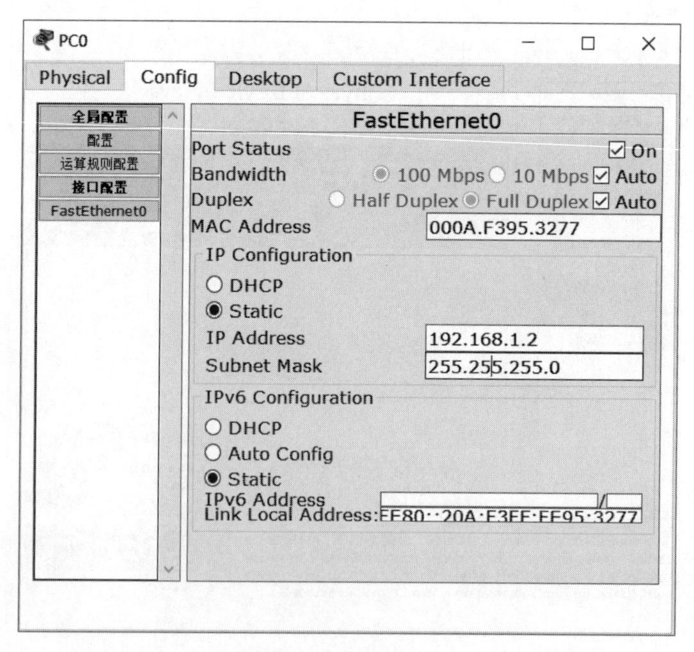

图 23-7　为 PC0 分配 IP

(2) 重复上述操作,依次设置 PC1、PC2、PC3、PC4、PC5 的 IP 地址为:192.168.1.3、192.168.2.2、192.168.2.3、192.168.3.2、192.168.3.3。

(3) 依照上述方法,为路由器 Router0 的 Serial0/0/0 串口分配 IP 地址 192.168.4.1;为路由器 Router1 的 Serial0/1/0 串口分配 IP 地址 192.168.4.2。

（4）单击 PC0，在弹出的窗口中选择 Config 选项卡，选择“配置”一栏，将 PC0 的网关 IP 地址设为 192.168.1.1，如图 23-8 所示。

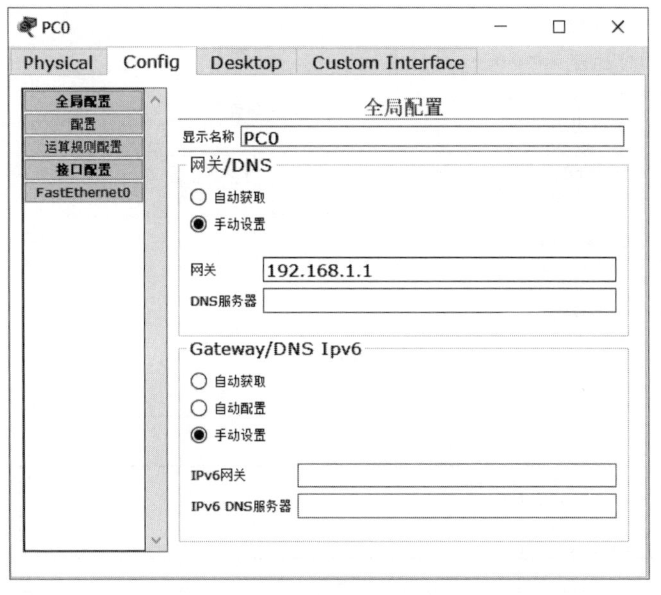

图 23-8　为 PC0 设置网关 IP 地址

（5）重复上述操作，依次设置 PC1、PC2、PC3、PC4、PC5 的网关 IP 地址为：192.168.1.1、192.168.2.1、192.168.2.1、192.168.3.1、192.168.3.1。

2. 为 PC 划分子网

（1）单击交换机 Switch0，在弹出的窗口中选择 Config 选项卡，选择“VLAN 数据库”，在“VLAN 号”内输入 2，“VLAN 名称”内输入 vlan02，如图 23-9 所示。

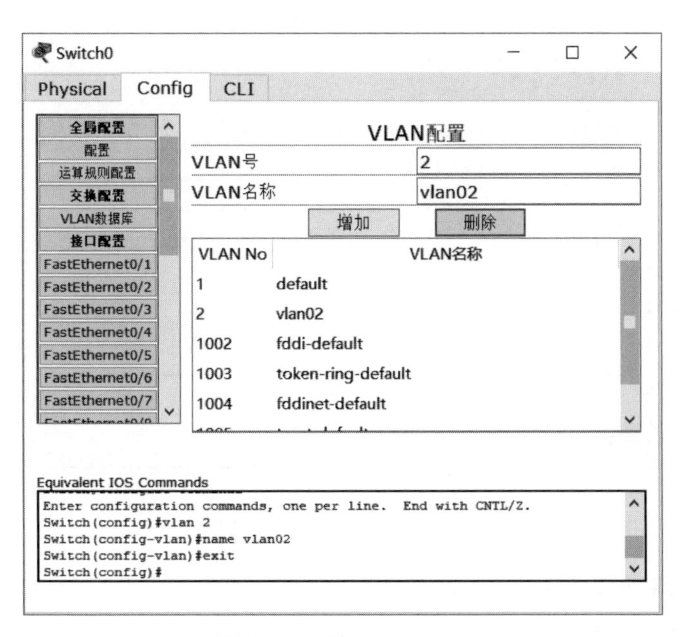

图 23-9　增加 VLAN(1)

(2) 重复上述操作,在交换机 Switch0 的"VLAN 数据库"内设置"VLAN 号"与"VLAN 名称"分别为"3""vlan03",如图 23-10 所示。

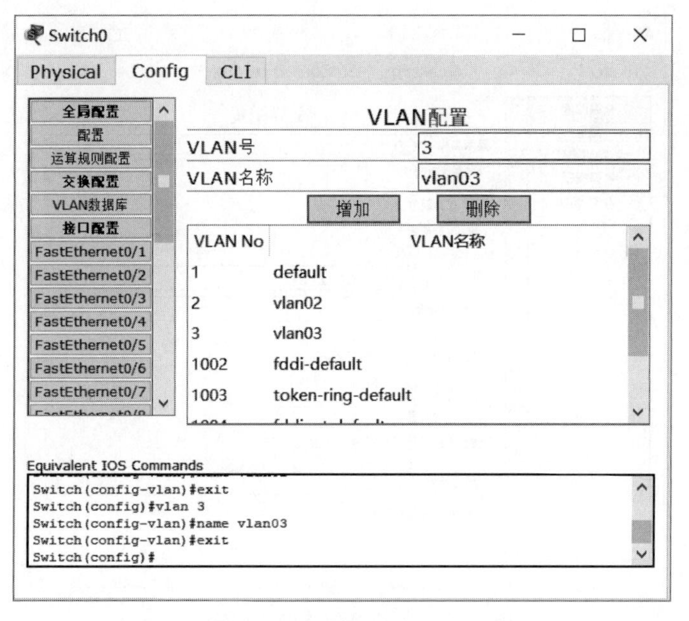

图 23-10　增加 VLAN(2)

(3) 重复上述操作,在所有的交换机 VLAN 数据库内增加以上两个 VLAN。

(4) 在 Switch2 上将连接 PC0 与 PC1 的端口划分到 VLAN 1 内,如图 23-11 所示。

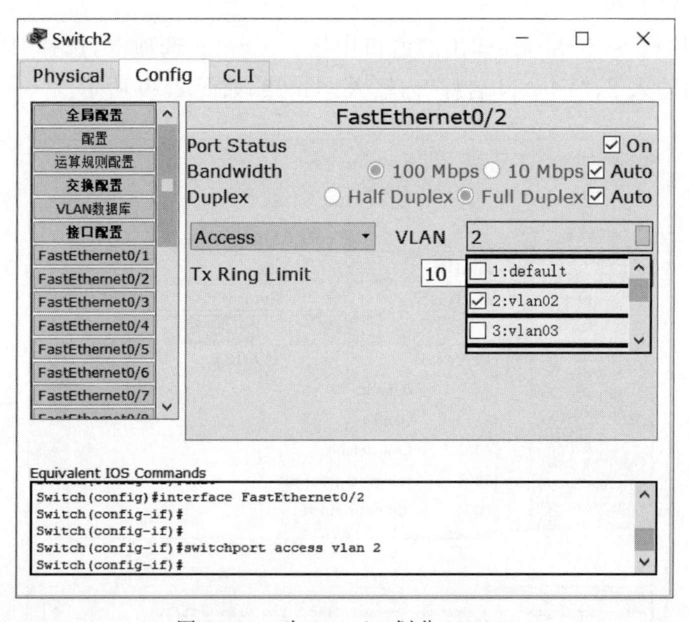

图 23-11　为 Switch2 划分 VLAN

(5) 重复上述操作,将 Switch3 连接 PC2 与 PC3 的端口划分到 VLAN 3 内。

(6) 将 Switch2 连接 Switch0 的端口设置为 Trunk 模式,并选择所有的 VLAN,如

图 23-12 所示。

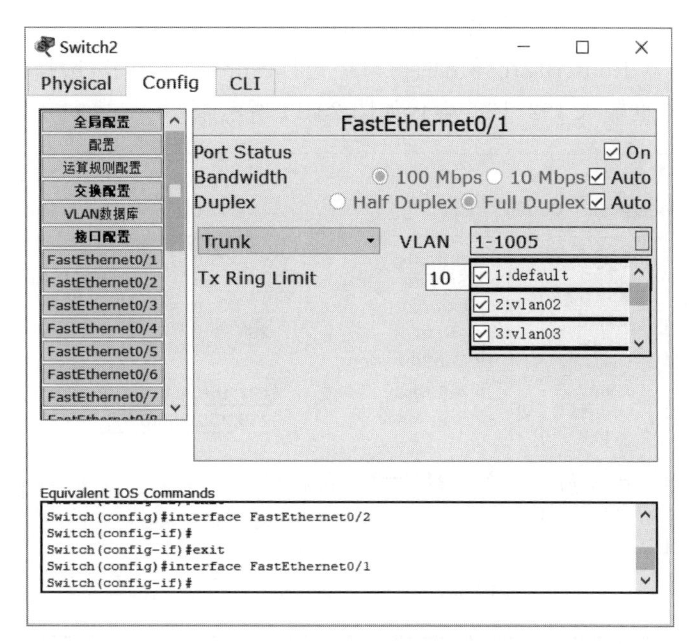

图 23-12　Switch2 端口设置

(7) 重复上述操作,将 Switch3 连接 Switch0 的端口设置为 Trunk 模式。

(8) 重复上述操作,将 Switch0 和 Switch1 与路由器相连的端口设置为 Trunk 模式。

3. 路由器配置

(1) 单击路由器 Router0,在弹出窗口中选择 Config 选项卡,选择端口 FastEthernet0/0,选中 On 选项,打开端口,如图 23-13 所示。

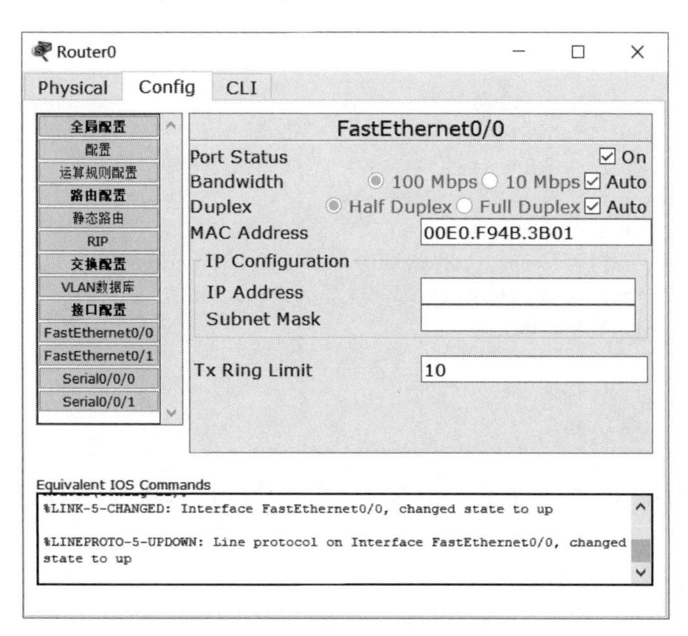

图 23-13　打开路由器端口

(2) 重复上述操作,打开 Router0 的 Serial0/0/0 端口。

(3) 重复上述操作,打开路由器 Router1 的相应的端口。

(4) 单击路由器 Router0,在弹出的窗口中选择 Config 选项卡,选择端口 Serial0/0/0,在 IP Address 文本框输入 192.168.4.1,如图 23-14 所示。

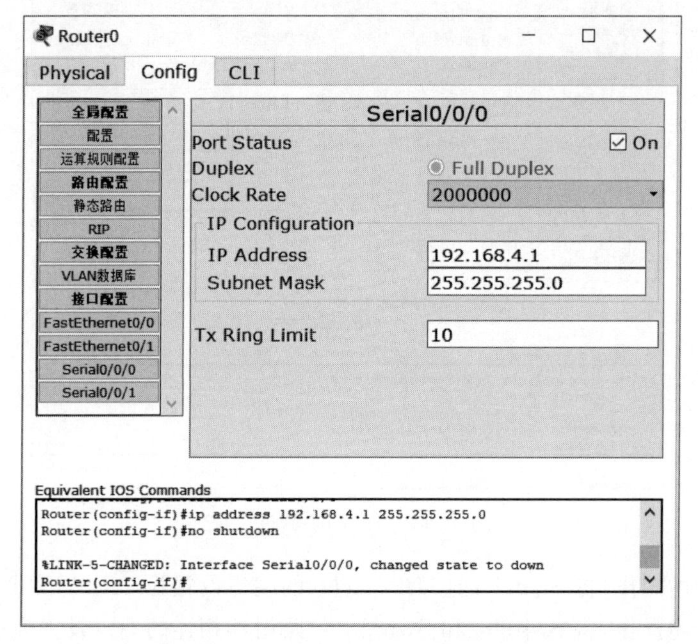

图 23-14 为端口 Serial0/0/0 分配 IP 地址

(5) 重复上述操作,为路由器 Router1 的 Serial0/1/0 端口分配 IP 地址 192.168.4.2。

(6) 单击路由器 Router0,在弹出的窗口中选择 CLI 选项卡,设置单臂路由。代码如下:

```
Router(config) # interface fa 0/0.1
Router(config - subif) # encapsulation dot1Q 2
Router(config - subif) # ip address 192.168.1.1 255.255.255.0
Router(config - subif) # exit
Router(config) # interface fa 0/0.2
Router(config - subif) # encapsulation dot1Q 3
Router(config - subif) # ip address 192.168.2.1 255.255.255.0
Router(config - subif) # exit
Router(config) # int serial0/0/0
Router(config - if) # clock rate 64000
Router(config - if) # end
```

(7) 单击路由器 Router0,在弹出的窗口中选择 Config 选项卡,选择"静态路由",在"网络"文本框输入 192.168.3.0,在"掩码"文本框输入 255.255.255.0,在"下一跳"文本框输入 192.168.4.2,如图 23-15 所示。

(8) 重复上述操作,在 Router1 中分别设置"网络""掩码""下一跳"为 192.168.1.0、255.255.255.0、192.168.4.1 和 192.168.2.0、255.255.255.0、192.168.4.1 的静态路由。

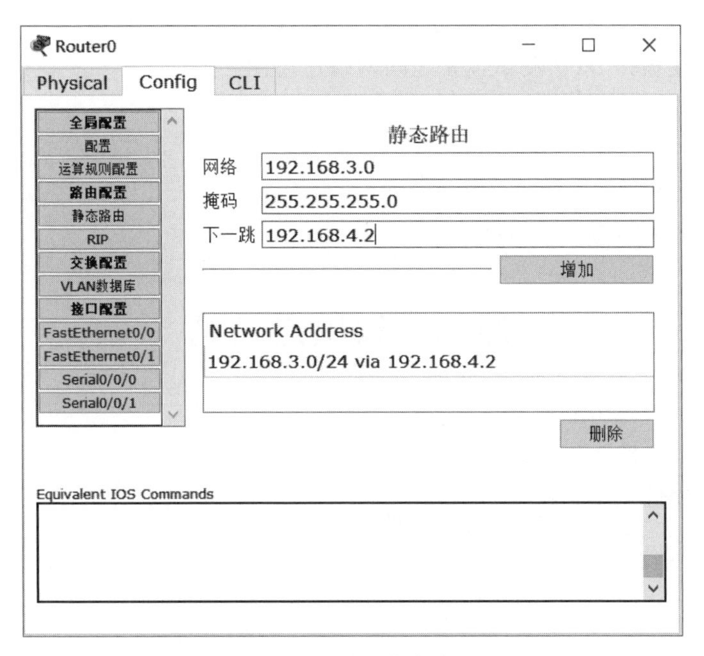

图 23-15　设置静态路由

23.4.3　测试网络

(1) 打开 PC0 配置窗口,选择 Desktop 选项卡,打开"命令提示符"对话框,逐条输入 ping 192.168.1.3、ping 192.168.2.2、ping 192.168.3.2,如图 23-16 所示。

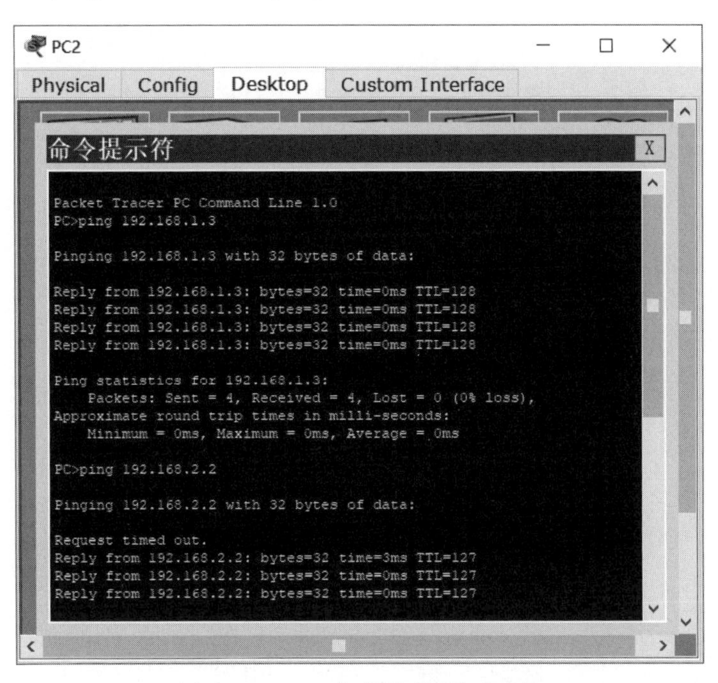

图 23-16　ping 命令测试网络连通性

(2) 打开 PC2 配置界面,使用 PC2 依次 ping PC1、PC3 和 PC5。

(3) 重复上述操作,依次测试设备之间网络连通性。

思考题:

(1) 静态路由和动态路由有什么区别?

(2) Dot1Q 协议具体功能是什么?

23.5 知识点归纳

(1) 路由器单臂路由的配置方法。

(2) 路由器静态路由的配置方法。

(3) 网络连通性测试方法。

实验 24 基于 Cisco Packet Tracer 的 SOHO 型网络搭建

SOHO(Small Office Home Office)型网络作为小型家庭型办公网络，它简单实用，搭建方便。本实验通过 Cisco Packet Tracer 软件仿真 SOHO 网络的搭建与配置。

24.1 实验目的及要求

熟练利用 Cisco Packet Tracer 画出简单的网络结构拓扑图，并能够进行简单的路由器配置。

24.2 实验计划学时

本实验 2 学时完成。

24.3 实 验 器 材

计算机 1 台，Cisco Packet Tracer 6.0/6.1 版软件 1 套。

24.4 实 验 内 容

24.4.1 构建网络拓扑

本实验中将要使用的网络拓扑图草稿已经画出，如图 24-1 所示，各主要参数已经在图中注明。在进行相关设备配置之前，需要用 Cisco Packet Tracer 重新绘制该图。

1. 添加设备

(1) 打开 Cisco Packet Tracer 工作界面，准备绘制网络拓扑图。

(2) 在左下角设备管理区列表中单击路由器，选择型号为 1841 的路由器，将其加入工作区。这时，工作区就有了一个名称为 Router0 的路由器。

(3) 在左下角设备管理区列表中单击终端设备，选择型号为 Server-PT 的服务器，将其加入工作区。在工作区添加一个名称为 Server0 的服务器。

(4) 在左下角设备管理区列表中单击交换机，选择型号为 2950-54 的交换机，将其加入工作区。在工作区中添加一个名称为 Switch0 的交换机。

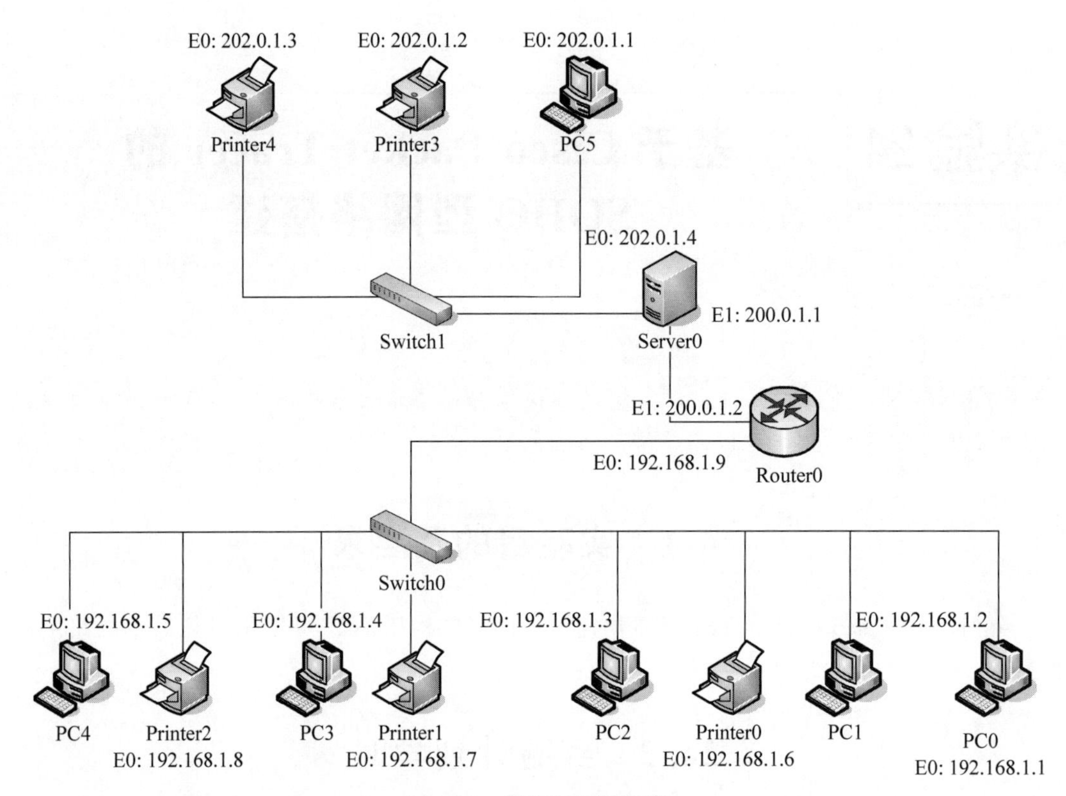

图 24-1 网络拓扑图草稿

(5) 重复步骤(4),再添加一个交换机 Switch1。

(6) 在左下角设备管理区列表中单击终端设备,选择型号为 PC-PT 的 PC,将其加入工作区,名称为 PC0。

(7) 重复步骤(6),再添加 5 个 PC,名称分别为 PC1、PC2、PC3、PC4、PC5。

(8) 在左下角设备管理区列表中单击终端设备,选择型号为 Printer-PT 的打印机,将其加入工作区,名称为 Printer0。

(9) 重复步骤(8),再添加 4 个打印机,名称分别为 Printer1、Printer2、Printer3、Printer4。

添加完毕,工作区将会有 15 个设备,如图 24-2 所示。

2. 连接设备

(1) 在左下角设备管理区列表中单击线缆,选择需要用到的电缆。

(2) 单击工作区 PC0,选择 FastEthernet0 串口进行连接,然后单击 Switch0,选择 FastEthernet0/1 串口连接电缆,如图 24-3 所示。若指示灯变绿,则表明电缆已连通;若指示灯变黄,则表明设备正在连接;若指示灯变红,则表明所选电缆或串口出错。

(3) 重复步骤(2),将 Switch0 分别与 PC1、PC2、PC3、PC4 连接,将 Switch1 与 PC5 连接。

(4) 用同样的方法,将打印机与交换机连接。

(5) 单击服务器,打开服务器配置界面。在服务器物理结构图中找到服务器电源,将其断电处理,如图 24-4 所示。

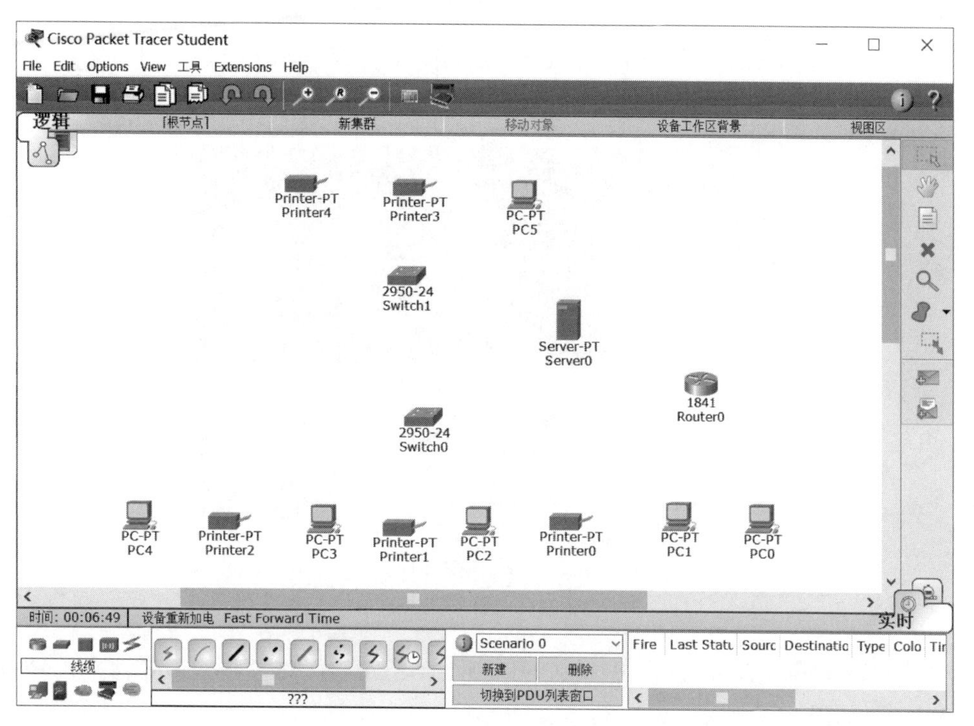

图 24-2 工作区所有设备

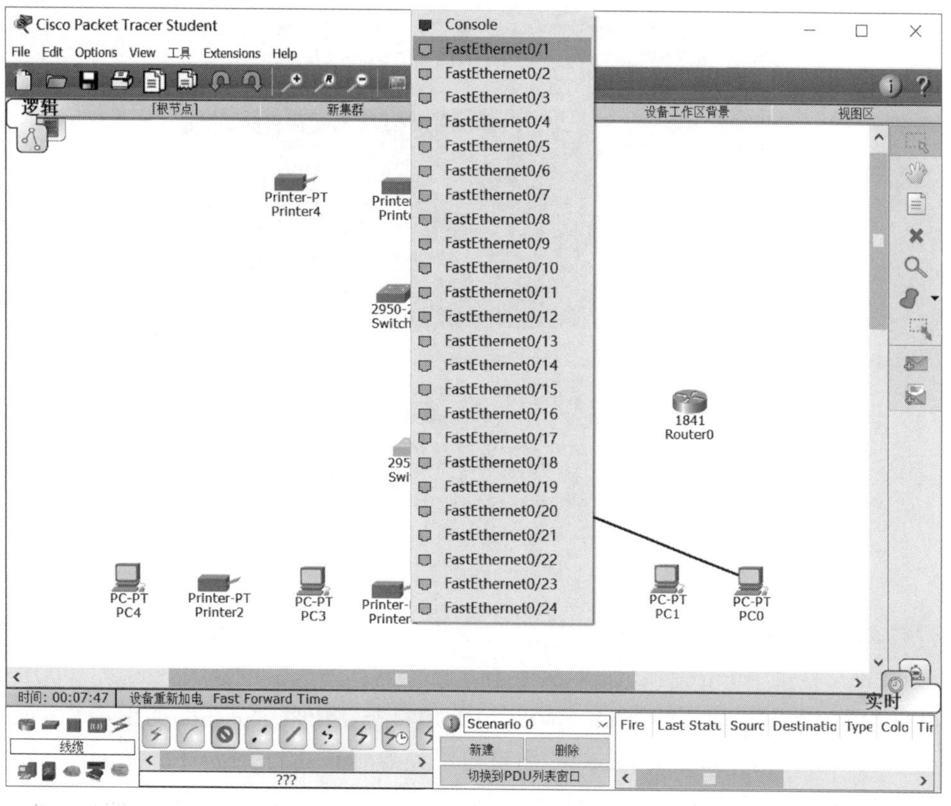

图 24-3 选择串口连接电缆

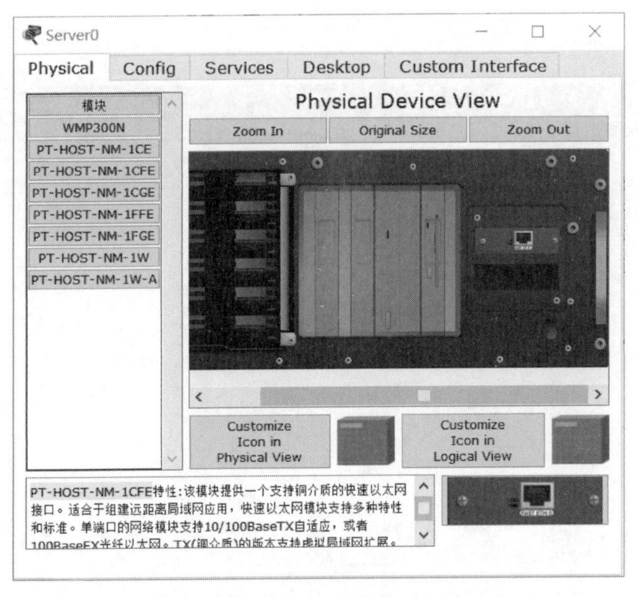

图 24-4　服务器断电

(6) 在左侧“模块”栏内选择 PT-HOST-NM-1CFE 配件，将其拖入服务器空白槽内，并将电源打开，如图 24-5 所示。

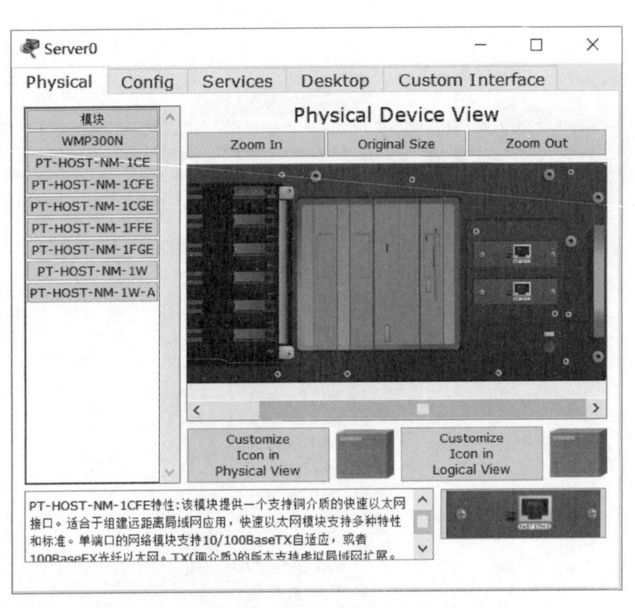

图 24-5　添加配件

(7) 单击路由器，打开路由器配置窗口，选择 Config 选项卡，单击端口，在端口配置界面 Port Status 栏选中 On 选项，如图 24-6 所示。

(8) 将交换机 Switch0 的 FastEthernet0/9 串口与路由器 Router0 的 FastEthernet0/0 串口相连，Switch1 的 FastEthernet0/4 串口与服务器 Server0 的 FastEthernet0 串口相连。连接服务器 Server0 的 FastEthernet1 串口与路由器 Router0 的 FastEthernet0/1 串口。连接完毕的网络拓扑图如图 24-7 所示。

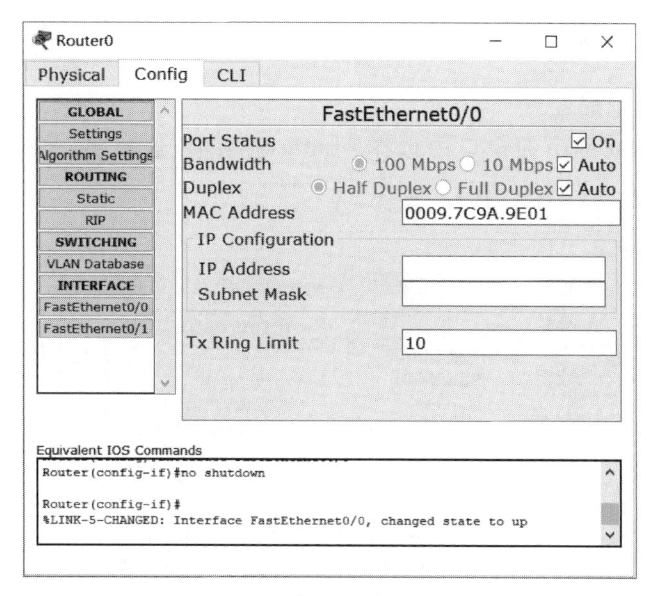

图 24-6　打开服务器端口

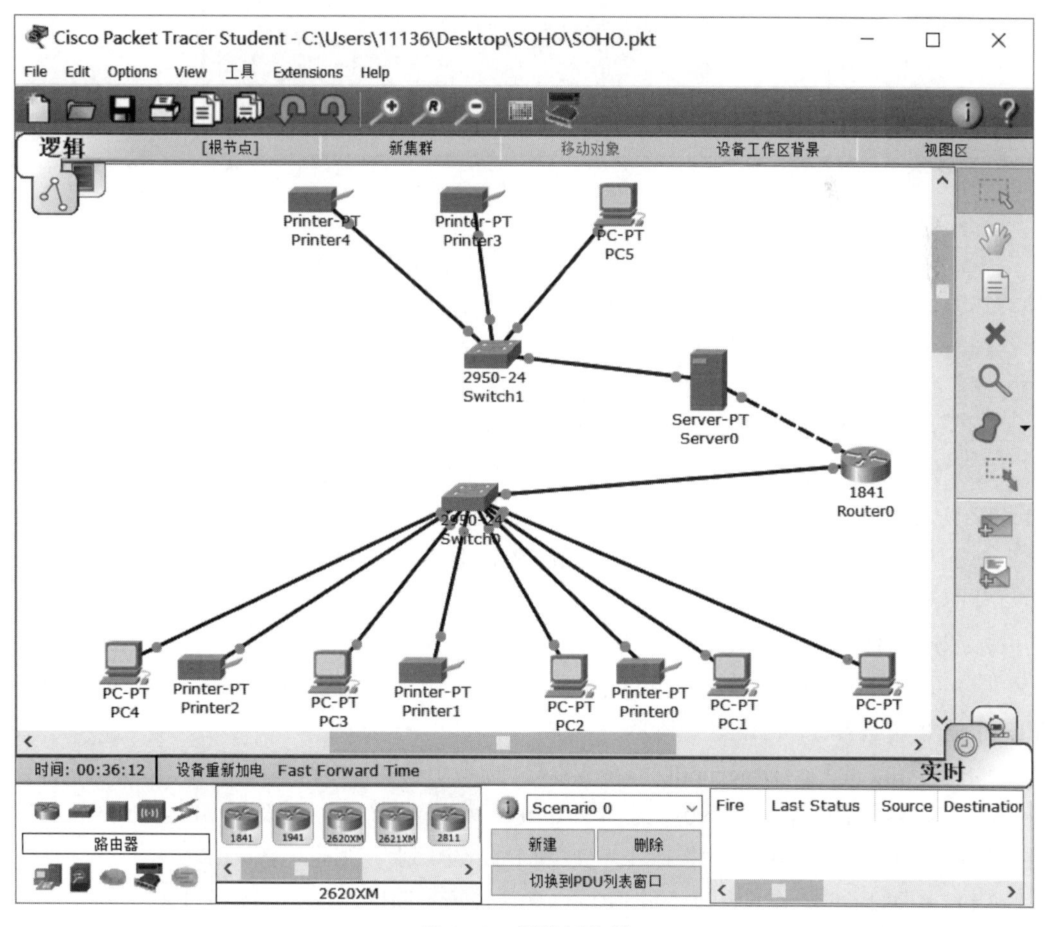

图 24-7　网络拓扑图

24.4.2 网络配置

1. PC的IP地址配置

(1) 单击PC0,在弹出的窗口中选择Config选项卡,选择接口FastEthernet0,在IP Address文本框中输入192.168.1.1,如图24-8所示。

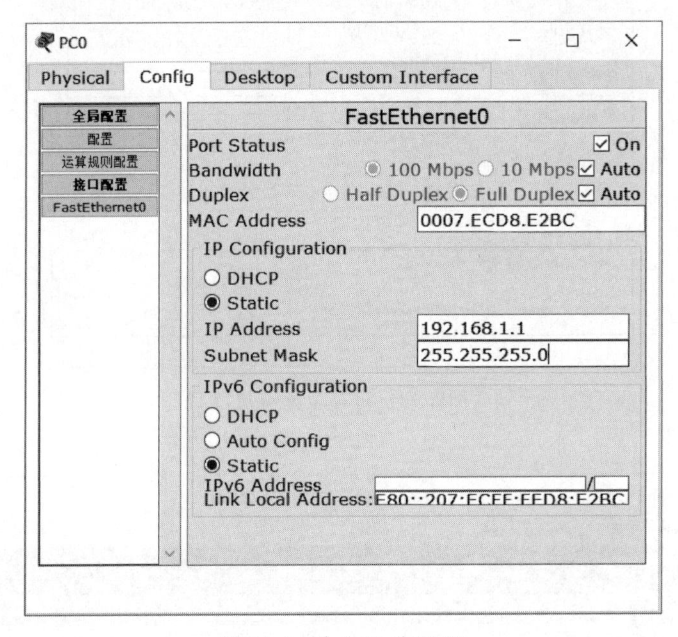

图24-8 为PC0分配IP

(2) 重复步骤(1),依次为PC1、PC2、PC3、PC4分配IP地址,分别为192.168.1.2、192.168.1.3、192.168.1.4、192.168.1.5。

(3) 依照上述方法,为Printer0、Printer1、Printer2分配IP地址,分别为192.168.1.6、192.168.1.7、192.168.1.8。

(4) 为PC5、Printer3、Printer4分配IP地址,分别为202.0.1.1、202.0.1.2、202.0.1.3。

(5) 为服务器FastEthernet0串口分配IP地址202.0.1.4;为服务器FastEthernet1串口分配IP地址200.0.1.1。

(6) 为路由器FastEthernet0/0串口分配IP地址192.168.1.9;为路由器FastEthernet0/1串口分配IP地址200.0.1.2。

2. 为PC划分VLAN

(1) 单击Switch0,在弹出的窗口中选择Config选项卡,选择接口FastEthernet0/1,在VLAN选项中选择1,如图24-9所示。

(2) 选择接口FastEthernet0/2,在VLAN选项中选择1002,如图24-10所示。

(3) 选择接口FastEthernet0/3,在VLAN选项中选择1002;选择接口FastEthernet0/4,在VLAN选项中选择1002。将PC1、PC2和Printer0划分到同一个VLAN中。

(4) 重复上述操作,接口FastEthernet0/5、FastEthernet0/6选择1003,将PC3和Printer1划分到同一个VLAN中。

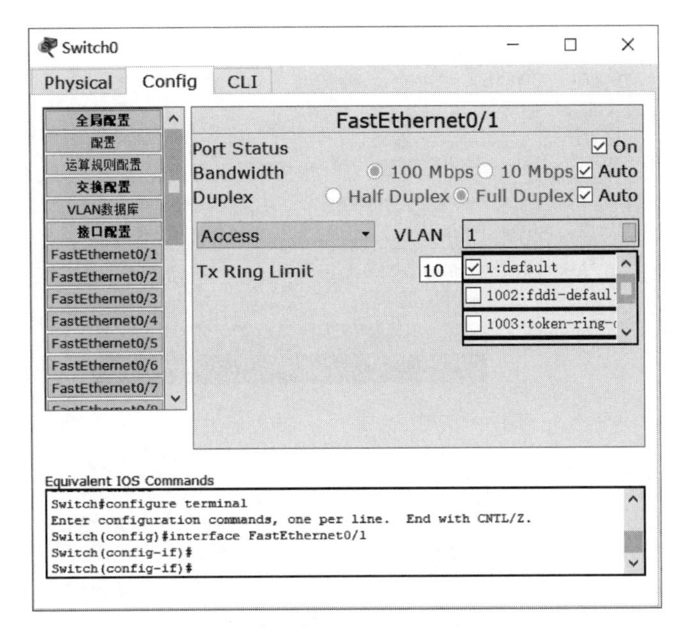

图 24-9　配置 FastEthernet0/1 对应的 VLAN

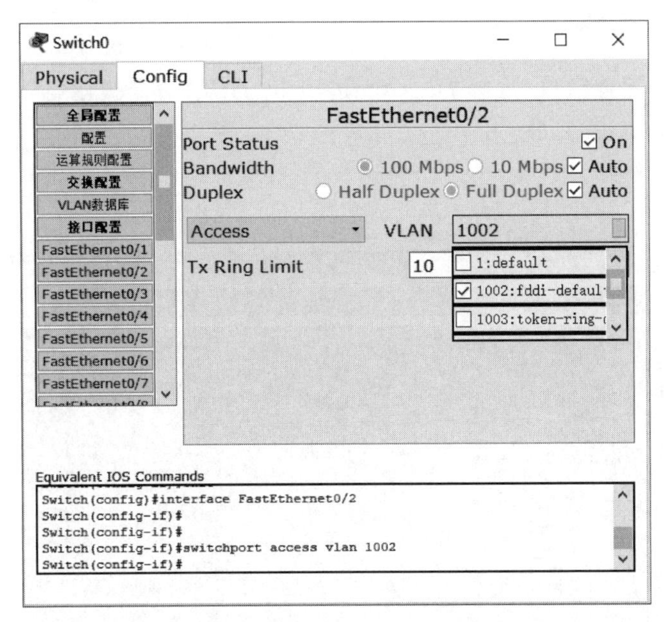

图 24-10　配置 FastEthernet0/2 对应的 VLAN

(5) 重复上述操作，接口 FastEthernet0/7、FastEthernet0/8 选择 1004，将 PC4 和 Printer2 划分到同一个 VLAN 中。

(6) 重复上述操作，接口 FastEthernet0/9 选择 1。

3. 服务器配置

打开服务器配置窗口，选择 Services 选项卡，在左侧“服务”栏内选择 DNS 服务，打开 DNS Service 并添加 PC0 到列表中，如图 24-11 所示。

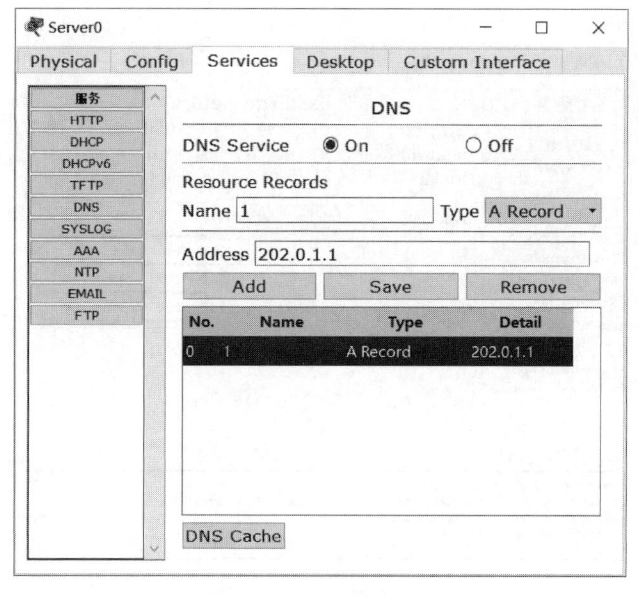

图 24-11 DNS 服务配置

24.4.3 测试网络

(1) 打开 PC0 配置窗口,选择 Desktop 选项卡,打开"命令提示符"对话框,输入 ping 192.168.1.2,如图 24-12 所示。

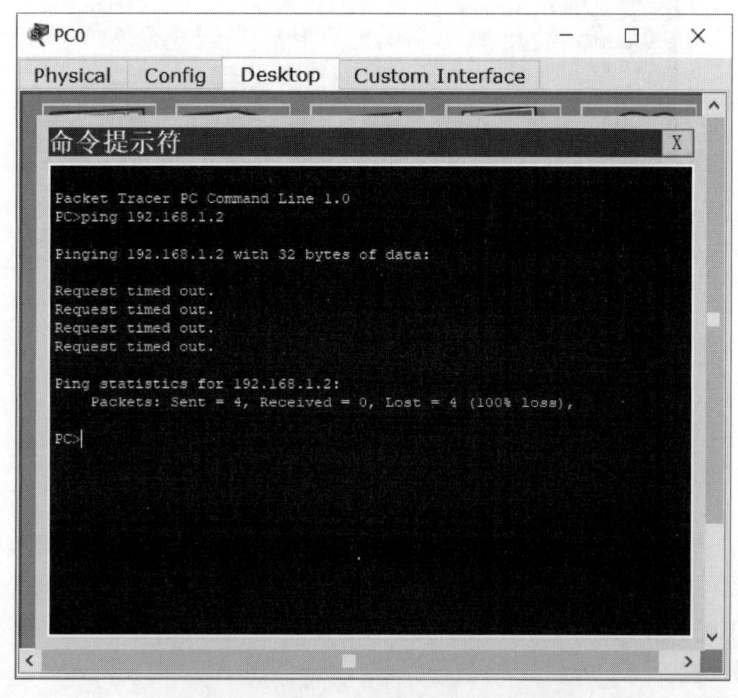

图 24-12 使用 ping 命令测试网络连通性

（2）重复步骤（1），依次 ping PC2、PC3、PC4 和 Router0。

（3）打开 PC1 配置界面，使用 PC1 依次 ping PC2、PC3 和 PC4。

（4）重复上述操作，依次测试设备之间网络连通性。

思考题：

（1）SOHO 型网络有什么特点？

（2）SOHO 型网络如何测试各设备的连通性？

24.5 知识点归纳

（1）SOHO 型网络拓扑图绘制方法。

（2）SOHO 型网络测试方法。

（3）SOHO 型网络服务器配置方法。

实验 25 基于 Cisco Packet Tracer 的家庭网搭建

家庭网是人们生活中最常见的网络之一,本次实验根据家庭网实例的组网需求,使用 Cisco Packet Tracer 软件仿真出家庭网组网器件,并完成网络拓扑结构的构建及网络性能测试。

25.1 实验目的及要求

掌握家庭网络的搭建方法,掌握无线路由器的配置,掌握多种 IP 地址的配置方法。

25.2 实验计划学时

本实验 2 学时完成。

25.3 实 验 器 材

计算机 1 台,Cisco Packet Tracer 6.0/6.1 版软件 1 套。

25.4 实 验 内 容

25.4.1 构建网络拓扑

本实验中将要使用的网络拓扑图草稿已经画出,如图 25-1 所示,各主要参数已经在图中注明。在配置器件之前,需要用 Cisco Packet Tracer 重新绘制该图。

1. 添加设备

(1) 打开 Cisco Packet Tracer 工作界面,准备绘制网络拓扑图。

(2) 在左下角设备管理区列表中单击交换机,选择型号为 2950-54 的交换机,将其加入工作区。这时,工作区就有了一个名称为 Switch0 的交换机。

(3) 在左下角设备管理区列表中单击终端设备,选择型号为 PC-PT 的 PC,将其加入工作区,名称为 PC0。

(4) 重复步骤(3),再添加两个 PC,分别为 PC1、PC2。

(5) 在左下角设备管理区列表中单击无线设备,将型号为 WRT300N 的无线路由器加入工作区,名称为 Wireless Router0。

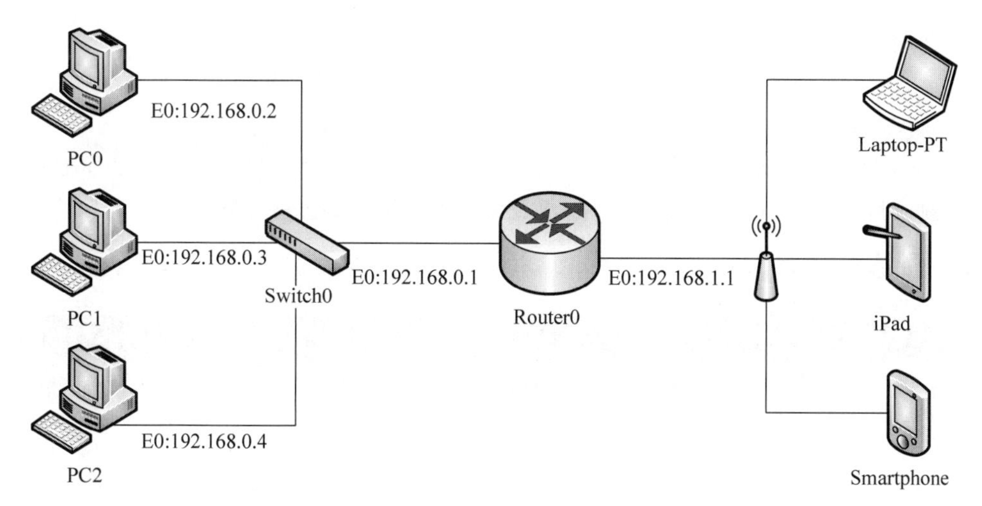

图 25-1　网络拓扑图草稿

（6）在左下角设备管理区列表中单击路由器，将型号为 1841 的路由器加入工作区，名称为 Router0。

（7）在左下角设备管理区列表中单击终端设备，将型号为 Laptop-PT 的笔记本电脑、型号为 TabletPC-PT 的平板电脑加入工作区，将型号为 PDA-PT 的智能手机加入工作区。

添加完毕，工作区将会有 9 个设备，如图 25-2 所示。

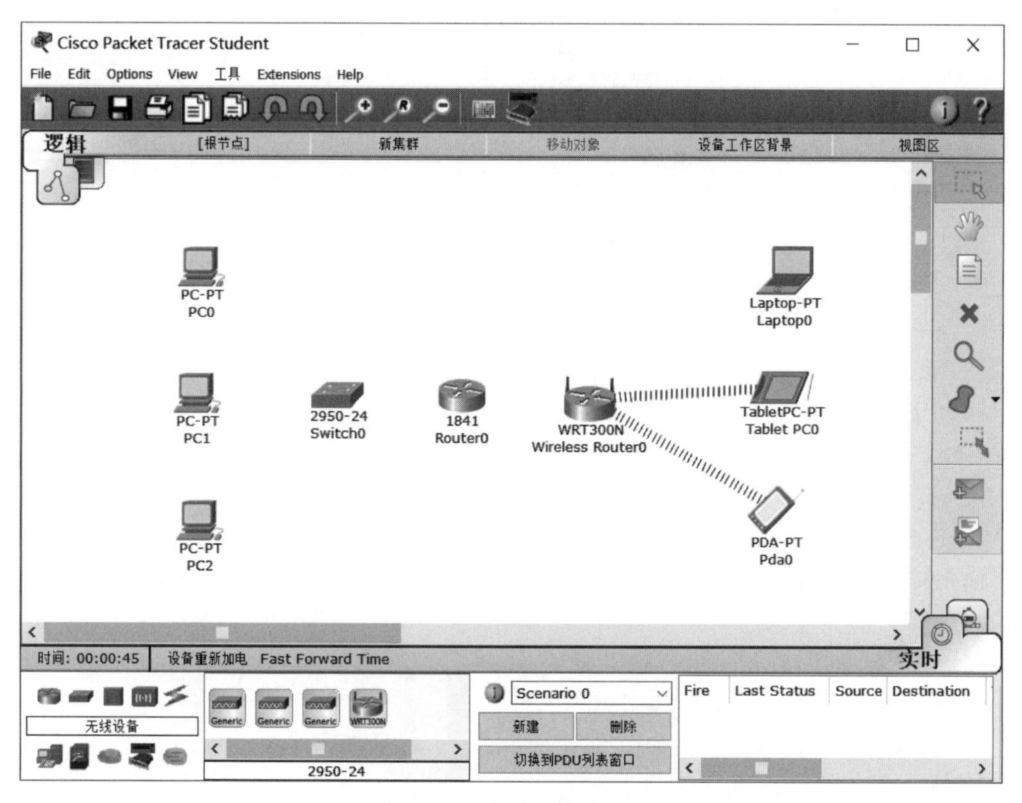

图 25-2　工作区的所有设备

2. 连接设备

(1) 在左下角设备管理区列表中单击线缆,选择需要用到的电缆。

(2) 单击工作区 PC0,选择 FastEthernet0 串口进行连接,然后单击 Switch0,选择 FastEthernet0/1 串口连接电缆,如图 25-3 所示。若指示灯变绿,则表明电缆已连通;若指示灯变黄,则表明设备正在连接;若指示灯变红,则表明所选电缆或串口出错。

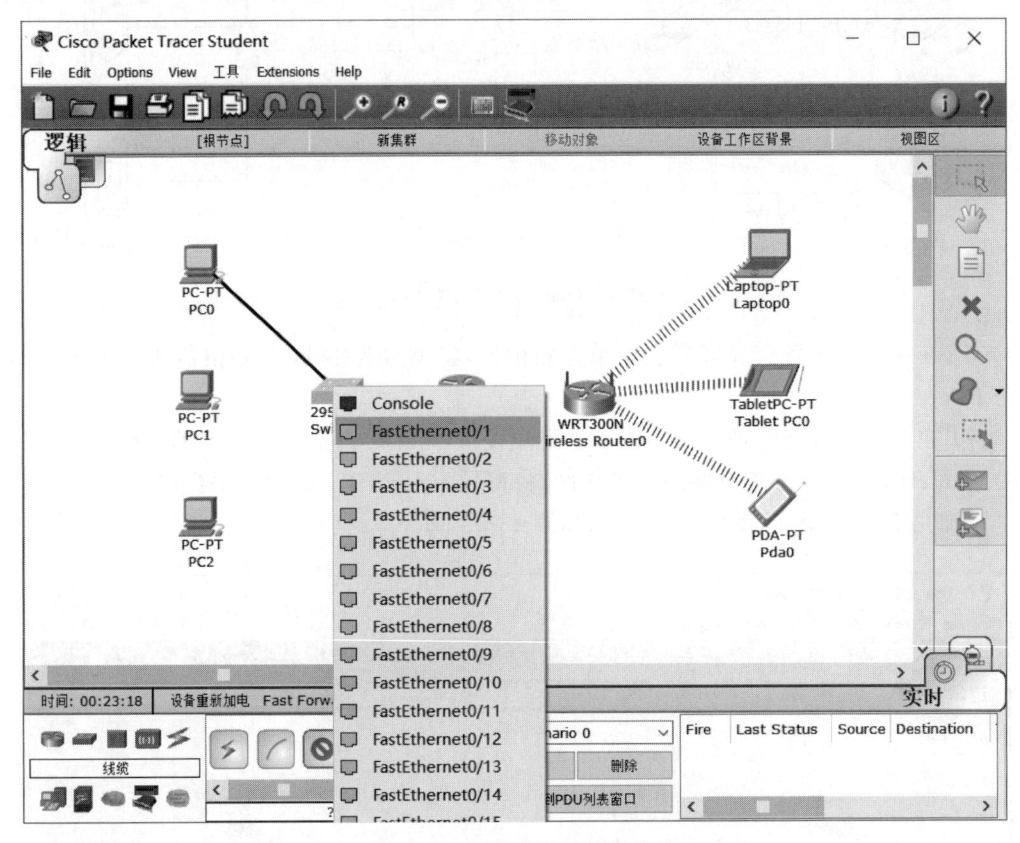

图 25-3　选择串口连接电缆

(3) 重复步骤(2),将 PC1、PC2 与 Switch0 依次连接。

(4) 用合适的电缆将交换机 Switch0、无线路由器 Wireless Router0 依次与路由器 Router0 连接。

(5) 打开笔记本电脑 Laptop0 的配置界面,对其进行断电处理,并将已装有的配件 PT-LAPTOP-NM-1CFE 去除,如图 25-4 所示。

(6) 在左侧"模块"栏内选择型号为 WPC300N 的配件加入空槽,打开电源,如图 25-5 所示。

(7) 单击路由器,打开路由器配置窗口,选择 Config 选项卡,单击端口,在端口配置界面 Port Status 栏选中 On 选项,如图 25-6 所示。

(8) 连接完毕的网络拓扑图如图 25-7 所示。

提示: 无线设备连接可以自动连接。

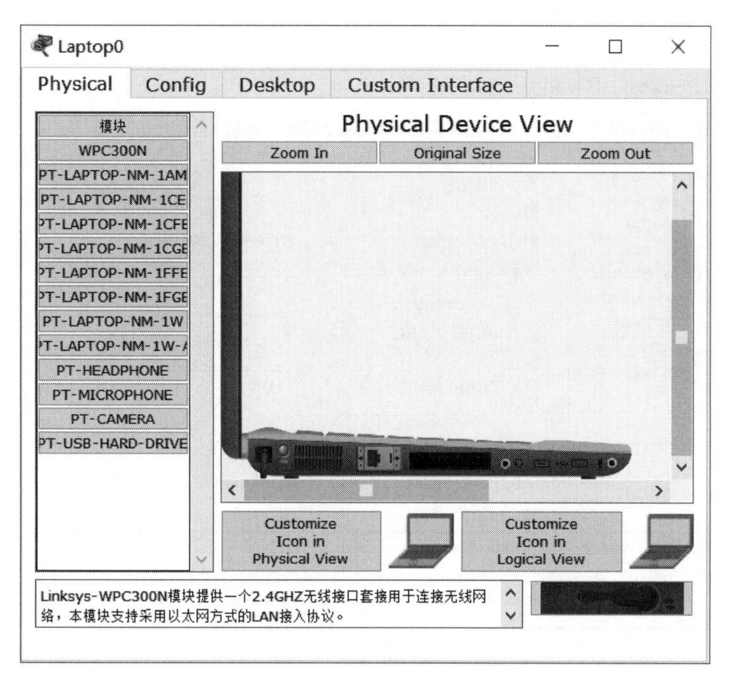

图 25-4　去除配件

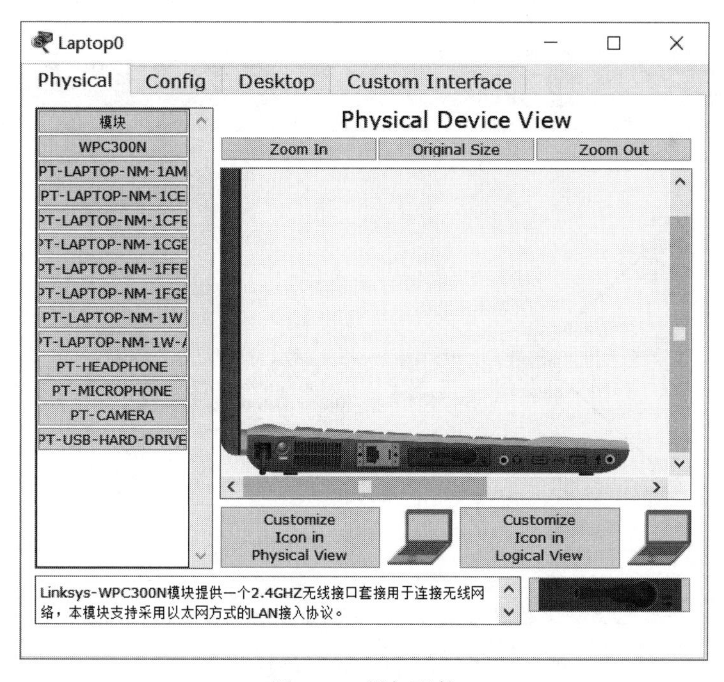

图 25-5　添加配件

25.4.2　组网配置

(1) 单击 PC0,在弹出的窗口中选择 Config 选项卡,选择接口 FastEthernet0,在 IP Address 文本框中输入 192.168.1.1,如图 25-8 所示。

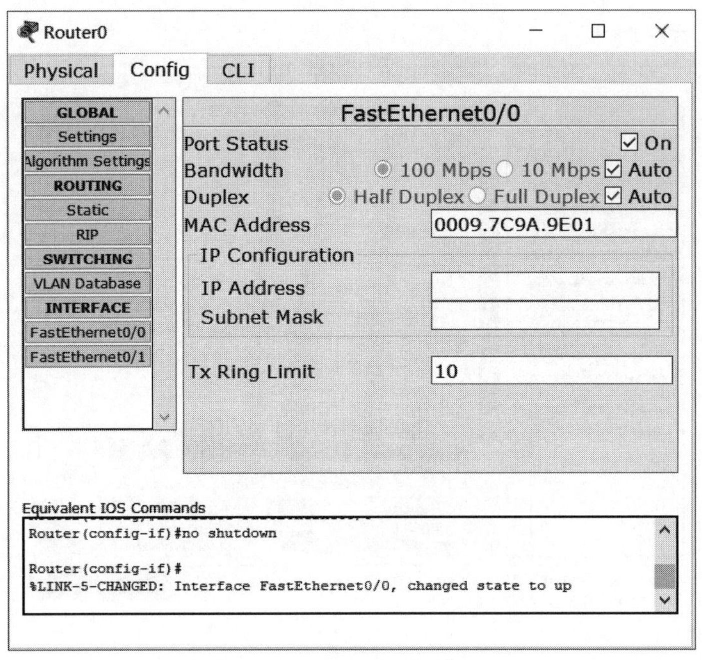

图 25-6　打开路由器端口

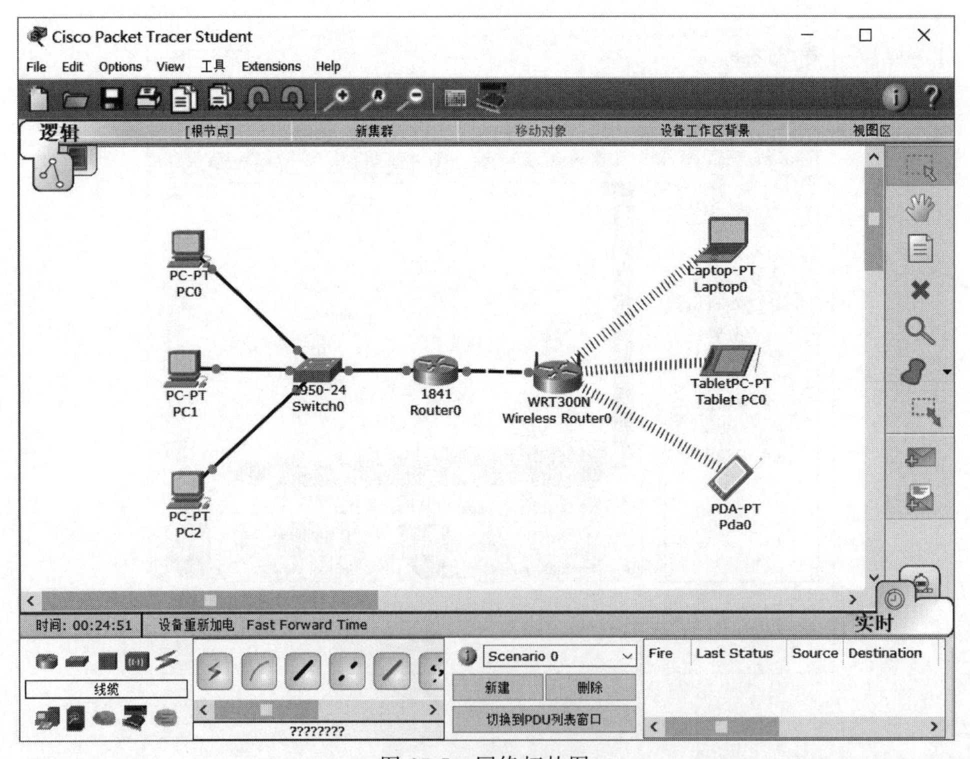

图 25-7　网络拓扑图

(2) 重复步骤(1),依次为 PC1、PC2 分配 IP 地址,分别为 192.168.1.2、192.168.1.3。

(3) 为路由器 Router0 的 FastEthernet0/0 串口分配 IP 地址 192.168.1.4。

(4) 为路由器 Router0 的 FastEthernet0/1 串口分配 IP 地址 192.168.0.1。

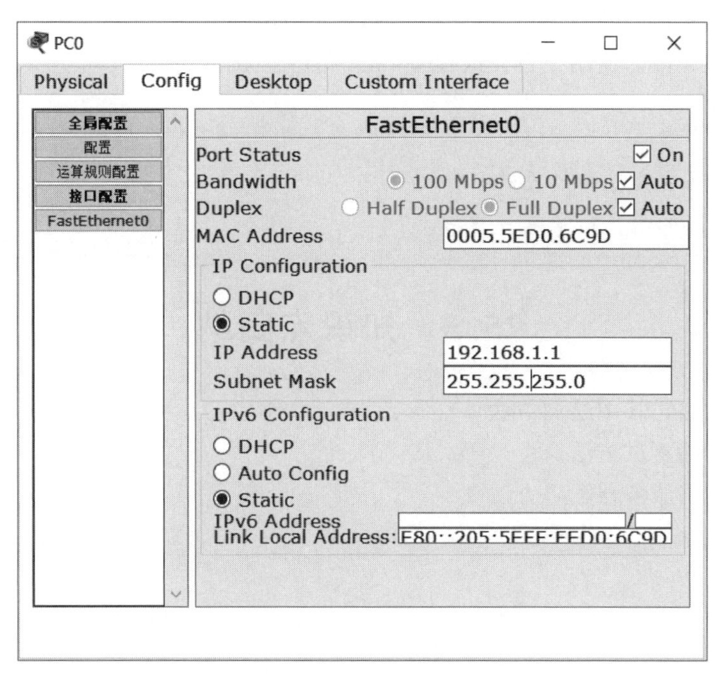

图 25-8　为 PC0 分配 IP

提示：无线设备连接可以自动分配 IP 地址。

25.4.3　测试网络

（1）使用 ping 命令，用 PC0 ping 路由器 Router0，检测网络连通性，如图 25-9 所示。

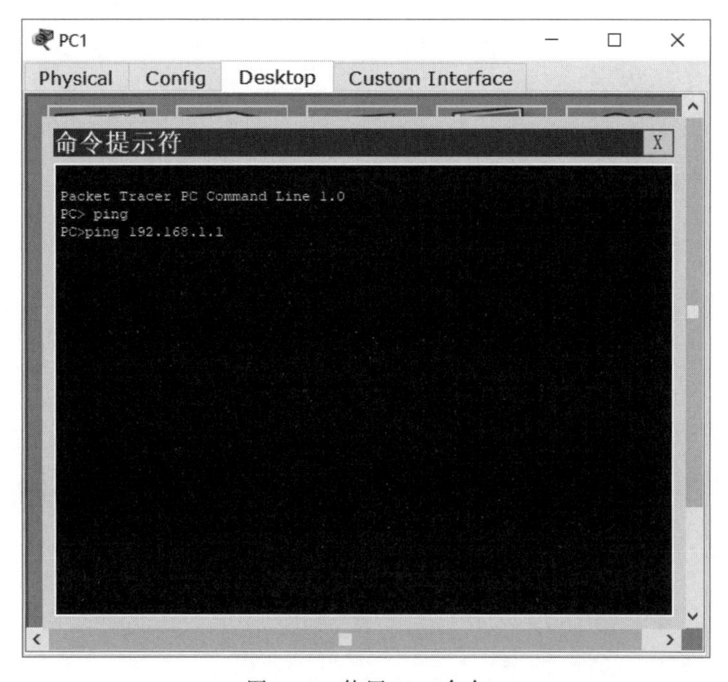

图 25-9　使用 ping 命令

(2) 重复步骤(1),使用 PC1、PC2 ping 路由器 Router0。

(3) 重复步骤(1),使用三台无线设备 ping 路由器 Router0。

思考题:

(1) 家庭网有哪些主要设备?

(2) 家庭网的用户需求有什么特点?

25.5 知识点归纳

(1) 家庭网络拓扑图绘制方法。

(2) 家庭网络测试方法。

(3) 家庭网络服务器配置方法。

图书资源支持

感谢您一直以来对清华版图书的支持和爱护。为了配合本书的使用，本书提供配套的资源，有需求的读者请扫描下方的“书圈”微信公众号二维码，在图书专区下载，也可以拨打电话或发送电子邮件咨询。

如果您在使用本书的过程中遇到了什么问题，或者有相关图书出版计划，也请您发邮件告诉我们，以便我们更好地为您服务。

我们的联系方式：

地　　址：北京市海淀区双清路学研大厦 A 座 701

邮　　编：100084

电　　话：010-83470236　010-83470237

资源下载：http://www.tup.com.cn

客服邮箱：2301891038@qq.com

QQ：2301891038（请写明您的单位和姓名）

资源下载、样书申请

书圈

扫一扫，获取最新目录

课 程 直 播

用微信扫一扫右边的二维码，即可关注清华大学出版社公众号“书圈”。